Deepen Your Mind

前言

MongoDB 是當今業界使用最廣泛的文件資料庫之一，其從 2009 年誕生以來，已經吸引了無數開發者的目光。曾經 MongoDB 被冠以「四不像」的稱號，被大家稱為「非關聯式資料庫中最像關聯式資料庫的軟體」。即使如此，MongoDB 在其發展歷程中仍表現出強大的生命力。尤其在近幾年，隨著雲端運算、巨量資料的高速發展，企業專案對分散式資料庫的需求越來越多，MongoDB 為靈活好用、高可用、高可擴充的分散式資料庫，在許多網際網路產品及企業專案中大展拳腳。

筆者從 2016 年開始真正接觸 MongoDB 資料庫，而在此之前曾有過很長一段時間的關聯式資料庫使用經驗。從自身的感受來說，採用傳統的關聯式資料庫可能是一種「萬金油」的方案，選擇 MongoDB 則很大程度取決於團隊對 NoSQL 的接受程度，或是來自敏捷開發、高效擴充方面的權衡。

MongoDB 的名字來自英文單字 "Humongous"，中文含義是「龐大」「巨大」，命名者的意圖是可以處理大規模的資料。但筆者所在的團隊更喜歡稱呼它為「芒果」資料庫，除了譯音更加相近，還有這幾年使用 MongoDB 的兩層感受。

- 第一層感受是「爽」。相比關聯式資料庫，MongoDB 幾乎沒有太多的約束。一方面，MongoDB 的文件模型是基於 JSON 的，開發者更容易瞭解。另一方面，動態化模式的特性讓資料庫的管理工作變得更加簡單，例如一些線上的變更可以更快速地完成。

- 第二層感受是「酸爽」。這一點對 MongoDB 資料管理員來說可能更有感觸一些。MongoDB 由於入門體驗「過於友善」，導致初學者很容易產生一種誤解，即 MongoDB 不需要在管理方面投入太多的精力，最終導致系統上線後不斷被發現一些技術債務。更戲謔的說法是，「發表一時爽，維護火葬場」。當然，這麼說可能並不恰當，但筆者想表達的觀點是，與傳統的關聯式資料庫一樣，MongoDB 在使用上仍然需要認真地考量和看護，只有如此才可能最大限度地發揮出 MongoDB 的優勢。

ꝏ 本書寫作想法

本書除了介紹 MongoDB 技術，還會介紹與微服務相關的技術範例。在當今的背景下，風靡業界的微服務架構已成為分散式系統的事實標準。因此，我們在談 MongoDB 應用程式開發時，必然免不了和微服務技術堆疊產生一些關聯。以開發者的角度來看，在成為一名 MongoDB 高手之前，掌握全端式的知識技能仍然是必需的，這些技能可概括為以下 3 個方面。

- MongoDB 資料庫技術的掌握：包括基本的文件模型概念和資料操作，以及叢集高可用、資料分片方面的知識。
- MongoDB 整合微服務的技能：需要對微服務週邊的技術框架有一定的掌握。本書以當前最流行的 Java 微服務技術堆疊為背景，介紹了從 MongoDB Java Driver、Spring Data Mongo（ODM 層）到上層應用整合的各種實戰範例。
- MongoDB 高階技巧的掌握：包括 MongoDB 系統性能最佳化及 MongoDB 架構高可用、安全性、高效運行維護管理方面的一些知識和經驗。

由此可見，初學者在從 MongoDB 入門到進階的過程中，需要學習及掌握的知識並不算少。尤其是高階技巧方面，這部分是最難也是最花費時間成本的。而筆者一貫認同的是，好記性不如爛筆頭，在學習 MongoDB 的歷程中，筆者將 MongoDB 在專案中的實戰經驗進行了複習，並多次以文章的形式發表。在和一些讀者交流之後，筆者發現大家實際上都遇到了不少應用層面的開發問題。

儘管 MongoDB 的官方文件已經做得非常詳細（大多數基本的資料庫問題都可以從官方文件中找到答案），然而其在週邊技術堆疊的整合、系統管理及最佳化方面仍缺乏一些富有針對性的內容。因此筆者認為在結合一些實踐案例的前提下，再以開發管理者的角度對 MongoDB 技術進行系統地梳理，則可能會產生事半功倍的效果，遂出現了編寫本書的想法。

∽ 本書內容概要

第 1 部分：MongoDB 入門（第 1 ～ 6 章）
該部分介紹 MongoDB 的基本概念及入門知識。

透過該部分的學習，讀者可對 MongoDB 自身的技術全貌形成一定的認識。

第 2 部分：MongoDB 微服務開發（第 7 ～ 10 章）
該部分介紹微服務的基本概念及微服務架構中應用 MongoDB 的相關技術實現。

透過該部分的學習，讀者將能深入了解基於 Java 微服務技術堆疊開發 MongoDB 應用的實踐方法。

第 3 部分：MongoDB 進階（第 11 ～ 15 章）
該部分介紹 MongoDB 更加進階的一些使用技巧。

透過該部分的學習，讀者可掌握 MongoDB 在性能最佳化方面的一些最佳實踐及指導方案。

第 4 部分：MongoDB 架構管理（第 16 ～ 18 章）
該部分介紹 MongoDB 在架構管理方面的一些經驗。

透過該部分的學習，讀者可獲得 MongoDB 在架構可靠性、安全方面的指導及如何在專案中進行資料庫問題防治的一些想法。

ೞ 適合讀者群

本書適合希望了解、使用 MongoDB 資料庫的技術從業者。

對有一定基礎的研發人員，透過閱讀本書可以更深入地了解 MongoDB 在性能最佳化、叢集技術方面的一些原理。

對初學者，可以根據書中的一些案例快速開發基於 MongoDB 的微服務應用。

對系統架構師，可以透過本書了解 MongoDB 的一些進階特性及原理，並獲得在技術選型、架構管理方面的指導資訊。

ೞ 特別說明

本書的重點是討論 MongoDB 開發進階方面的內容，但書中會介紹 MongoDB 整合 Java 微服務所必備的一些關鍵技能（如 Java 驅動、Spring 框架整合等）。微服務本身是一個非常大的課題，由於篇幅和筆者水準有限，這裡對容器化、分散式框架方面的細節不會做過多介紹，而實際上這也超出了本書的範圍。如果讀者感興趣，建議參閱其他書籍。

ೞ 致謝

決定寫一本書，不僅是分享知識，還是踐行長期主義的一次歷程。不得不說，這個過程的確是痛並快樂著。由於平日裡工作非常繁忙，筆者無數次不得不堅持在深夜裡趕稿子，由此也犧牲了很多陪伴家人和孩子的寶貴時間。在此特別感謝我的家人，如果沒有你們的大力支持，本書不會如此順利地完成。另外還要感謝筆者的專案團隊，讓筆者有機會在工作過程中學習到大量的 MongoDB 的知識。

本書提供了大量的案例說明，旨在分享 MongoDB 在應用程式開發、系統最佳化及管理中的一些實戰經驗。由於筆者個人能力有限，書中難免存在錯漏之處，懇請讀者提出問題並幫忙指正，再次感謝！

目錄

04 索引介紹

05 複本集

06 分片

第 2 部分
MongoDB 微服務開發

07　微服務入門

08　使用 Java 操作
MongoDB

第 3 部分
MongoDB 高效進階

11 性能基準

12 合理使用索引

13 併發最佳化

14 應用設計最佳化

15 進階特性

16 安全管理

17 高可用性

18 治理經驗

Chapter

01

什麼是 MongoDB

1.1 認識 MongoDB

MongoDB 是 NoSQL 資料庫中的佼佼者，目前是排名第一的文件類型資料庫。該資料庫基於靈活的 JSON 文件模型，非常適合敏捷式的快速開發。與此同時，其與生俱來的高可用、高水平擴充能力使得它在處理巨量、高併發的資料應用時頗具優勢。

1.1.1 針對文件設計

在我們的系統中，通常會用分層來描述現實中的模型，如圖 1-1 所示。

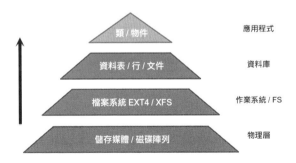

圖 1-1 資料的分層模型

從下往上看，每一層都提供了更簡單、更容易表述的模型來隱藏下層的複雜性。最為典型的是，資料庫系統隱藏了所有磁碟中檔案如何存取、

壓縮 / 解壓縮等細節，向應用程式展示了一些通用的資料模型，如 SQL 表、列，或是基於 JSON、XML 的文件模型。而應用程式方面，物件導向的模型也已經被絕大多數人所熟知並接受。

在處理 SQL 資料模型時，應用程式需要透過程式做一些必要的轉換工作，一般可以借助一些 ORM 框架來減少工作量，例如 Hibernate。然而，SQL 模型與物件導向之間仍然存在不少差異，這些差異並不能完全透過框架隱藏。相較之下，基於 JSON 的文件模型則更能契合物件導向的設計準則，對開發者來說，這在一定程度上降低了使用資料的門檻。

MongoDB 是基於 JSON 來描述資料的，所有的「資料行」都可以透過一個 JSON 格式的文件（document）來表示。比如下面的例子：

```
{
  title: "一種針對文件的資料儲存模型",
  url: "http://www.mongoing.com/"
  tags: ["資料庫", "模型", "論文"],
  author: {
      "name": "李小凱",
      "career" : "教師"
  },
  updateTime: ISODate("2019-05-13 17:00:15.000")
}
```

很明顯，基於 JSON 格式的資料模型可讀性非常強，也更加靈活；除了基本的資料類型，文件中還可以使用陣列、內嵌子物件等進階的欄位類型。

此外，JSON 還具備無模式（模式靈活）的特點，可以輕鬆地進行擴充。在存取 MongoDB 的「表」之前，並不需要事先對表模型進行宣告（儘管你也可以這麼做）。同時，當資料模型發生變更時，MongoDB 不會強制要求你去執行表結構更新的相關操作，這提供了很大的便利性。

在 MongoDB 內部，BSON（一種二進位版本的 JSON 擴充）被真正用來儲存這些 JSON 形式的文件資料。在 JSON 的基礎之上，BSON 進行了一些便利性方面的擴充，例如增加日期、二進位等類型的支援。

雖然 MongoDB「沿襲」了 JSON 的特點，但將它歸類為無模式資料庫是不恰當的。實際上，所有的讀寫都是基於一種內部隱含的模式，模式採取隨選變更而非提前宣告，因此動態模式一詞更適合它。

1.1.2 特性

1. 完備的索引

與大多數資料庫一樣，MongoDB 支援各種豐富的索引類型，包括單鍵索引、複合索引，唯一索引等一些常用的結構。由於採用了靈活可變的文件類型，因此它也同樣支持對巢狀結構欄位、陣列進行索引。透過建立合適的索引，我們可以極大地提升資料的檢索速度。值得一提的是，MongoDB 的索引實現與一般的關聯式資料庫索引並沒有太多不同，因此，我們幾乎可以使用某種「**一致的想法**」來設計索引或完成一些性能最佳化的任務。

在一些特殊應用場景，MongoDB 還支援地理空間索引、文字檢索索引、TTL 索引等不同的特性，這些特性在很大程度上簡化了應用程式的開發工作，同時也使 MongoDB 獲得了大量使用者的青睞。

2. 跨平台，支援各種程式語言

MongoDB 是用 C++ 語言編寫的，其官方網站提供了各種平台的編譯版本，你可以在 Windows 或幾乎任意一個 Linux 發行版本中安裝及執行 MongoDB 資料庫。

以 X86_64 系統為例，MongoDB 支援的作業系統如圖 1-2 所示。

需要注意的是，在 MongoDB 3.4 以後，不再支持 32-bit X86 系統，但這點的影響很小，為通用的後端資料庫來説，使用 64 位元的計算架構是必然的選擇。

在用戶端方面，MongoDB 提供了多種程式語言實現的驅動程式，除了 Java、C/C++/C# 等傳統語言，像 Python、NodeJS 等動態語言也都有對應的實現。

Platform	4.2 Community & Enterprise	4.0 Community & Enterprise	3.6 Community & Enterprise	3.4 Community & Enterprise
Amazon Linux 2	✓	✓		
Amazon Linux 2013.03 and later	✓	✓	✓	✓
Debian 10	4.2.1+			
Debian 9	✓	✓	3.6.5+	
Debian 8		✓	✓	✓
RHEL/CentOS/Oracle Linux 8.0+	4.2.1+	4.0.14+	3.6.17+	
RHEL/CentOS/Oracle Linux 7.0+	✓	✓	✓	✓
RHEL/CentOS/Oracle Linux 6.2+	✓	✓	✓	✓
SLES 15	4.2.1+			
SLES 12		✓	✓	✓
Solaris 11 64-bit				Community only
Ubuntu 18.04	✓	4.0.1+	3.6.20+	
Ubuntu 16.04	✓	✓	✓	✓
Ubuntu 14.04		✓	✓	✓
Windows Server 2019	✓			
Windows 10 / Server 2016	✓	✓	✓	✓
Windows 8.1 / Server 2012 R2	✓	✓	✓	✓
Windows 8 / Server 2012	✓	✓	✓	✓
Windows 7 / Server 2008 R2	✓	✓	✓	✓
Windows Vista				✓
macOS 10.13 and later	✓	✓		
macOS 10.12	✓	✓	✓	✓
macOS 10.11		✓	✓	✓
macOS 10.10			✓	✓

圖 1-2 MongoDB 支援的作業系統

3. 強大的聚合計算

聚合（aggregation）計算是 MongoDB 針對資料分析領域的重要特性，可以用於實現資料的分類統計或一些管道計算。

作為對照，聚合框架能輕鬆完成關聯式資料庫的 group by 敘述的分組功能，又或是巨量資料領域的 map-reduce 計算。

可能存在的一點區別就是，MongoDB 聚合框架是以文件化模型為基礎來設計的，更適合非結構化資料。

MongoDB 為聚合框架提供了大量常用的函數以簡化開發，除此之外，聚合框架還用到了一種叫「管道」（pipeline）的概念，用於抽象各個資料處理的階段，一個管道由多個「階段」（stage）組成，透過對不同的階段進行自由組合，我們就可以靈活應對各種場景中的計算需求。

4. 複製、分散式

MongoDB 透過複本集（replication set）來實現資料庫的高可用，這點類似於 MySQL 的 Master/Slave 複製架構，不同的是，一個複本集可以由一個主節點和多個備節點組成，主節點和備節點基於 oplog 來實現資料同步。在主節點發生故障時，備節點將重新選列出新的主節點以繼續提供服務，整個切換過程是自動完成的。

在巨量資料處理方面，MongoDB 原生就支持分散式運算能力。在一個分散式叢集中，多個文件被劃入一個邏輯資料區塊（chunk），這些資料區塊可以被儲存於不同的計算節點（分片）上，在新的計算節點（分片）加入時，資料區塊可以借助自動均衡的演算法機制被遷移到合適的位置（通常是壓力較小的分片）。透過這種自動化的排程及均衡工作，整個叢集的資料庫讀寫壓力可以被分攤到多個節點上，從而實現負載平衡和水平擴充。

1.1.3 優勢

在選擇某個資料庫時，通常都會從各方面進行考量。對 MongoDB 來說，筆者認為，它的優勢主要有以下幾點。

1. 便利性

筆者認為，簡單好用是 MongoDB 的一大優勢。MongoDB 是基於 JSON 格式的，這點對開發人員來說顯然更加友善，尤其是對全端式開發者來說，JSON 是前後端開發領域中最通用、易讀的描述性語言。

如果你是一名新手，則只需要了解一點 JavaScript 的語法就可以基本掌握一種資料庫的使用，這聽起來非常振奮人心。

另外一點，則是無模式帶來的便利，由於沒有了強制的表定義約束，在文件結構發生變化時並不需要如關聯式資料庫一樣事先執行一些 DDL 變更敘述，這非常有利於業務的平滑升級。因此，MongoDB 的開發效率更高，更適合敏捷開發。

2. 高性能

從 MongoDB 3.0 版本開始引入 WiredTiger 儲存引擎，在性能及穩定性上都有了明顯的提升。

WiredTiger 儲存引擎在資料檢索性能上做了許多最佳化，基於記憶體的二級的快取提供了高速讀取資料能力，在寫入方面則是根據磁碟 I/O 的特點做了緩衝式寫入，這是基於空間、時間因素權衡的一種擇優設計。從大量的測評結果來看，其性能表現是令人滿意的。

3. 高可用性

對單一 MongoDB 節點來說，可以透過開啟 Journal 機制來實現斷電保護，這是一種 WAL 預寫入日誌機制，在發生異常斷電後，可以透過 Journal 日誌進行資料恢復。在預設情況下，Journal 僅允許最多遺失 50ms 內更新的資料。

對叢集節點來說，MongoDB 則提供了複本集架構來支援資料庫的高可用，在節點發生當機時，可以實現秒級的切換，這個過程對於應用是透明的。

4. 高可擴充

在分片的叢集架構中，資料的讀寫會均衡地分佈在多個資料庫節點上，透過增加分片的方式就可以實現隨選擴充。在資料業務持續增長時，借助分片叢集可以輕鬆支撐巨量的資料存取。

5. 強大的社區支援

MongoDB 具有龐大的使用群眾，在一定程度上鞏固了它在 NoSQL 領域的領先地位。

也因為該資料庫是如此流行，各大雲端運算廠商基本都提供了 MongoDB 協定相容的資料庫服務，見表 1-1。

表 1-1 各雲端廠商支援的類 MongoDB 產品

雲端廠商	資料庫產品	相容版本
阿里雲	雲端資料庫 MongoDB 版	3.2、3.4、4.0
華為雲	文件資料庫 DDS、GaussDB For Mongo	3.2、3.4、4.0
騰訊雲	TencentDB for MongoDB	3.2、3.6
UCloud	雲端資料庫 MongoDB	2.x、3.x、4.x
百度雲	DocDB for MongoDB	3.4
微軟 Azure	Cosmos	3.2、3.4
亞馬遜雲	Amazon DocumentDB	3.6
Google 雲	Atlas MongoDB	3.2、3.4、3.6、4.0

由此可見，該資料庫的使用前景是非常廣闊的，隨者新版本中一些重要功能的補齊（比如交易），它所適用的場景將越來越多。

1.1.4 需要克服的困難

正如前面所說，MongoDB 非常容易使用，但一些企業在初次選擇MongoDB 之後可能會存在「水土不服」的問題，具體如下。

1. 關聯式資料庫思維的轉變

如果團隊長期使用關聯式資料庫，那麼團隊成員可能已經習慣於使用各種複雜連接（join）、多重巢狀結構子查詢等 SQL 用法。MongoDB 在這方面的支持較弱，儘管可以透過聚合操作實現類似的效果，但這並非最佳實踐。

在從關聯式資料庫遷移到 MongoDB 之後，你需要從思維上產生一些轉變。盡可能讓資料庫設計變得簡單、適用，將重點放在系統未來的擴充能力上，做好表設計、存取模式及性能的權衡。

2. 交易方面的考量

在 MongoDB 4.0 版本之後，開始支援交易功能，這表示在一些對一致性要求非常高的場景中（比如金融交易類產品）也可以使用 MongoDB 了。

利用資料庫本身的交易性保證，還可以實現分散式交易，這對於提升系統的可伸縮性有明顯的效果。

1.2 類比 SQL 模型

1.2.1 資料結構

如果你已經熟知關聯式資料庫（RDBMS）的概念模型，那麼不難了解 database、table、row、column 這幾個基本概念。MongoDB 使用的資料模型與它們非常類似，見表 1-2。

表 1-2 MongoDB 概念

SQL 概念	MongoDB 概念
資料庫（database）	資料庫（database）
表（table）	集合（collection）
行（row）	文件（document）
列（column）	欄位（field）
索引（index）	索引（index）
主鍵（primary key）	_id（欄位）
視圖（view）	視圖（view）
表連接（table joins）	聚合操作（$lookup）

說明如下：

■ 資料庫（database）：最外層的概念，可以視為邏輯上的名稱空間，一個資料庫包含多個不同名稱的集合。

■ 集合（collection）：相當於 SQL 中的表，一個集合可以存放多個不同的文件。

■ 文件（document）：一個文件相當於資料表中的一行，由多個不同的欄位組成。

■ 欄位（field）：文件中的屬性，等於列（column）。

- 索引（index）：獨立的檢索式資料結構，與 SQL 概念一致。
- _id：每個文件中都擁有一個唯一的 _id 欄位，相當於 SQL 中的主鍵（primary key）。
- 視圖（view）：可以看作一種虛擬的（非真實存在的）集合，與 SQL 中的視圖類似。從 MongoDB 3.4 版本開始提供了視圖功能，其透過聚合管道技術實現。
- 聚合操作（$lookup）：MongoDB 用於實現「類似」表連接（table join）的聚合運算符號。

儘管這些概念大多與 SQL 標準定義類似，但 MongoDB 與傳統 RDBMS 仍然存在不少差異，包括：

（1）半結構化，在一個集合中，文件所擁有的欄位並不需要是相同的，而且也不需要對所用的欄位進行宣告。因此，MongoDB 具有很明顯的半結構化特點。除了鬆散的表結構，文件還可以支援多級的巢狀結構、陣列等靈活的資料類型，非常契合物件導向的程式設計模型。

（2）弱關係，MongoDB 沒有外鍵的約束，也沒有非常強大的表連接能力。類似的功能需要使用聚合管道技術來彌補。

1.2.2 類 SQL 敘述

既然 MongoDB 視一切為文件，那麼自然也包括資料操作的命令。

所有的增加、刪除、修改、查詢命令都透過 JSON 文件進行描述。值得慶倖的是，如果你已經熟知標準的 SQL 語法（ANSI SQL），那麼在轉換到 MongoDB 這種文件式命令風格時或許會覺得很自然。其中原因就在於，SQL 本身也是一種結構化的表達語言，例如一個 select 查詢敘述的基本組成包括：

- select 子句，表示查詢什麼內容。
- from 子句，表示從哪裡查。
- where 子句，表示按什麼條件過濾。

MongoDB 的查詢命令幾乎具有一模一樣的語義，可以說 MongoDB 的指令實質上也是一種類 SQL 語義的實現。

接下來，透過一組比較來快速了解 MongoDB 的命令風格。

1. 創建表

SQL 敘述如下：

```
create table people (
   id mediumint not null auto_increment,
   user_id varchar(30),
   age number,
   status char(1),
   primary key (id)
)
```

類似的 MongoDB 命令如下：

```
db.people.insertOne( {
   user_id: "abc123",
   age: 55,
   status: "a"
 } )
```

MongoDB 在第一次寫入文件時，會自動創建集合。

2. 創建索引

SQL 敘述如下：

```
create index idx_user_id_asc_age_desc
    on people(user_id, age desc)
```

類似的 MongoDB 命令如下：

```
db.people.createIndex(
   { user_id: 1, age: -1 } )
```

3. 插入資料

SQL 敘述如下：

```
insert into people(user_id, age, status)
    values ("bcd001", 45,"a")
```

類似的 MongoDB 命令如下：

```
db.people.insertOne(
  { user_id: "bcd001", age: 45, status: "a" }
)
```

4. 查詢全表

SQL 敘述如下：

```
select * from people
```

類似的 MongoDB 命令如下：

```
db.people.find()
```

5. 條件查詢

SQL 敘述如下：

```
select user_id, status
  from people
  where status = "a"
```

類似的 MongoDB 命令如下：

```
db.people.find(
  { status: "a" },
  { user_id: 1, status: 1, _id: 0 }
)
```

6. 分頁查詢

SQL 敘述如下：

```
select * from people limit 5 skip 10
```

類似的 MongoDB 命令如下：

```
db.people.find().limit(5).skip(10)
```

7. 更新資料

SQL 敘述如下：

```
update people
  set status = "c"
  where age > 25
```

類似的 MongoDB 命令如下：

```
db.people.updateMany(
  { age: { $gt: 25 } },
  { $set: { status: "c" } }
)
```

8. 刪除資料

SQL 敘述如下：

```
delete from people
  where status = "d"
```

類似的 MongoDB 命令如下：

```
db.people.deleteMany( { status: "d" } )
```

或許，你基本能了解每個命令的含義。如果仍然存疑，請不要著急，在後面的章節中仍然會介紹這些命令的使用方法。

Chapter

02

體驗 MongoDB

▦ 2.1 安裝 MongoDB

接下來，為了快速體驗 MongoDB，將介紹如何安裝 MongoDB 的方法。

2.1.1 Linux 環境下的安裝

1. 下載安裝套件

造訪官方網站的下載頁面，找到對應於作業系統的版本，這裡以 CentOs 為 例，OS 選 擇 RHEL 7.0 Linuxbit-x64 版 本，Package 選 擇 TGZ 格 式（已編譯好的二進位套件），如圖 2-1 所示。

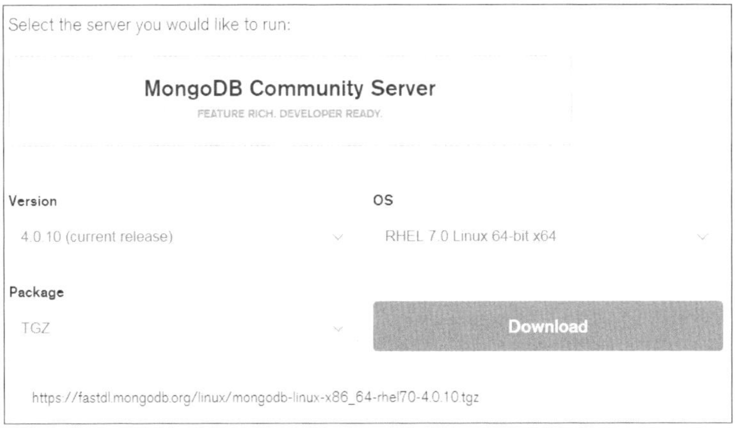

圖 2-1 選擇 Linux 版本

下載後，將得到安裝套件檔案 mongodb-linux-x86_64-rhel70-4.0.10.tgz。

2. 創建執行使用者、目錄

執行以下命令，增加 dbuser 使用者、dbgroup 使用者群組。

```
groupadd dbgroup
useradd dbuser -m -d /home/dbuser -g dbgroup
```

3. 解壓、部署

將下載到的安裝套件解壓後，部署到指定目錄，程式如下：

```
tar -xzvf mongodb-linux-x86_64-rhel70-4.0.10.tgz
mkdir -p /opt/local
mv mongodb-linux-x86_64-rhel70-4.0.10 /opt/local/mongodb

cd /opt/local/mongodb
mkdir conf data log
```

這樣，我們就已經將 MongoDB 安裝到了 /opt/local/mongodb 這個目錄，
除此之外，還建立了以下子目錄：

- conf 作為設定檔目錄。
- data 作為資料檔案目錄。
- log 作為記錄檔目錄。

接下來，將部署目錄的許可權授予已經創建資料庫的使用者。

```
chown -R dbuser:dbgroup /opt/local/mongodb
su - dbuser
```

透過 su - 命令可以將當前 shell 階段切換到 dbuser 使用者，這樣可以讓資
料庫透過 dbuser 許可權啟動。

4. 資料庫設定

編輯 conf/mongo.conf 檔案，內容如下：

```
storage:
    dbPath: "/opt/local/mongodb/data/"
```

```
    engine: wiredTiger
    journal:
        enabled: true
systemLog:
    destination: file
    path: "/opt/local/mongodb/log/mongodb.log"
    logAppend: true

processManagement:
    fork: true
    pidFilePath: "/opt/local/mongodb/mongod.pid"
net:
    port: 27017
```

設定說明見表 2-1。

表 2-1 設定屬性說明

屬　性	描　述
storage.dbPath	存放資料的目錄
storage.engine	儲存引擎
storage.journal.enabled	是否啟用 Journal 日誌
systemLog.path	系統記錄檔路徑
systemLog.logAppend	是否以檔案追加的形式輸出日誌
processManagement.fork	true 表示將以 daemen 形式啟動處理程序
processManagement.pidFilePath	輸出處理程序 PID 的檔案
net.port	資料庫綁定通訊埠

5. 啟動，創建資料庫帳號

執行 mongod 程式，啟動資料庫，程式如下：

```
./bin/mongod -f conf/mongo.conf
>
I CONTROL  [initandlisten] MongoDB starting : pid=2404 port=27017 dbpath=..
I CONTROL  [initandlisten] db version v4.0.10
I CONTROL  [initandlisten] git version: c389e7f69f637f7a1ac3cc9fae843b635f20b766
I RECOVERY [initandlisten] WiredTiger recoveryTimestamp. Ts: Timestamp(0, 0)
I CONTROL  [initandlisten] ** WARNING: Access control is not enabled for the
database.
```

```
I CONTROL  [initandlisten] ** Read and write access to data and configuration
is unrestricted.
I FTDC     [initandlisten] Initializing full-time diagnostic data capture
with directory ..
I NETWORK  [initandlisten] waiting for connections on port 27017
```

-f 選項表示將使用設定檔啟動資料庫處理程序，此時，資料庫已經啟動成功，執行 mongo shell，將用戶端連接到伺服器，程式如下：

```
./bin/mongo --port 27017
```

創建管理員使用者，程式如下：

```
use admin
db.createUser({
    user:'admin',pwd:'admin@2016',
    roles:[
    {role:'clusterAdmin',db:'admin'},
    {role:'dbAdminAnyDatabase',db:'admin'},
    {role:'userAdminAnyDatabase',db:'admin'},
    {role:'readWriteAnyDatabase',db:'admin'}
    ]
})
```

創建應用資料庫使用者，程式如下：

```
use appdb
db.createUser({
    user:'appuser',pwd:'appuser@2016',
    roles:[{role:'dbOwner',db:'appdb'}]
})
```

預設情況下，MongoDB 不會啟用身份驗證，此時可以執行使用者的增加操作。

最後，重新啟動 mongod，同時啟用身份驗證，程式如下：

```
pkill mongod
./bin/mongod -f conf/mongodb.conf --auth
```

啟用身份驗證之後，連接 MongoDB 的相關操作都需要提供身份認證。

6. 檢查資料庫版本

進入 mongo shell，執行以下命令：

```
./bin/mongo --port 27017 -u admin -p admin@2016 --authenticationDatabase=admin
> db.version()
> 4.0.10
```

至此，我們已經完成了所有步驟。

在步驟 5 中，創建資料庫帳號並不是必需的，但為了避免類似於「駭客贖金事件」的發生，建議讀者養成使用身份驗證的好習慣。

MongoDB 安裝後會包含的二進位程式，見表 2-2。

表 2-2 MongoDB 二進位程式

檔案名稱	說　明
mongod	資料庫服務啟動程式
mongo	資料庫用戶端 shell 程式
mongostat	資料庫性能監控工具
mongotop	熱點表監控工具
mongodump	資料庫邏輯備份工具
mongorestore	資料庫邏輯恢復工具
mongoexport	資料匯出工具
mongoimport	資料匯入工具
bsondump	BSON 格式轉換工具
mongofiles	GridFS 檔案工具

2.1.2 Windows 環境下的安裝

1. 下載安裝檔案

造訪 MongoDB 官方網站，找到對應當前 Windows 系統的安裝檔案，比如 Windows 64-bit x64 的版本，如圖 2-2 所示。

圖 2-2　選擇 Windows 版本

下載後，可以得到一個 MSI 檔案，雙擊它便可以啟動安裝程式。

2. 安裝軟體

第一步，會彈出選擇安裝模式的介面，為了更多地了解 MongoDB，筆者建議選擇 Custom（訂製）模式。這樣可以看到具體的軟體安裝在哪裡，日誌、資料檔案分別存放在什麼目錄，還能適當地做一些修改，如圖 2-3 和圖 2-4 所示。

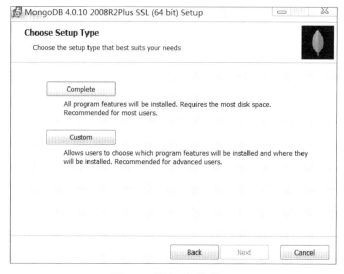

圖 2-3　選擇安裝模式

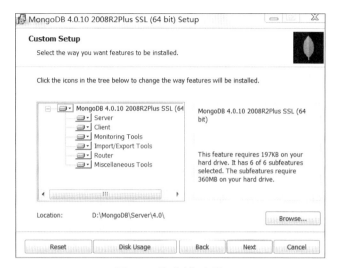

圖 2-4 訂製化安裝

預設情況下，MongoDB 會被安裝到 C 磁碟。建議讀者將目錄修改到一個合適的位置，如圖 2-4 中把 MongoDB 安裝到 D:\MongoDB\Server\4.0 這個目錄。

第二步，會提示是否選擇將 MongoDB 作為服務執行，為了方便管理，建議選取上，如圖 2-5 所示。

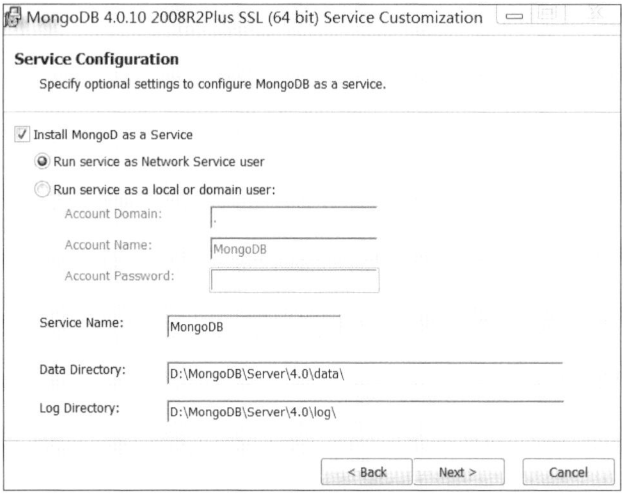

圖 2-5 選擇 MongoDB 作為服務執行

第 三 步 ， 點 擊 "Next" 按 鈕 ， 會 提 示 是 否 同 時 安 裝 Compass ， 這 是 MongoDB 官方提供的一款 GUI 工具，將在後面的章節中介紹。如果選取 了安裝則需要從網路下載 Compass 軟體，當然你也可以選擇直接跳過， 在以後需要時單獨下載使用。跳過這一步之後點擊 "Install" 按鈕，就進入 了安裝過程介面，如圖 2-6 所示。

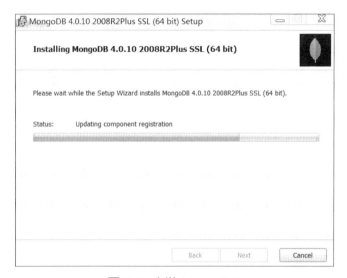

圖 2-6　安裝 MongoDB

安裝完成後，會彈出提示安裝成功的介面，點擊「確定」按鈕將其關 閉。如果在前面選取了「將 MongoDB 作為服務執行」這一選項，那麼此 時 MongoDB 服務會自動啟動，如圖 2-7 所示。

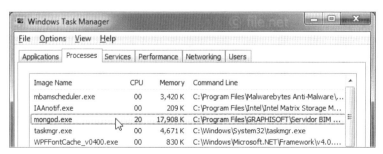

圖 2-7　MongoDB 處理程序

接下來，我們在命令列中執行 mongo.exe 程式來連接 MongoDB 服務：

```
D:\MongoDB\Server\4.0\bin\mongo.exe
```

輸出內容如圖 2-8 所示。

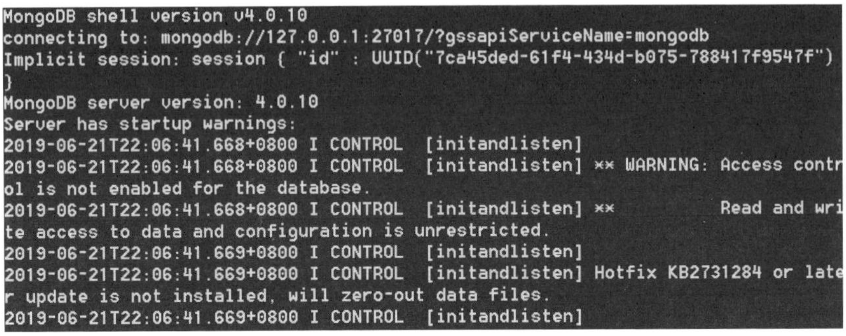

圖 2-8　使用 mongo shell 連接 MongoDB

3. 初始化使用者

此時，我們已經能連線資料庫了。為了更進一步地使用資料庫，可以繼續創建對應的資料庫、使用者，並設定自己的密碼，在連線 MongoDB 的 shell 視窗中執行以下命令：

```
db=db.getSiblingDB("admin")
db.createUser({
user:'admin',
pwd:'admin@2016',
roles:[
  {role:'clusterAdmin',db:'admin'},
  {role:'dbAdminAnyDatabase',db:'admin'},
  {role:'userAdminAnyDatabase',db:'admin'},
  {role:'readWriteAnyDatabase',db:'admin'}
]})

db=db.getSiblingDB("appdb")
db.createUser({
  user:'appuser',
  pwd:'appuser@2016',
  roles:[{role:'dbOwner',db:'appdb'}
]})
```

在 Windows 環境中安裝的一些預設選項見表 2-3。

表 2-3 Windows 版本安裝選項

選項	預設值
安裝目錄	C:\Program Files\MongoDB\Server\4.0\
資料目錄	C:\Program Files\MongoDB\Server\4.0\data
日誌目錄	C:\Program Files\MongoDB\Server\4.0\log
綁定主機	127.0.0.1
綁定通訊埠	27017

如果需要調整這些值,則可以在編輯安裝目錄中的 bin\mongod.cfg 檔案後,重新啟動資料庫使其生效。

2.2 使用 mongo shell

mongo shell 是一個連接 MongoDB 的互動式用戶端,可以透過它來執行資料的查詢、管理等一系列操作。

1. 連接資料庫

執行下面的命令:

```
# ./bin/mongo --port 27017
MongoDB shell version v4.0.0
connecting to: mongodb://127.0.0.1:27017/
MongoDB server version: 4.0.0
>
```

其中,-- port 選項用於指定資料庫的監聽通訊埠。當然,預設連接的是本地資料庫,如果需要連接遠端資料庫,則可以指定 --host 選項,程式如下:

```
./bin/mongo --host 192.168.0.101 --port 27017
```

進入 mongo shell 之後,用戶端會建立一個到伺服器的連接。

接下來，使用 show databases 命令查看資料庫清單，具體如下：

```
> show databases
2019-10-02T09:52:30.038+0800 E QUERY [js] Error: listDatabases failed:{
 "ok" : 0,
 "errmsg" : "command listDatabases requires authentication",
 "code" : 13,
 "codeName" : "Unauthorized"
} :
```

這裡發生了一點錯誤，原因是當前的 shell 連接還沒有進行使用者身份驗證。此時可以使用 admin 使用者進行身份驗證，程式如下：

```
> use admin
switched to db admin
> db.auth('admin', 'admin@2016')
1
> show databases
admin 0.000GB
appdb 0.136GB
config 0.000GB
local 0.000GB
```

可以看到，在使用者身份驗證成功之後，show databases 輸出了所有的資料庫清單，以及每個資料庫的大小。如果讀者覺得使用者身份驗證的動作太過煩瑣，則可以在連接時就把身份驗證資訊加上，程式如下：

```
 ./bin/mongo --host 127.0.0.1 --port 27017 -u admin -p admin@2016
 --authenticationDatabase=admin
```

2. JavaScript 支持

mongo shell 是基於 JavaScript 語法的，在 shell 中執行 JavaScript 程式，如下：

```
> for( var i=0; i<10; i++ ){
... print( Math.random() * i)
... }
0
0.4974356625485944
0.6659438014664765
```

```
0.3606399014610855
2.202762643275593
```

MongoDB 使用了 SpiderMonkey 作為其內部的 JavaScript 解譯器引擎，這是由 Mozilla 官方提供的 JavaScript 核心解譯器，該解譯器也被同樣用於大名鼎鼎的 Firefox 瀏覽器產品之中。SpiderMonkey 對 ECMA Script 標準相容性非常好，可以支援 ECMA Script 6。

可以透過下面的命令檢查 JavaScript 解譯器的版本：

```
> interpreterVersion()
MozJS-45
```

注意：在 MongoDB 3.2 版本之前，採用了 V8 作為 JavaScript 解譯器引擎，新版本中已經將其廢棄。

借由進階的 SpiderMonkey 引擎，我們可以在 mongo shell 中使用 ES 6 風格的程式，如下：

```
> let a=33
> let content=`the value is ${a}`
> print(content)
the value is 33
```

3. 執行指令稿

除了互動的方式，mongo shell 也支援以非互動的方式執行指令稿。

使用 --eval 可以指定一段 JavaScript 程式：

```
./bin/mongo --port 27017 --eval "printjson(db.getCollectionNames())"
```

或，直接指定一個 JavaScript 檔案：

```
./bin/mongo --port 27017 test.js
```

4. 常用命令

mongo shell 常用命令見表 2-4。

表 2-4　mongo shell 常用命令

命　　令	說　　明
show databases	顯示資料庫清單
use	切換資料庫
show collections	顯示當前資料庫的集合清單
show users	顯示當前資料庫的使用者清單
show roles	顯示當前資料庫的角色清單
show profile	顯示最近發生的操作
load	執行一個 JavaScript 指令檔
quit	退出當前 shell
db.help	顯示命令說明資訊
db..help	顯示集合的說明資訊

2.3 插入文件

首先，嘗試寫入一筆資料：

```
> use appdb
switched to db appdb

> db.book.insert( {
    title: "my first book",
    publishedDate: new Date(),
    tags: [ "nosql", "mongodb" ],
    type: "technology",
    favCount: 25,
    author : "zale"
} )
WriteResult({ "nInserted" : 1 })
```

這裡，use appdb 用於切換到 appdb 資料庫，接著向當前資料庫的 book 集合執行一個 insert 操作。成功之後，shell 返回了結果，其中 nInserted=1 表示寫入了一筆資料。

這裡是不是少了點什麼？ 假設你有使用關聯式資料庫的經驗，則可能會記得正確的順序應該是：

- 創建資料庫。
- 創建表。
- 插入資料。

然而在 MongoDB 中，前面的兩個步驟都不是必須的，資料庫、集合都是動態創建的。在第一次寫入資料後，我們就可以透過 show collections 看到對應的集合被生成了，如下：

```
> show collections
book
```

接下來，還可以繼續向 book 集合中寫入更多的資料，以下面這段程式：

```
var allTags = [ "nosql", "mongodb", "document", "developer", "popular" ];
var allTypes = [ "technology", "sociality", "travel", "novel", "literature" ];

var books = [];

for( var i=0; i<50; i++){

  var typeIdx = Math.floor( Math.random() * allTypes.length );
  var tagsIdx = Math.floor( Math.random() * allTags.length );
  var maxTagsCount = Math.ceil( Math.random() * allTypes.length );
  var favCount = Math.floor( Math.random() * 100 );

  var book = {

    title: "book-" + i,
    publishedDate: new Date(),
    type: allTypes[ typeIdx ],
    tags: allTags.slice( tagsIdx, tagsIdx + maxTagsCount ),
    favCount: favCount,
    author : "zale"
  };

  books.push(book);
}
```

```
db.book.insertMany( books );
```

這裡會向 book 集合中寫入 50 筆隨機資料，我們可以使用 insertMany 命令一次性寫入全部文件，通常可以獲得更高的插入效率。

執行上述程式，回應結果如下：

```
{
 "acknowledged" : true,
 "insertedIds" : [
  ObjectId("5d94199523a29e1753fa659c"),
  ObjectId("5d94199523a29e1753fa659d"),
  ObjectId("5d94199523a29e1753fa659e"),
  ObjectId("5d94199523a29e1753fa659f"),
  ObjectId("5d94199523a29e1753fa65a0"),
  ObjectId("5d94199523a29e1753fa65a1"),
  ObjectId("5d94199523a29e1753fa65a2"),
  ObjectId("5d94199523a29e1753fa65a3"),
  ObjectId("5d94199523a29e1753fa65a4"),
  ObjectId("5d94199523a29e1753fa65a5"),
  ObjectId("5d94199523a29e1753fa65a6"),
  ObjectId("5d94199523a29e1753fa65a7"),
  ObjectId("5d94199523a29e1753fa65a8"),
  ObjectId("5d94199523a29e1753fa65a9"),
  ObjectId("5d94199523a29e1753fa65aa"),
  ObjectId("5d94199523a29e1753fa65ab"),
  ObjectId("5d94199523a29e1753fa65ac"),
  ObjectId("5d94199523a29e1753fa65ad"),
  ObjectId("5d94199523a29e1753fa65ae"),
  ObjectId("5d94199523a29e1753fa65af")
 ]
}
```

從結果中可以看到，MongoDB 為每個文件自動創建的 id 欄位，預設使用的是 ObjectId 類型。當然，我們也可以自己指定這個 id，關於 ObjectId 會在後面的章節中介紹。

2.4 查詢文件

2.4.1 查詢全部資料

db.collection.find 方法可以用於集合資料的查詢，程式如下：

```
> db.book.find()
{ "_id" : ObjectId("5d941d93c4ca864b137e76f4"), "title" : "book-0", "type" :
"travel", "tags" : [ "mongodb", "document" ], "author" : "zale" ... }
{ "_id" : ObjectId("5d941d93c4ca864b137e76f5"), "title" : "book-1", "type" :
"Novel", "tags" : [ "mongodb", "document" ], "author" : "zale" ... }
{ "_id" : ObjectId("5d941d93c4ca864b137e76f6"), "title" : "book-2", "type" :
"travel", "tags" : [ "document", "developer", "popular" ], "author" : "zale"
...}
...
```

如果查詢返回的項目數量較多，mongo shell 則會自動實現分批顯示。預設情況下每次只顯示 20 筆，可以輸入 it 命令讀取下一批。

實際上，find 命令返回的是一個游標（cursor）物件，mongo shell 對 batchSize 做了限定，該大小可透過變數 DBQuery.shellBatchSize 修改。

使用游標物件提供的 API，可以對全部結果集進行遍歷，程式如下：

```
> var cursor = db.book.find()
> cursor.forEach( printjson )
```

2.4.2 指定條件查詢

例 A，查詢帶有 "mongodb" 標籤的 book 文件：

```
> db.book.find({ tags: "mongodb" })
```

例 B，查詢分類為 "novel" 的 book 文件：

```
> db.book.find({ type: "novel" })
```

例 C，按照 id 查詢單一 book 文件：

```
> db.book.find({ _id: ObjectId("5d944a4b34f16ef5599f4d3c") })
```

例 D，查詢分類為 "literature"、收藏數超過 10 個的 book 文件：

```
> db.book.find({ type: "literature", favCount: { $gt: 10 }})
```

2.4.3 排序、分頁

（1）指定排序

如果不指定排序條件，MongoDB 則會預設按物理順序返回，這裡我們可以指定按出版時間（publishedDate）降冪返回，程式如下：

```
> db.book.find({ type: "novel" }).sort({ publishedDate: -1 })
```

（2）分頁查詢

skip 用於指定跳過記錄數，limit 則用於限定返回結果數量。

可以在執行 find 命令的同時指定 skip 、limit 參數，以此實現分頁的功能。比如，假設每頁大小為 8 筆，查詢第 3 頁的 book 文件，程式如下：

```
> db.book.find().skip(16).limit(8)
```

在 find 命令中使用 limit=1，可以明確限定返回文件的數量，除此之外還可以使用另一個快捷方法：findOne。

```
> db.book.findOne()
```

2.4.4 使用投射

投射（projection）可以讓資料庫只返回一部分被關注的欄位，而非整個文件。

比如，可以讓資料庫僅返回 book 文件中的標題（title）、收藏數（favCount）欄位，程式如下：

```
> db.book.find( {}, { title: 1, favCount: 1 }).limit(5)
{ "_id" : ObjectId("5e6cb5260e97c15dfa306c2d"), "title" : "book-1", "favCount" : 21 }
{ "_id" : ObjectId("5e6cb5260e97c15dfa306c2e"), "title" : "book-2", "favCount" : 15 }
{ "_id" : ObjectId("5e6cb5260e97c15dfa306c2f"), "title" : "book-3", "favCount" : 64 }
```

```
{ "_id" : ObjectId("5e6cb5260e97c15dfa306c30"), "title" : "book-4", "favCount" : 99 }
{ "_id" : ObjectId("5e6cb5260e97c15dfa306c31"), "title" : "book-5", "favCount" : 54 }
```

預設情況下，_id 會被一起返回，可以在 projection 參數中明確將其去
除，程式如下：

```
> db.book.find( {}, { title: 1, favCount: 1, _id: 0 }).limit(5)
{ "title" : "book-1", "favCount" : 21 }
{ "title" : "book-2", "favCount" : 15 }
{ "title" : "book-3", "favCount" : 64 }
{ "title" : "book-4", "favCount" : 99 }
{ "title" : "book-5", "favCount" : 54 }
```

2.4.5 查詢限定詞

比較運算符號見表 2-5。

表 2-5 比較運算符號

操作符號	描述
$eq	相等比較
$gt	大於指定值
$gte	大於或等於指定值
$in	陣列中包含
$lt	小於指定值
$lte	小於或等於指定值
$ne	不等於指定值
$nin	不在陣列中包含

邏輯運算符號見表 2-6。

表 2-6 邏輯運算符號

操作符號	描述
$and	「與」查詢
$or	「或」查詢
$not	「非」查詢
$nor	「即非」查詢

陣列運算符號見表 2-7。

表 2-7　陣列運算符號

操作符號	描述
$all	全包含
$elemMatch	僅一個元素匹配
$size	大小匹配

2.5　更新文件

2.5.1　update 命令

可以用 update 命令對指定的資料進行更新，命令的格式如下：

```
db.{collection}.update(query, update, options)
```

參數說明

- query：描述更新的查詢準則；
- update：描述更新的動作及新的內容；
- options：描述更新的選項。

1. 更新單一文件

如某個 book 文件被收藏了，則需要將該文件的 favCount 欄位自動增加，程式如下：

```
> db.book.update(
    { "_id" : ObjectId("5d944a4b34f16ef5599f4d4e") },
    { "$inc": { "favCount": 1 } }
)

WriteResult({ "nMatched" : 1, "nUpserted" : 0, "nModified" : 1 })
```

2. 更新多個文件

預設情況下，update 命令只在更新第一個文件之後返回，如果需要更新多個文件，則可以使用 multi 選項。

以下面的操作中，將分類為 "novel" 的文件的發佈時間（publishedDate）
調整到當前時間，程式如下：

```
> db.book.update(
  { "type": "novel" },
  { "$set": { "publishedDate": new Date() } },
  { "multi": true }
)

WriteResult({ "nMatched" : 3, "nUpserted" : 0, "nModified" : 3 })
```

3. 使用 upsert 命令

upsert 是一種特殊的更新，其表現為如果目的文件不存在，則執行插入命
令，程式如下：

```
> db.book.update(
  { "title": "My first book" },
  { "$set": {
      "publishedDate": new Date(),
      "tags": [ "nosql", "mongodb" ],
      "type": "none",
      "author" : "zale"
    }},
  { "upsert": true }
)

WriteResult({
        "nMatched" : 0,
        "nUpserted" : 1,
        "nModified" : 0,
        "_id" : ObjectId("5c613494823b0bd8a1795ebd")
})
```

該命令由於指定 title 的 book 文件不存在，因而會執行插入。從返回結果
中可以看到，nMatched、nModified 都為 0，這表示沒有文件被匹配及更
新；nUpserted=1 則提示執行了 upsert 動作，最終寫入的文件由 query 和
update 限定詞組成。

4. 實現 replace 語義

update 命令中的更新描述（update）通常由運算符號描述，如果更新描述中不包含任何運算符號，那麼 MongoDB 會實現文件的 replace 語義，程式如下：

```
> db.book.update(
    { "title": "My first book" },
    { "justTitle": "what's wrong"}
  )
WriteResult({ "nMatched" : 1, "nUpserted" : 0, "nModified" : 1 })
```

替換後的文件如下：

```
{ "_id" : ObjectId("5e6d0b7d66862f7ceb8225cb"), "justTitle" : "what's wrong" }
```

由於 _id 是不可變的，因此在更新描述中不用提供 _id 欄位，如果提供了則必須保證和之前的文件一致，否則會提示錯誤。

update 命令的選項設定較多，為了簡化使用還可以使用一些快捷命令，具體如下：

- updateOne：更新單一文件。
- updateMany：更新多個文件。
- replaceOne：替換單一文件。

2.5.2 findAndModify 命令

除了 update 命令，MongoDB 還提供了一個特殊的命令：findAndModify。從命名上不難了解，findAndModify 相容了查詢和修改指定文件的功能，下面介紹它的用法。

將某個 book 文件的收藏數（favCount）加 1，程式如下：

```
> db.book.findAndModify({
    query: { "_id" : ObjectId("5d944a4b34f16ef5599f4d4e") },
    update: { "$inc": { "favCount": 1 } }
});
```

```
{
  "_id" : ObjectId("5d944a4b34f16ef5599f4d4e"),
  "title" : "book-18",
  "publishedDate" : ISODate("2019-10-02T06:57:14.618Z"),
  "type" : "sociality",
  "tags" : [
    "nosql",
    "mongodb"
  ],
  "favCount" : 23,
  "author" : "zale"
}
```

該操作會返回符合查詢準則的文件資料，並完成對文件的修改。

預設情況下，findAndModify 會返回修改前的「舊」資料。如果希望返回修改後的資料，則可以指定 new 選項，程式如下：

```
> db.book.findAndModify({
    query: { "_id" : ObjectId("5d944a4b34f16ef5599f4d4e") },
    update: { "$inc": { "favCount": 1 } },
    new: true
});
```

findAndModify 與 update 命令在使用方法上比較類似，共同點為：

- 單文件更新時可以保證原子性。
- 支援 upsert 模式。

然而，在結果行為方面，兩者存在一些區別：

- findAndModify 除了支持更新，還支持同時返回更新前或更新後的資料，而 update 只能返回 WriteResult 物件作為結果提示。
- findAndModify 只能更新單一文件，而 update 在指定 multi: true 後可以更新多個文件。如果 findAndModify 匹配到了多個文件，則只會更新其第一個，可以透過設定 sort 條件來調整最終的結果。

與 findAndModify 語義相近的命令如下：

- findOneAndUpdate：更新單一文件並返回更新前（或更新後）的文件。
- findOneAndReplace：替換單一文件並返回替換前（或替換後）的文件。

2.5.3 更新運算符號

更新運算符號見表 2-8。

表 2-8 更新運算符號

操作符號	格式	描述
$set	{ $set : { field : value } }	指定一個鍵並更新值，若鍵不存在則創建
$unset	{ $unset : { field : 1 } }	刪除一個鍵
$inc	{ $inc : { field : value } }	對數值類型進行增減
$push	{ $push : { field : value } }	將數值追加到陣列中，若陣列不存在則會進行初始化
$pushAll	{ $pushAll : { field : value_array } }	追加多個值到一個陣列欄位內
$pull	{ $pull : { field : _value } }	從陣列中刪除指定的元素
$addToSet	{ $set : { field : value } }	增加元素到陣列中，具有排重功能
$pop	{ $pop : { field : 1 } }	刪除陣列的第一個或最後一個元素
$rename	{ $rename : { old_field_name : new_field_name } }	修改欄位名稱
$bit	{$bit : { field : {and : 5}}}	位操作，integer 類型

2.6 刪除文件

2.6.1 刪除單一文件

執行下面的命令，刪除單一 book 文件：

```
> db.book.remove({ _id: ObjectId("5d944a4b34f16ef5599f4d42") })
WriteResult({ "nRemoved" : 1 })
```

注意：remove 命令會刪除匹配條件的全部文件，由於 _id 是唯一的，
所以上述命令最多只會刪除一個文件。如果希望明確限定只刪除一個文
件，則需要指定 justOne 參數，命令格式如下：

```
db.collection.remove(
    <query>,
    <justOne>
)
```

例如：

```
db.book.remove({ type: "novel" }, true);
```

該命令將刪除滿足 type: novel 條件的首筆記錄。

MongoDB 3.2 版本提供了 delete 語義的命令，因此也可以使用 deleteOne
方法來實現刪除單一文件，程式如下：

```
db.book.deleteOne({ type: "novel" });
```

2.6.2　刪除指定條件文件

指定刪除某個分類的 book 文件，程式如下：

```
> db.book.remove({ type: "novel" })
WriteResult({ "nRemoved" : 5 })
```

同樣的效果可以使用 deleteMany 命令實現，程式如下：

```
db.book.deleteMany({ type: "novel" })
```

2.6.3　刪除全部文件

刪除全部文件，程式如下：

```
> db.book.remove( {} )
WriteResult({ "nRemoved" : 45 })
```

或使用 deleteMany 命令實現，程式如下：

```
db.book.deleteMany( {} )
```

remove、deleteMany 等命令需要對查詢範圍內的文件一個一個刪除，如
果希望刪除整個集合，則使用 drop 命令會更加高效，程式如下：

```
> db.book.drop()
true
```

drop 命令會同時刪除集合的全部索引。

同理，如果刪除的文件非常多（僅希望保留集合中的一小部分資料），則
可以先備份保留資料，執行 drop 命令之後再重建集合。

2.6.4 返回被刪除文件

remove、deleteOne 等命令在刪除文件後只會返回確認性的資訊，如果希
望獲得被刪除的文件，則可以使用 findOneAndDelete 命令，程式如下：

```
> db.book.findOneAndDelete({ type: "novel" })
{
        "_id" : ObjectId("5e6cb5260e97c15dfa306c2c"),
        "title" : "book-0",
        "publishedDate" : ISODate("2020-03-14T10:42:45.696Z"),
        "type" : "novel",
        "tags" : [
                "popular"
        ],
        "favCount" : 4,
        "author" : "zale"
}
```

除了在結果中返回刪除文件，findOneAndDelete 命令還允許定義「刪除
的順序」，即按照指定順序刪除找到的第一個文件，程式如下：

```
> db.book.findOneAndDelete(
    { type: "novel" },
    { sort: { publishedDate: 1 } })
```

remove、deleteOne 等命令只能按預設順序刪除，利用這些特點，findOneAndDelete 可以實現一些有趣的功能，諸如佇列的先進先出動作。

2.7 使用聚合

接下來，是時候對 book 集合中的資料做一下統計了，這裡我們關心的資料有兩組：

- 每個分類的 book 文件數量。
- 標籤的熱度排行，標籤的熱度則按其連結 book 文件的收藏數（favCount）來計算。

對於這兩組資料，我們都可以利用 MongoDB 的聚合框架（aggregation framework）來完成計算。

1. 第一組資料

為了計算每個分類下的 book 文件數量，需要將 group 作為主要的運算元，程式如下：

```
> db.book.aggregate( [
    { $group: { _id: "$type", total: { $sum: 1 } } },
    { $sort: { total: -1 } }
] )
```

輸出結果為：

```
{ "_id" : "technology", "total" : 15 }
{ "_id" : "novel", "total" : 11 }
{ "_id" : "sociality", "total" : 9 }
{ "_id" : "literature", "total" : 8 }
{ "_id" : "travel", "total" : 7 }
```

解釋：聚合是透過管道的形式來定義的，一個管道包含多個處理階段（stage）。上面的命令中僅涉及兩個階段（stage）——sort（排序），其中：

（1）group 階段實現了按指定欄位（type）的分組計算，sum: 1 表示按每
　　個文件累計 1 進行統計。

（2）分組之後，接收分組計算的輸出，並負責完成排序。

2. 第二組資料

統計標籤（tag）的熱度排行，其中，標籤的熱度按照 book 文件的收藏數
（favCount）來計算。相對第一組資料來說，這組計算需要考慮更多的差
異：

（1）與分類（type）不同，標籤被設計為一個多值（陣列）的欄位。

（2）對於沒有被收藏的 book 文件（favCount = 0），可以不進行計算。

最終的聚合操作如下：

```
> db.book.aggregate( [
    { $match: { favCount: { $gt: 0} } },
    { $unwind: "$tags" },
    { $group: { _id: "$tags", total: { $sum: "$favCount" } } },
    { $sort: { total: -1 } }
] )
```

執行結果為：

```
{ "_id" : "popular", "total" : 1437 }
{ "_id" : "document", "total" : 1164 }
{ "_id" : "developer", "total" : 1111 }
{ "_id" : "mongodb", "total" : 878 }
{ "_id" : "nosql", "total" : 560 }
```

解釋：第二組資料的聚合操作中，定義了 4 個階段，分別如下。

（1）$match 階段：用於過濾 favCount = 0 的文件。

（2）$unwind 階段：用於將標籤陣列進行展開，這樣一個包含 3 個標籤的
　　文件會被拆解為 3 個項目。

（3）s 階段：對拆解後的文件進行分組計算，sum: "$favCount" 表示按
　　favCount 欄位進行累加。

（4）$sort 階段：接收分組計算的輸出，按 total 得分進行排序。

2.8 計算文件大小

2.8.1 查看集合大小

使用 collection.stats 命令可以查看 book 集合的統計資訊，程式如下：

```
> db.book.stats()
{
 "ns" : "appdb.book",
 "size" : 7954,
 "count" : 50,
 "avgObjSize" : 159,
 "storageSize" : 16384,
 "capped" : false,
 "wiredTiger" : {...},
 "nindexes" : 1,
 "totalIndexSize" : 16384,
 "indexSizes" : {
  "_id_" : 16384
 },
 "ok" : 1
}
```

欄位說明見表 2-9。

表 2-9　collection.stats 命令輸出欄位

欄位名	說明
ns	名稱空間
size	集合大小
count	文件數量
avgObjSize	文件平均大小
storageSize	磁碟的資料檔案大小
capped	是否固定集合
wiredTiger	儲存引擎資訊
nindexes	索引數
totalIndexSize	索引總大小
indexSizes	描述各個索引的大小的巢狀結構文件

size 欄位預設使用的單位是位元組,如果希望簡化顯示,則可以指定計算的倍數:

```
> db.book.stats(1024*1024)
```

這樣返回結果的 size 會以 MB 為單位顯示。

2.8.2 計算文件大小

如果只是希望計算某個文件物件的大小,則可以使用 Object.bsonsize 命令,程式如下:

```
> var doc = db.book.findOne()
> Object.bsonsize(doc)
145
```

同樣,Object.bsonsize 命令也適用於陣列物件:

```
> Object.bsonsize([doc1, doc2, doc3])
```

2.9 小技巧——定義 mongo shell 環境

在本章中,我們介紹了 mongo shell 的基本使用方法,並提到了其所支援的 JavaScript 標準語法。由於 JavaScript 天生具備動態解釋的特性,我們可以輕鬆地在 mongo shell 中加入一些自訂的功能集。下面來做一下演示。

編輯 ~/.mongorc.js 檔案,增加以下內容:

```
function showDate(){

var today = new Date();
var year = today.getFullYear() + "年";
var month = (today.getMonth() + 1) + "月";
var date = today.getDate() + "日";
var quarter = "一年中的第" + Math.floor((today.getMonth() + 3) / 3) + "個季";
```

```
  var text = "歡迎回來,今天是" + year + month + date + "," + quarter + "。";
  print(text);
}

showDate();
```

上述程式中,首先定義了一個 showDate 函數,用於輸出當前的日期資訊。程式的最後對該函數做了一次呼叫。

將該檔案保存,我們再次啟動本地的 mongo shell,便發現輸出了想要的資訊:

```
# ./bin/mongo --port 27017
MongoDB shell version v4.0.0
connecting to: mongodb://127.0.0.1:27018/
MongoDB server version: 4.0.0
歡迎回來,今天是2019年10月2日,一年中的第4個季。
...
```

Chapter

03

資料模型

3.1 BSON 協定與類型

JSON 與 BSON 是什麼關係？ MongoDB 為什麼會使用 BSON ？在初次接觸 MongoDB 時，或許有不少人對此存在疑惑。下面的內容，將講解其中的細節。

3.1.1 JSON 標準

JSON 是當今非常通用的一種跨語言 Web 資料互動格式，屬於 ECMAScript 標準規範的子集。JSON（JavaScript Object Notation，JS 物件簡譜）即 JavaScript 物件標記法。顧名思義，JSON 與 JavaScript 語言是分不開的，它是 JavaScript 物件的一種文字表現形式。

身為羽量級的資料交換格式，JSON 的可讀性非常好，而且非常便於系統生成和解析，這些優勢也讓它逐漸取代了 XML 標準在 Web 領域的地位，當今許多流行的 Web 應用程式開發框架，如 SpringBoot 都選擇了 JSON 作為預設的資料編 / 解碼格式。

以 JSON 格式定義的資料形式如下：

```
{
    "name": "李小龍",
```

```
  "age": 25,
  "address": {
    "zcode":538817,
    "street": "廣東省深圳市龍華區民治街道"
  }
  "favorites": ["武術","籃球","圍棋"]
}
```

整體來説，JSON 由兩種基本結構組成：

- 鍵值對的集合，等於我們所説的物件、字典、雜湊表（hash table）等資料結構，比如一個使用者會同時擁有名稱（name）、年齡（age）等欄位資訊；這個結構還可以支援巢狀結構，如使用者的地址資訊（address）作為子物件，地址中又可以包含郵遞區號（zcode）、詳細街道地址（street）等。

- 有序的資料清單，通常對應於陣列形式，如上述例子中的 faviorites 欄位，表示一個使用者可以有多種偏好的標籤資訊。

JSON 只定義了 6 種資料類型，如圖 3-1 所示。

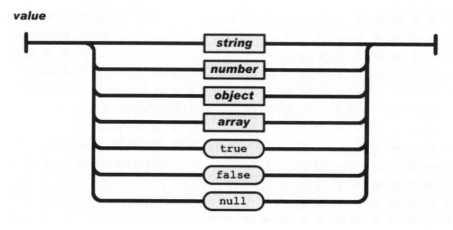

圖 3-1　JSON 資料類型

3.1.2 BSON 和 JSON

大多數情況下，使用 JSON 作為資料互動格式已經是理想的選擇，但是 JSON 基於文字的解析效率並不是最好的，在某些場景下往往會考慮選擇更合適的編 / 解碼格式，一些做法如：

- 在微服務架構中，使用 gRPC（基於 Google 的 Protobuf）可以獲得更好的網路使用率。
- 分散式中介軟體、資料庫，使用私有訂製的 TCP 資料封包格式來提供高性能、低延遲時間的運算能力。

BSON（Binary JSON）是二進位版本的 JSON，其在性能方面有更優的表現。BSON 在許多方面和 JSON 保持一致，其同樣也支持內嵌的文件物件和陣列結構。二者最大的差別在於 JSON 是基於文字的，而 BSON 則是二進位（位元組流）編 / 解碼的形式。除此之外，BSON 還提供了一些擴充的資料類型，比如日期、二進位資料等。

為了更淺顯地表示二者的不同，可以看看下面這個簡單的 JSON 物件：

```
{"hello": "world"}
```

其對應的 BSON 的格式編碼為：

```
\x16\x00\x00\x00              // total document size
\x02                          // 0x02 = type String
hello\x00                     // field name
\x06\x00\x00\x00world\x00     // field value
\x00                          // 0x00 = type EOO ('end of object')
```

BSON 由 10gen 團隊設計並開放原始碼，目前主要用於 MongoDB 資料庫。

MongoDB 在文件儲存、命令協定上都採用了 BSON 作為編 / 解碼格式，主要具有以下優勢：

- 類 JSON 的羽量級語義，支援簡單清晰的巢狀結構、陣列層次結構，可以實現無模式（模式靈活）的文件結構。

■ 更高效的遍歷，BSON 在編碼時會記錄每個元素的長度，可以直接透過 seek 操作進行元素的內容讀取，相對 JSON 解析來說，遍歷速度更快。

■ 更豐富的資料類型，除了 JSON 的基底資料類型，BSON 還提供了 MongoDB 所需的一些擴充類型，這更加方便資料的表示和操作。

在空間的使用上，BSON 相比 JSON 並沒有明顯的優勢。

3.1.3　BSON 的資料類型

BSON 的資料類型見表 3-1。

表 3-1　BSON 的資料類型

資料類型	編號	別名	說明
Double	1	double	雙精度浮點值。用於儲存浮點數
String	2	string	字串。最常用的資料類型。BSON 的字串採用 UTF-8 編碼
Object	3	object	內嵌文件
Array	4	array	用於表示陣列或清單
Binary data	5	binData	二進位資料
ObjectId	7	objectId	物件 ID，用於創建文件的 ID
Boolean	8	bool	布林值（true|false）
Date	9	date	日期時間，對應於 UNIX 時間戳記的毫秒數（64 位元）
Null	10	null	表示空值或不存在的欄位
Regular Expression	11	regex	正規表示法
32-bit integer	16	int	32 位元的整數值
Timestamp	17	timestamp	時間戳記，一般在內部使用
64-bit integer	18	long	64 位元的整數值
Decimal128	19	decimal	高精度數值，用於精確計算
Min key	-1	minKey	表示一個最小值
Max key	127	maxKey	表示一個最大值

下面回顧一下本節的要點：

（1）JSON 是通用的、羽量級的 Web 資料交換格式，支援巢狀結構的物件和陣列結構，其本身也是無模式的。

（2）BSON 是 JSON 的二進位版本，除了具備更高的性能，還提供了一些擴充的資料類型。

（3）MongoDB 內部使用 BSON 資料格式，但由於 BSON 與 JSON 非常相近，許多情況下稱 MongoDB 是基於 JSON 的説法也是合理的。

3.2 使用日期

MongoDB 中的日期使用 Date 類型表示，在其內部實現中採用了一個 64 位元長的整數，該整數代表的是自 1970 年 1 月 1 日零點時刻（UTC）以來所經過的毫秒數。Date 類型的數值範圍非常大，可以表示上下 2.9 億年的時間範圍，負值則表示 1970 年之前的時間。

這種方式比較常見，比如 Java 中的 System.currentTimeMillis 方法也是這麼計算的。

在使用日期類型時，通常需要注意時區的問題。MongoDB 的日期類型使用 UTC（Coordinated Universal Time）進行儲存，也就是 +0 時區的時間。一般用戶端會根據本地時區自動轉為 UTC 時間，程式如下：

```
> new Date()
> ISODate("2019-06-27T07:27:51.606Z")
```

在這裡，ISODate 是對於 UTC 時間的包裝類別。

下面，再看一個稍微複雜的例子，程式如下：

```
var date1 = Date();
var date2 = new Date();
var date3 = ISODate();

var dateObject = {
```

```
    d1: date1,
    d2: date2,
    d3: date3
}

db.dates.insert(dateObject);
db.dates.find().pretty()
```

執行上述程式，將看到輸出如下：

```
{
    "_id" : ObjectId("5d146b24f4531cb8062f3c8d"),
    "d1" : "Thu Jun 27 2019 15:07:16 GMT+0800",
    "d2" : ISODate("2019-06-27T07:07:16.905Z"),
    "d3" : ISODate("2019-06-27T07:07:16.906Z")
}
```

可以看到，使用 new Date 與 ISODate 的語義是相同的，兩者最終都會生成 ISODate 類型的欄位（對應於 UTC 時間）。而 Date 與兩者都不同，它會以字串形式返回當前的系統時間。由於當前正處於 +8 時區，因此輸出的時間值比 ISODate 多 8 個小時。

透過 typeof 運算符號可以看到其中的不同，程式如下：

```
print(typeof(Date()))
print(typeof(new Date()))
print(typeof(ISODate()))

> string
> object
> object
```

▦ 3.3 ObjectId 生成器

MongoDB 集合中所有的文件都有一個唯一的 _id 欄位，作為集合的主鍵。在預設情況下，_id 欄位使用 ObjectId 類型。以下面的程式：

```
db.foo.insert( {} )
db.foo.find()

>
{
   "_id" : ObjectId("5d15767ff4531cb8062f3c93")
}
```

這裡的 _id 是自動生成的，其中 "5d15767ff4531cb8062f3c93" 是 ObjectId 的 16 進位編碼形式，該欄位總共為 12 個位元組。

為了避免文件的 _id 欄位出現重複，ObjectId 被定義為 3 個部分：

- 4 位元組表示 Unix 時間戳記（秒）。
- 5 位元組表示隨機數。
- 3 位元組表示計數器（初始化時隨機）。

由此可見，經過多個欄位隨機組合後，出現重複的機率是極低的。

對於新插入集合中的文件，如果沒有包含 _id 欄位，則資料庫伺服器會自動生成一個新的 ObjectId。但實際上，大多數用戶端驅動都會自行生成這個欄位，比如 MongoDB Java Driver 會根據插入的文件是否包含 _id 欄位來自動補充 ObjectId 物件。這樣做不但提高了離散性，還可以降低 MongoDB 伺服器端的計算壓力。另外，在 ObjectId 的組成中，5 位元組的隨機數並沒有明確定義，用戶端可以採用機器號、處理程序號來實現，如圖 3-2 所示。

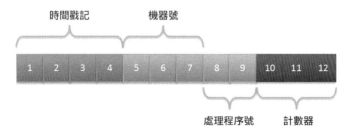

圖 3-2　ObjectId 結構

ObjectId 具體如何生成，可以參考下面的程式：

```
//ObjectId 類別
public final class ObjectId implements Comparable<ObjectId>, Serializable {

  //機器號
    private static final int MACHINE_IDENTIFIER;
  //處理程序號
    private static final short PROCESS_IDENTIFIER;
  //計數器，初始化採用隨機值
    private static final AtomicInteger NEXT_COUNTER = new AtomicInteger(new
SecureRandom().nextInt());
  //初始化
  static {
        try {
            MACHINE_IDENTIFIER = createMachineIdentifier();
            PROCESS_IDENTIFIER = createProcessIdentifier();
        } catch (Exception e) {
            throw new RuntimeException(e);
        }
    }
  //預設構造方法
    public ObjectId() {
        this(new Date());
    }

  //構造方法──使用日期
    public ObjectId(final Date date) {
        this(dateToTimestampSeconds(date), MACHINE_IDENTIFIER,
PROCESS_IDENTIFIER, NEXT_COUNTER.getAndIncrement(), false);
    }

  //構造方法──使用日期、機器號、處理程序號、計數器生成
    private ObjectId(final int timestamp, final int machineIdentifier,
final short processIdentifier, final int counter,
                     final boolean checkCounter) {
        if ((machineIdentifier & 0xff000000) != 0) {
            throw new IllegalArgumentException("The machine identifier must
be between 0 and 16777215 (it must fit in three bytes).");
        }
```

```
        if (checkCounter && ((counter & 0xff000000) != 0)) {
            throw new IllegalArgumentException("The counter must be between 0
 and 16777215 (it must fit in three bytes).");
        }
        this.timestamp = timestamp;
        this.machineIdentifier = machineIdentifier;
        this.processIdentifier = processIdentifier;
        this.counter = counter & LOW_ORDER_THREE_BYTES;
    }

    ...
    //轉為位元組
    public void putToByteBuffer(final ByteBuffer buffer) {
        notNull("buffer", buffer);
        isTrueArgument("buffer.remaining() >=12", buffer.remaining() >= 12);

    //4位元時間戳記
        buffer.put(int3(timestamp));
        buffer.put(int2(timestamp));
        buffer.put(int1(timestamp));
        buffer.put(int0(timestamp));
    //3位元機器號
        buffer.put(int2(machineIdentifier));
        buffer.put(int1(machineIdentifier));
        buffer.put(int0(machineIdentifier));
    //2位元處理程序號
        buffer.put(short1(processIdentifier));
        buffer.put(short0(processIdentifier));
    //3位元數目器
        buffer.put(int2(counter));
        buffer.put(int1(counter));
        buffer.put(int0(counter));
    }
    ...
}
```

以上程式來自 MongoDB Java Driver（3.6.2 版本）。當然，具體應用也可以使用自動生成的 _id，但必須保證 _id 的唯一性。

▦ 3.4 陣列、內嵌

支援靈活的資料結構，是 MongoDB 這種文件資料庫的一大優勢。在物件導向的程式設計方式中，物件的成員可以是多種形式的，包括陣列、子物件等。但是當我們希望將物件中的資料持久化到傳統的關聯式資料庫中時，卻發現沒有很好的匹配模式。常見的一些做法如：

- 使用延展式的多列式結構，如用 tag1、tag2、tag3…表示陣列中的許多個元素。
- 使用序列化的單列進行收斂，比如將陣列或子物件轉為 JSON 字串後儲存到某個列，在讀取時再進行解析。

無論哪一種方式，都是存在一些弊端的。延展式的結構會導致列的數量膨脹，關聯式資料庫需要提前設計好 Schema，但陣列往往是動態的，無法滿足快速變化的需求；單列序列化的方式帶來了應用上的複雜性，資料庫無法了解該列的內部結構，所能提供的操作只有「整存整取」。

MongoDB 的文件模型充分了解了陣列、內嵌式文件的資料結構，除了可以方便地對陣列內的元素、內嵌文件的欄位操作，還可以對這些「內嵌式」的欄位進行索引以滿足快速的查詢。它們在使用方式上和普通的欄位並沒有什麼大的不同，這是文件類型資料庫的一種強大的表現力。

值得注意的是，一些關聯式資料庫如 MySQL、PostgreSQL 在後來也支援陣列和內嵌物件的類型，充分說明了該能力的重要性及普適性。

3.4.1 內嵌文件

讓我們再回到前面的例子，一個 book 文件中可以包含作者的資訊，包括作者名稱、性別、家鄉所在地等，程式如下：

```
{
    title: "撒哈拉的故事",
```

```
    ...
    author: {
        name: "三毛",
        gender: "女",
        hometown: "重慶"
    }
}
```

一個顯著的優點是，當我們查詢 book 文件的資訊時，作者的資訊也會一併返回。如果只希望返回作者的名稱，則可以指定 author.name，程式如下：

```
> db.book.find( { "_id": ObjectId("5d945f0617ff3bc401498eaf")}, { "author.
name": 1} )
{ "_id" : ObjectId("5d945f0617ff3bc401498eaf"), "author.name" : "三毛" }
```

也可以將 author.name 作為查詢準則，程式如下：

```
> db.book.find( { "author.name": "三毛" })
```

如果作者資訊需要修改，則可以指定其中的某個欄位，比如修改作者的家鄉所在地，程式如下：

```
> db.book.updateOne(
    { _id: ObjectId("5d945f0617ff3bc401498eaf") },
    { "$set": { "author.hometown": "重慶/台灣"  } }
  )
{ "acknowledged" : true, "matchedCount" : 1, "modifiedCount" : 1 }
```

3.4.2 陣列

除了作者資訊，book 文件中還包含了許多個標籤，這些標籤可以用來表示 book 文件所包含的一些特徵，如豆瓣讀書中的標籤（tag），如圖 3-3 所示。

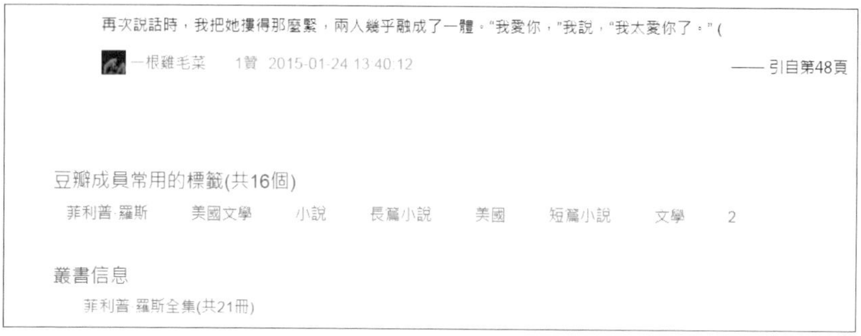

圖 3-3 豆瓣讀書中的標籤

我們用文件結構來表示，程式如下：

```
{
    title: "撒哈拉的故事",
    ...
    tags: [ "旅行", "隨筆", "散文", "愛情", "文學", "台灣" ]
}
```

1. 查詢元素

在查詢文件時，陣列中的標籤會被一起返回，如果只想獲得最後一個標籤元素，則可以用以下命令查詢：

```
> db.book.find( { "_id" : ObjectId("5d945f0617ff3bc401498eaf")}, { "title" :
1, "tags": { "$slice": -1 } })
{ "_id" : ObjectId("5d945f0617ff3bc401498eaf"), "title" : "book-18", "tags" :
[ "popular" ] }
```

這裡的 $silice 是一個查詢運算符號，用於指定陣列的切片方式，與 JavaScript 中的用法類似。

2. 修改元素

如果希望在標籤中的這個陣列尾端增加一個元素，則可以使用 $push 運算符號，程式如下：

```
> db.book.updateOne( { _id: ObjectId("5d945f0617ff3bc401498eaf")}, { "$push":
{ "tags": "獵奇"}})
{ "acknowledged" : true, "matchedCount" : 1, "modifiedCount" : 1 }
```

$$each 運算符號配合可以用於增加多個元素，程式如下：

```
> db.book.updateOne( { _id: ObjectId("5d945f0617ff3bc401498eaf")}, { "$push":
{ tags: { $each: [ "傷感", "想像力"] }} } )
```

如果加上 $slice 運算符號，那麼只會保留經過切片後的元素，程式如下：

```
> db.book.updateOne( { _id: ObjectId("5d945f0617ff3bc401498eaf")}, { "$push":
{ tags: { $each: [ "傷感", "想像力"], $slice: -3 }} } )
```

上述程式除了增加多個標籤，最終只會保留最後的 3 個元素，即經過 $slice 操作後的結果。

3. 根據元素查詢

標籤的重要作用就是用於查詢，可以根據標籤中的元素進行 book 文件的尋找，程式如下：

```
> db.book.find( { tags: "傷感" } )
```

上述程式會將所有標籤陣列中包含「傷感」一詞的 book 文件都尋找出來。如果希望查詢同時存在多個標籤的文件，則可以使用 $all 運算符號，程式如下：

```
> db.book.find( { tags: { $all: [ "傷感", "想像力" ] } } )
```

3.4.3　巢狀結構型的陣列

陣列元素可以是基本類型，也可以是內嵌的文件結構，我們嘗試將標籤的概念擴充一下，一個標籤由 tagKey 和 tagValue 所組成，文件結構如下：

```
{
    tags: [
        { tagKey: xxx, tagValue: xxx },
        { tagKey: xxx, tagValue: xxx }
        ...
    ]
}
```

這種結構非常靈活，一個很適合的場景就是商品的多屬性工作表示，如
圖 3-4 所示。

圖 3-4 電子商務平台中的商品屬性

一個商品可以同時包含多個維度的屬性，比如尺碼、顏色、風格等，使
用文件可以表示為：

```
> db.goods.insert( {
    name: "羊毛衫",
    tags: [
        { tagKey:"size" , tagValue: "大碼" },
        { tagKey:"color", tagValue: "藍色" },
        { tagKey:"style", tagValue: "韓風" }
    ]
})
```

以上的設計是一種常見的多值屬性的做法，當我們需要根據屬性進行檢
索時，需要用到 $elementMatch 運算符號，程式如下：

```
> db.goods.find( {
    tags: {
        $elemMatch: { tagKey:"color", tagValue: "藍色" }
    }
} )
```

當然，如果進行組合式的條件檢索，則可以使用多個 $elemMatch 運算符號，程式如下：

```
> db.goods.find( {
    tags: {
      $all: [
        { $elemMatch: { tagKey:"color", tagValue: "藍色" } },
        { $elemMatch: { tagKey:"size", tagValue: "大碼" } }
      ]
    }
} )
```

上述程式可以篩選出 color= 藍色，並且 size= 大碼的商品資訊。

3.5 固定集合

3.5.1 固定集合簡介

固定集合（capped collection）是一種限定大小的集合，其中 capped 是覆蓋、配額的意思。跟普通的集合相比，資料在寫入這種集合時遵循 FIFO 原則。可以將這種集合想像為一個環狀的佇列，新文件在寫入時會被插入佇列的尾端，如果佇列已滿，那麼之前的文件就會被新寫入的文件所覆蓋，如圖 3-5 所示。

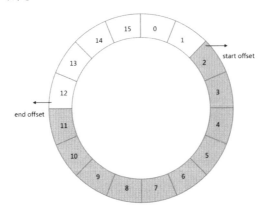

圖 3-5　固定大小的集合

這是一個很有意思的設計，透過固定集合的大小，我們可以保證資料庫只會儲存「配額」的資料，超過該配額的舊資料都會被捨棄。

對普通的集合來說，如果想實現對於大小的限定，即我們需要做的事情如下：

- 設定集合的大小上限，比如文件的數量或是該集合所佔用的儲存空間大小，作為閾值。
- 開始向該集合中寫入資料。
- 在寫入資料後判斷集合大小是否超過配額，透過 collection.count 命令可以獲得文件的數量，而儲存空間大小則可以使用 collection.stat 命令獲得。
- 如果超過了配額，那麼找出最早的一筆資料將其刪除。

上述方案有很多缺點，比如每次寫入都需要進行一次判斷和資料刪除操作，對性能的影響是不小的，同時應用在程式實現上也比較複雜。相比之下，固定集合（capped collection）是在資料庫層面進行處理，除了更加方便，可用性也更有保證。

3.5.2 使用範例

透過下面的敘述可以宣告一個固定集合：

```
db.createCollection("logs", {capped: true, size:4096, max: 10})
```

這裡指定了兩個參數。

（1）max：指集合的文件數量最大值，這裡是 10 筆。
（2）size：指集合的空間佔用最大值，這裡是 4096 位元組（4KB）。

這兩個參數會同時對集合的上限產生影響。也就是說，只要任一條件達到閾值都會認為集合已經寫滿。其中 size 是必選的，而 max 則是可選的。

我們嘗試在這個集合中插入 15 筆資料，程式如下：

```
for(var i=0; i<15; i++){
    db.logs.insert( {t: "row-" + i} )
}
```

接著嘗試查詢集合裡的資料，可以看到，由於文件數量上限被設定為 10
筆，前面插入的 5 筆資料已經被覆蓋了，結果如下：

```
> db.logs.find()
{ "_id" : ObjectId("5db45e368fbe91303dde7c0a"), "t" : "row-5" }
{ "_id" : ObjectId("5db45e368fbe91303dde7c0b"), "t" : "row-6" }
{ "_id" : ObjectId("5db45e368fbe91303dde7c0c"), "t" : "row-7" }
{ "_id" : ObjectId("5db45e368fbe91303dde7c0d"), "t" : "row-8" }
{ "_id" : ObjectId("5db45e368fbe91303dde7c0e"), "t" : "row-9" }
{ "_id" : ObjectId("5db45e368fbe91303dde7c0f"), "t" : "row-10" }
{ "_id" : ObjectId("5db45e368fbe91303dde7c10"), "t" : "row-11" }
{ "_id" : ObjectId("5db45e368fbe91303dde7c11"), "t" : "row-12" }
{ "_id" : ObjectId("5db45e368fbe91303dde7c12"), "t" : "row-13" }
{ "_id" : ObjectId("5db45e368fbe91303dde7c13"), "t" : "row-14" }
```

當然，如果我們不指定 max 參數，那麼當文件的總大小（空間佔用）超
過 size 配額時，也會產生覆蓋的情況：

```
db.createCollection( "logs", { capped: true, size: 4096 } )
```

可以使用 collection.stats 命令查看文件的佔用空間，程式如下：

```
> db.logs.stats()
{
 "ns" : "appdb.logs",
 "size" : 530,
 "count" : 15,
 "avgObjSize" : 35,
 "storageSize" : 4096,
 "capped" : true,
 "max" : -1,
 "maxSize" : 4096,
```

其中，"size": 530 表示文件總大小為 530 位元組，而 "maxSize": 4096 則
是文件總大小的上限。

需要注意，maxSize 的值必須是 2 的 *n* 次方。如果設定值不符合條件，則會被自動對齊，比如創建固定集合時指定 "size" : 500，那麼最終的 maxSize 就是 512 位元組。

3.5.3 特徵與限制

固定集合在底層使用的是順序 I/O 操作，而普通集合使用的是隨機 I/O。眾所皆知，順序 I/O 在磁碟操作上由於搜尋次數少而比隨機 I/O 要高效得多，因此固定集合的寫入性能是很高的。此外，如果按寫入順序進行資料讀取，也會獲得非常好的性能表現。

但它也存在一些限制，主要有以下 5 個方面：

（1）無法動態修改儲存的上限，如果需要修改 max 或 size，則只能先執行 collection.drop 命令，將集合刪除後再重新創建。

（2）無法刪除已有的資料，對固定集合中的資料進行刪除將得到以下錯誤：

```
> db.logs.deleteOne( { t: "row-4" } )
[js] WriteError: cannot remove from a capped collection:appdb.logs :
..
```

（3）對已有資料進行修改，新文件大小必須與原來的文件大小一致，否則不允許更新：

```
> db.logs.update( { t: "row-4" }, { $set: { t: "row-4a" } } )
WriteResult({
 "nMatched" : 0,
 "nUpserted" : 0,
 "nModified" : 0,
 "writeError" : {
  "code" : 10003,
  "errmsg" : "Cannot change the size of a document in a capped collection:
35 != 36"
 }
})
```

（4）預設情況下，固定集合只有一個 _id 索引，而且最好是按資料寫入的順序進行讀取。當然，也可以增加新的索引，但這會降低資料寫入的性能。

（5）固定集合不支援分片，同時，在 MongoDB 4.2 版本中規定了交易中也無法對固定集合執行寫入操作。

3.5.4 適用場景

固定集合很適合用來儲存一些「臨時態」的資料。「臨時態」表示資料在一定程度上可以被捨棄。同時，使用者還應該更關注最新的資料，隨著時間的演進，資料的重要性逐漸降低，直到被淘汰處理。

一些適用的場景如下：

（1）系統日誌，這非常符合固定集合的特徵，而日誌系統通常也只需要一個固定的空間來存放日誌。在 MongoDB 內部，複本集的同步日誌（oplog）就使用了固定集合。

（2）儲存少量文件，如最新發佈的 Top N 筆文章資訊。得益於內部快取的作用，對於這種少量文件的查詢是非常高效的。

3.6 小技巧──使用固定集合實現 FIFO 佇列

在股票即時系統中，大家往往最關心股票價格的變動。而應用系統中也需要根據這些即時的變化資料來分析當前的行情。

倘若將股票的價格變化看作是一個事件，而股票交易所則是價格變動事件的「發行者」，股票 APP、應用系統則是事件的「消費者」。這樣，我們就可以將股票價格的發佈、通知抽象為一種資料的消費行為，此時往往需要一個訊息佇列來實現該需求。

在本章的內容中，我們已經領略過固定集合（capped collection）的一些特性。而基於前面的介紹，我們知道這種類型的集合擁有固定的大小，同時滿足高性能 FIFO 讀寫能力。因此，可以利用固定集合來實現股票系統中的訊息佇列。

首先，需要在資料庫中宣告固定集合，通 size 來指定該訊息佇列的容量，程式如下：

```
var db = db.getSiblingDB("appdb");
db.createCollection( "stock_queue", { capped: true, size: 10485760 } )
```

這樣，我們就擁有了 stock_queue 訊息佇列，其可以容納 10MB 的資料。每一筆訊息的格式可以定義為以下形示。

```
{
    timestamp: new Date(),
    stock: "MongoDB Inc",
    price: 30.31
}
```

- timestamp 指股票動態訊息的產生時間。
- stock 指股票的名稱。
- price 指股票的價格，是一個 Double 類型的欄位。

其中，為了能支持按時間條件進行快速的檢索，比如查詢某個時間點之後的資料，可以為 timestamp 增加索引，程式如下：

```
> db.stock_queue.ensureIndex( { timestamp: 1 } )
{
 "createdCollectionAutomatically" : false,
 "numIndexesBefore" : 1,
 "numIndexesAfter" : 2,
 "ok" : 1
}
```

1. 發佈股票動態

為了模擬股票的即時變動，我們實現以下函數：

```
function pushEvent(){

    while(true) {
        db.stock_queue.insert({
            timestamp: new Date(),
            stock: "MongoDB Inc",
            price: 100 * Math.random(1000)
        });
        print("publish stock changed.")
        sleep(1000);
    }
}
```

執行 pushEvent 函數，此時用戶端會每隔 1 秒向 stock_queue 中寫入一筆
股票資訊，結果如下：

```
> pushEvent()

publish stock changed.
publish stock changed.
publish stock changed.
publish stock changed.

...
```

2. 監聽股票動態

對股票動態的消費方來說，更關心的是最新資料，同時還應該保持持續
進行「拉取」，以便知曉即時發生的變化。根據這樣的邏輯，可以實現一
個 listen 函數，程式如下：

```
function listen(){

    var cursor = db.stock_queue.find({timestamp: {$gte: new Date()}}).tailable()

    while(true) {
        if(cursor.hasNext()){
            print(JSON.stringify(cursor.next(), null, 2))
        }
        sleep(1000);
```

```
    }
  }
```

上述程式中，find 操作的查詢準則被指定為僅查詢比當前時間更新的資
料，而由於採用了讀取游標的方式，因此游標在獲取不到資料時並不會
被關閉，這種行為非常類似於 Linux 中的 tail -f 命令。

接下來，在一個迴圈中會定時檢查是否有新的資料產生，一旦發現新的
資料（cursor.hasNext()=true），則直接將資料列印到主控台。

執行這個監聽函數，就可以看到即時發佈的股票資訊，程式如下：

```
> listen()
{
  "_id": {
    "$oid": "5db6ccaf907e3fdf928c40df"
  },
  "timestamp": "2019-10-28T11:10:39.346Z",
  "stock": "MongoDB Inc",
  "price": 38.35570027239119
}
{
  "_id": {
    "$oid": "5db6ccb0907e3fdf928c40e0"
  },
  "timestamp": "2019-10-28T11:10:40.347Z",
  "stock": "MongoDB Inc",
  "price": 0.9792174866762648
}
{
  "_id": {
    "$oid": "5db6ccb1907e3fdf928c40e1"
  },
  "timestamp": "2019-10-28T11:10:41.348Z",
  "stock": "MongoDB Inc",
  "price": 33.426860827238954
}
```

Chapter

04

索引介紹

4.1 索引簡述

1. 索引是什麼

索引在資料庫技術系統中佔據了非常重要的位置，其主要表現為一種目錄式的資料結構，用來實現快速的資料查詢。通常在實現上，索引是對資料庫表（集合）中的某些欄位進行取出、排列之後，形成的一種非常易於遍歷讀取的資料集合。目前絕大多數的資料庫對於索引技術都有非常強大且穩定的支持。

索引的作用非常類似於一本書的目錄，如圖 4-1 所示。

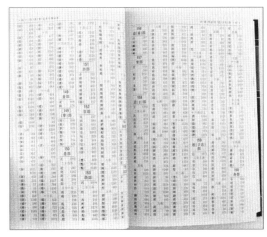

圖 4-1　新華字典

透過目錄中的關鍵字和頁碼，閱讀者可以快速找到自己感興趣的書籍內容。索引也是如此，其主要是透過縮短查詢資料的路徑來提升效率的，這同時也是成本最低的一種性能最佳化手段。我們幾乎很難想像，資料庫離開了索引會變成什麼樣子。

2. 索引的分類

- 按照索引包含的欄位數量，可以分為單鍵索引和組合索引（或複合索引）。
- 按照索引欄位的類型，可以分為主鍵索引和非主鍵索引。
- 按照索引節點與物理記錄的對應方式來分，可以分為聚簇索引和非聚簇索引，其中聚簇索引是指索引節點上直接包含了資料記錄，而後者則僅包含一個指向資料記錄的指標。
- 按照索引的特性不同，又可以分為唯一索引、稀疏索引、文字索引、地理空間索引等。

▦ 4.2 單鍵、複合索引

在 MongoDB 中，我們可以對集合中的某個欄位或某幾個欄位創建索引，以 book 實體為例，程式如下：

```
{
  "_id" : ObjectId("5d945f0617ff3bc401498e9d"),
  "title" : "book-0",
  "publishedDate" : ISODate("2019-10-02T08:25:41.149Z"),
  "type" : "technology",
  "tags" : [
    "popular"
  ],
  "favCount" : 93,
  "author" : {
    name: "zale",
    age: 35
  }
}
```

4.2.1 單欄位索引

如果經常使用標題（title）這個欄位進行搜索，我們可以為它創建一個單欄位的索引，程式如下：

```
db.book.ensureIndex( { title: 1 } )
```

這裡的 "title: 1" 中的 1 表示索引採用的是昇冪排列。然而，在單欄位的索引中，使用昇冪和降冪並沒有什麼差別。

當然，我們也可以對內嵌的文件欄位創建索引，比如根據作者的名稱進行索引，程式如下：

```
db.book.ensureIndex( { author.name : 1 })
```

4.2.2 複合索引

複合索引是多個欄位組合而成的索引，其性質和單欄位索引類似。但不同的是，複合索引中欄位的順序、欄位的升降冪對查詢性能有直接的影響，因此在設計複合索引時則需要考慮不同的查詢場景。

如果需要頻繁地查詢某分類下的 book 文件排名，那麼可以按照分類、收藏數量創建一個複合索引，程式如下：

```
db.book.ensureIndex( { type : 1, favCount: 1 })
```

▨ 4.3 陣列索引

陣列索引也被稱為多值索引（multikey index），當我們對陣列型的欄位創建索引時，這個索引就是多值的。

根據前面的文件模型，可以按以下場景建立索引：

```
db.book.ensureIndex( { tags: 1 } )
```

由於標籤是一個陣列欄位，因此這個索引自然就是多值索引。多值索引在使用上與普通索引並沒有什麼不同，只是在索引鍵上會同時產生多個值，比如下面的文件：

```
{
  _id: 0,
  tags: [ "t1", "t2", "t3", "t4", "t5"]
}
```

按標籤建立索引後，將產生以下的索引結構：

```
tags=t1 -> id=0,
tags=t2 -> id=0,
tags=t3 -> id=0,
tags=t4 -> id=0,
tags=t5 -> id=0,
```

陣列索引必然會使索引的項目和體積發生膨脹。比如，一個 book 文件中存在 20 個標籤，那麼就會產生 20 個索引項目，這些項目同時指向同一個文件。為了避免失控，有必要在文件的設計上做出一些限制。

❑ 複合的多值索引

多值索引很容易與複合索引產生混淆，複合索引是多個欄位的組合，而多值索引則僅是在一個欄位上出現了多值（multi key）。而實質上，多值索引也可以出現在複合欄位上，程式如下：

```
db.book.ensureIndex( { type: 1, tags: 1} )
```

然而，MongoDB 並不支援一個複合索引中同時出現多個陣列欄位，比如下面的定義是不被允許的：

```
db.book.ensureIndex( { tags: 1, versions : 1 } )
```

這裡假設了 versions 也是一個陣列欄位。

4.4 地理空間索引

在行動網際網路時代，基於地理位置的檢索（LBS）功能幾乎是所有應用系統的標準配備。

MongoDB 為地理空間檢索提供了非常方便的功能。地理空間索引（2dsphere index）就是專門用於實現位置檢索的一種特殊索引。

下面來看一個案例。

在生活節奏逐漸加快的今天，我們已經習慣了使用線上訂餐的 APP。在挑選外賣商家時，除了餐食的口味、評價、優惠力度，還有一個幾乎所有人都要考慮的因素，就是距離。因此，在訂餐 APP 上呈現的商家檢索通常都會有地理位置的限制，例如僅查詢 5 公里內的商家。

那麼，透過 MongoDB 如何實現「查詢附近商家」這種功能呢？

首先，假設商家的資料模型如下：

```
{
    restaurantId: 0,
    restaurantName: "蘭州牛肉麵",
    location : {
        type: "Point",
        coordinates: [ 37.449157 , -122.158574 ]
    }
}
```

location 欄位是一個內嵌型文件，用於表明商家的地理位置，其中的 type 表示這是地圖上的點，coordinates 則是經緯度。

接著，創建一個 2dsphere 索引，程式如下：

```
db.restaurant.ensureIndex( { location: "2dsphere" } )
```

最後，執行查詢，實現檢索附近 5 公里內的商家，程式如下：

```
db.restaurants.find({
  location: {
```

```
    $near: {
        $geometry :{ type : "Point", coordinates : [37.449, -122.158] } },
        $maxDistance : 5000
  }
})
```

這裡使用了 $near 查詢運算符號，用於實現附近商家的檢索，返回資料結果會按距離排序。

其中，$geometry 運算符號用於指定一個 GeoJSON 格式的地理空間物件，type=Point 表示地理座標點，coordinates 則是使用者當前所在的經緯度位置；$maxDistance 限定了最大距離，單位是米。

綜上所述，MongoDB 實現地理空間檢索需考慮的因素如下：

- 地理空間物件的儲存，如 location（地理位置）。
- 創建地理空間索引。
- 使用合適的地理位置運算符號實現檢索。

除此之外，MongoDB 還可以實現一些更為強大的地理空間計算，比如區域的交集等。而地理空間物件也不侷限於位置點（location point），具體類型由 GeoJSON 物件定義。

注意：

（1）MongoDB 的地理空間檢索基於 WGS84 座標系，在與一些地圖平台整合時需要注意轉換，如 GCJ-02（火星座標系）等。

（2）MongoDB 4.0 版本之後，near 可以用於分片集合（sharded collection），而在此版本之前可以 geoNear 聚合操作來代替。

4.5 唯一性約束

在現實場景中,唯一性是很常見的一種索引約束需求,重複的資料記錄會帶來許多處理上的麻煩,比如訂單的編號、使用者的登入名稱等。透過建立唯一性索引,可以保證集合中文件的指定欄位擁有唯一值。

在創建索引時,透過指定 unique=true 選項可以將其宣告為唯一性索引,程式如下:

```
db.book.ensureIndex( { title: 1 }, { unique: true } )
```

此後,如果嘗試寫入兩個擁有相同標題的 book 文件,則將得到以下錯誤訊息:

```
> db.book.insert( { title: "t1" } )
WriteResult({ "nInserted" : 1 })
> db.book.insert( { title: "t1" } )
WriteResult({
 "nInserted" : 0,
 "writeError" : {
  "code" : 11000,
  "errmsg" : "E11000 duplicate key error collection: appdb.book index:
title_1 dup key: { : \"t1\" }"
  }
})
```

對於指定欄位已經存在重複記錄的集合,如果嘗試創建唯一性約束的索引,則會提示以下錯誤:

```
...
> db.book.ensureIndex( {title: 1}, {unique: true})
{
 "ok" : 0,
 "errmsg" : "E11000 duplicate key error collection: appdb.book index:
title_1 dup key: { : \"t1\" }",
 "code" : 11000,
 "codeName" : "DuplicateKey"
}
```

1. 複合索引的唯一性

除了單欄位索引，還可以為複合索引使用唯一性約束。如果只是希望分類下的書籍標題保持唯一性，那麼可以建立複合式的唯一性索引，程式如下：

```
> db.book.ensureIndex( { type:1, title: 1 }, { unique: true } )
```

2. 巢狀結構文件的唯一性

唯一性約束同樣可以用於巢狀結構文件的某個欄位，這和普通索引沒有什麼區別，比如：

```
> db.book.ensureIndex( { author.name: 1 }, { unique: true } );
```

但如果希望將整個巢狀結構文件作為唯一性的保證，那麼在使用時可能會造成困擾，比如：

```
> db.book.ensureIndex( { author: 1 }, { unique: true } )
```

巢狀結構文件的唯一性約束是嚴格按照寫入順序進行比較的，以下程式所示，儘管寫入的文件內容是一樣的，但由於欄位的順序不一致，MongoDB 仍然認為這是不同的文件。為了避免產生困擾，建議儘量少用這種做法。

```
> db.book.insert( { author: { age: 20, name: "Lisa" } } )
WriteResult({ "nInserted" : 1 })
> db.book.insert( { author: { name: "Lisa", age: 20 } } )
WriteResult({ "nInserted" : 1 })
```

3. 陣列的唯一性

如果對陣列索引（multikey index）使用唯一性約束，那麼可以保證所有的文件之間不會存在重疊的陣列元素，程式如下：

```
> db.book.ensureIndex( { tags: 1 }, { unique: true } )
...
> db.book.insert ( { tags: ["t1", "t2"] })
WriteResult({ "nInserted" : 1 })
> db.book.insert ( { tags: [ "t1", "t3", "t6"] })
```

```
WriteResult({
 "nInserted" : 0,
 "writeError" : {
  "code" : 11000,
  "errmsg" : "E11000 duplicate key error collection: appdb.book index:
tags_1 dup key: { : \"t1\" }"
 }
})
```

但是，陣列索引上的唯一性約束並無法保證同一個文件中包含重複的元素，以下面的敘述是可以寫入成功的：

```
> db.book.insert ( { tags: [ "t1", "t3", "t1"] })
WriteResult({ "nInserted" : 1 })
```

注意，如果陣列中的元素是巢狀結構的文件，那麼同樣會遇到欄位次序的問題。

4. 使用約束

- 唯一性索引對於文件中缺失的欄位，會使用 null 值代替，因此不允許存在多個文件缺失索引欄位的情況。
- 對於分片的集合，唯一性約束必須匹配分片規則。換句話說，為了保證全域的唯一性，分片鍵必須作為唯一性索引的字首欄位。

▓ 4.6 TTL 索引

在一般的應用系統中，並非所有的資料都需要永久儲存。例如一些系統事件、使用者訊息等，這些資料隨著時間的演進，其重要程度逐漸降低。更重要的是，儲存這些大量的歷史資料需要花費較高的成本，因此項目中通常會對過期且不再使用的資料進行老化處理。

通常的做法如下。

方案一：為每個資料記錄一個時間戳記，應用側開啟一個計時器，按時間戳記定期刪除過期的資料。

方案二：資料按日期進行分表，同一天的資料歸檔到同一張表，同樣使用計時器刪除過期的表。

對於資料老化，MongoDB 提供了一種更加便捷的做法：TTL（Time To Live）索引。TTL 索引需要宣告在一個日期類型的欄位中，假設寫入的文件資料如下：

```
db.systemlog.insert( {
    createdDate: new Date(),
    type: "alarm",
    message: "..."
} );
```

執行下面的敘述創建 TTL 索引：

```
db.systemlog.ensureIndex( { createdDate: 1 }, { expireAfterSeconds: 3600 } )
```

這裡為 systemlog 集合宣告了一個 TTL 索引，其指向 createdDate 欄位，其中 expireAfterSeconds=3600 表示資料將在 createdDate 之後 3600 秒（1 小時）後過期。

對集合創建 TTL 索引之後，MongoDB 會在週期性執行的後台執行緒中對該集合進行檢查及資料清理工作。除了資料老化功能，TTL 索引具有普通索引的功能，同樣可以用於加速資料的查詢。

1. 可變的過期時間

TTL 索引在創建之後，仍然可以對過期時間進行修改。這需要使用 collMod 命令對索引的定義進行變更，程式如下：

```
db.runCommand( { collMod: "systemlog",
              index: { keyPattern: { createdDate: 1 },
                    expireAfterSeconds: 7200
              }
})
```

另外一種情形可能也比較常見，如每個文件可能擁有各自的存活時長，即老化的策略不同。

比如，在 systemlog 集合中，不同的事件類型的老化週期是不一樣的，對於此類場景的解決辦法是可以使用一個單獨的欄位 expiredDate，用於表示每個文件的過期時間點，那麼 TTL 索引創建的規則為：

```
db.systemlog.ensureIndex( { expiredDate: 1 }, { expireAfterSeconds: 0 } )
```

2. 使用約束

TTL 索引的確可以減少開發的工作量，而且透過資料庫自動清理的方式會更加高效、可靠，但是在使用 TTL 索引時需要注意以下的限制：

- TTL 索引只能支援單一欄位，並且必須是非 _id 欄位。
- TTL 索引不能用於固定集合。
- TTL 索引無法保證及時的資料老化，MongoDB 會透過後台的 TTL Monitor 計時器來清理老化資料，典型的間隔時間是 1 分鐘。當然如果在資料庫負載過高的情況下，TTL 的行為則會進一步受到影響。
- TTL 索引對於資料的清理僅使用了 remove 命令，這種方式並不是很高效。因此 TTL Monitor 在執行期間對系統 CPU、磁碟都會造成一定的壓力。相比之下，按日期分表的方式操作會更加高效。

▦ 4.7 其他索引特性

除了前面介紹的索引，MongoDB 還支援一些特殊的索引類別及特性。下面具體介紹。

4.7.1 條件索引

條件（partial）索引允許你只對部分文件建立索引，這是一種很特殊的用途。

舉例來說，僅對業務上最常用於查詢的資料集創建索引，可以節省一些空間。可根據以下程式創建條件索引：

```
> db.restaurants.createIndex(
   { cuisine: 1, name: 1 },
   { partialFilterExpression: { rating: { $gt: 5 } } }
 )
```

上述程式表示，只對評分高於 5 分的餐館資訊進行索引。

4.7.2 稀疏索引（sparse=true）

由於 MongoDB 非結構化的特性，一個集合中允許結構不完全相同的兩個
文件共存。這表示，對某個索引欄位來説，可能某些文件中並不存在該
欄位，但 MongoDB 索引會將不存在欄位的情況等於 null 值處理。稀疏
索引則具備這樣的特性：只對存在欄位的文件進行索引（包括欄位值為
null 的文件）。

例如：

```
> db.test.insert({x:1})
> db.test.insert({x:2, z: null})
```

這裡寫入兩個文件，第 1 個文件僅包含 x 欄位，而第 2 個文件包含 x、z
兩個欄位，其中 z 值為 null。

對集合進行檢索，程式如下：

```
> db.test.find({z: null})
{
    "_id" : ObjectId("5e6e21a08b12a5213f093bc8"),
    "x" : 1.0
}
{
    "_id" : ObjectId("5e6e21a08b12a5213f093bc9"),
    "x" : 2.0,
    "z" : null
}
```

會發現兩個文件同時被返回了。

接下來，對 z 欄位建立一個稀疏索引，程式如下：

```
> db.test.createIndex( { "z": 1 }, { sparse: true } )
```

使用建立的稀疏索引進行查詢，會發現只有包含 z 欄位（值為 null）的文件被返回了，結果如下：

```
> db.test.find({z: null}).hint({ "z": 1 })
{
    "_id" : ObjectId("5e6e20c48b12a5213f093bc7"),
    "x" : 2.0,
    "z" : null
}
```

4.7.3 文字索引

MongoDB 支援全文檢索功能，可透過建立文字索引來實現簡易的分詞檢索。

預置資料如下：

```
> db.stories.insert({ title: "the monkey's hair", summary: "the story about monkey"})
> db.stories.insert({ title: "two stars", summary: "long long hair in the sky"})
```

創建文字索引，程式如下：

```
> db.stories.createIndex( { title: "text", summary: "text" } )
```

這裡為 stories 集合創建了一個文字索引，該索引同時包含對 title、summary 欄位的分詞檢索。

使用 $text 運算符號進行文字搜索，程式如下：

```
> db.stories.find( { $text: { $search: "monkey sky" } } )
```

$$search 文字輸入進行分詞再檢索，如上述程式會檢索出含有 monkey 或 sky 關鍵字的文件。

MongoDB 的文字索引功能存在諸多限制，而官方並未提供中文分詞的功能，這使得該功能的應用場景十分受限。

4.7.4 模糊索引

MongoDB 的文件模式是動態變化的，而模糊索引（wildcard index）可以建立在一些不可預知的欄位上，以此實現查詢的加速。需要注意的是，該功能是 MongoDB 4.2 版本才推出的新特性，在此之前的版本並不支持。

透過模糊索引，商品屬性的檢索變得更加容易了，例如：

```
> db.goods.insert({ name: "wallet",
    attributes: { color: "red", price: 130 }
})
> db.goods.insert({ name: "chair",
    attributes: { height: 120, price: 185 }
})
```

其中，attributes 作為巢狀結構文件存放了商品的多個屬性，而不同商品所具有的屬性很可能是不一樣的。

接下來創建一個模糊索引，程式如下：

```
> db.goods.createIndex({ "attributes.$**": 1 })
```

attributes.$** 表示該索引將匹配以 attributes 欄位作為開始路徑的任何一個欄位。

這個索引可以匹配下面的任意一種查詢：

```
> db.goods.find( { "attributes.color": "red" } )
> db.goods.find( { "attributes.height": { $gt: 100 } } )
> db.goods.find( { "attributes.price": { $lt: 120 } } )
```

▓ 4.8 小技巧──使用 explain 命令驗證最佳化

前面說過，建立索引的目的是用來加速資料查詢的。那麼，如何判斷索引是否合理，或說怎樣評估索引所造成的作用呢？

是否存在這麼一個工具，可以提前告知我們一些預期的效果呢？答案是肯定的。MongoDB 提供了 explain 命令，它可以幫助我們評估指定查詢模型（query model）的計畫。

一般來說我們需要關心的問題如下：

- 查詢是否使用了索引。
- 索引是否減少了掃描的記錄數量。
- 是否存在低效的記憶體排序。
- ⋯⋯

接下來，繼續使用之前創建的 book 集合，在沒有任何索引的情況下嘗試評估查詢計畫，程式如下：

```
> db.book.find( { title: "book-1" } ).explain( "executionStats" )

{
 "queryPlanner" : {
 "plannerVersion" : 1,
 "namespace" : "appdb.book",
 "indexFilterSet" : false,
 "parsedQuery" : {
  "title" : {
   "$eq" : "book-1"
  }
 },
 "winningPlan" : {
  "stage" : "COLLSCAN",
  "filter" : {
   "title" : {
    "$eq" : "book-1"
   }
  },
  "direction" : "forward"
 },
 "rejectedPlans" : [ ]
 },
 "executionStats" : {
 "executionSuccess" : true,
 "nReturned" : 1,
```

```
 "executionTimeMillis" : 1,
 "totalKeysExamined" : 0,
 "totalDocsExamined" : 50,
 "executionStages" : {
  "stage" : "COLLSCAN",
  "filter" : {
   "title" : {
    "$eq" : "book-1"
   }
  },
  "nReturned" : 1,
  "executionTimeMillisEstimate" : 0,
  "works" : 52,
  "advanced" : 1,
  "needTime" : 50,
  "needYield" : 0,
  "saveState" : 0,
  "restoreState" : 0,
  "isEOF" : 1,
  "invalidates" : 0,
  "direction" : "forward",
  "docsExamined" : 50
 }
 }
...
}
```

返回的資訊量有點多，但務必記住一點，現在的集合沒有創建任何索引（除了自動創建的 _id 索引），所以查詢計畫顯得有些糟糕：

- winningPlan 表示獲勝的計畫，即資料庫經過一系列評估後選擇的最佳計畫，stage= COLLSCAN 則説明這是一個全資料表掃描。
- executionStats 描述了執行的過程資訊，其中，nReturned=1 是指返回了一筆結果，而 totalDocsExamined=50 說明整個過程掃描了 50 筆記錄。

儘管集合中的資料量並不大，但至少可以看出在沒有索引的情況下查詢會多麼低效。為了返回 1 個文件需要耗費 50 次的掃描，假設集合有 1000 萬個文件，那麼就需要掃描 5 億次！

為了最佳化這個查詢，我們為標題建立一個昇冪索引，程式如下：

```
> db.book.ensureIndex( { title: 1 } )

{
 "createdCollectionAutomatically" : false,
 "numIndexesBefore" : 1,
 "numIndexesAfter" : 2,
 "ok" : 1
}
```

繼續評估查詢計畫，程式如下：

```
> db.book.find( { title: "book-1" } ).explain( "executionStats" )
{
 "queryPlanner" : {
 "plannerVersion" : 1,
 "namespace" : "appdb.book",
 "indexFilterSet" : false,
 "parsedQuery" : {
  "title" : {
   "$eq" : "book-1"
  }
 },
 "winningPlan" : {
  "stage" : "FETCH",
  "inputStage" : {
   "stage" : "IXSCAN",
   "keyPattern" : {
    "title" : 1
   },
   "indexName" : "title_1",
   "isMultiKey" : false,
   "multiKeyPaths" : {
    "title" : [ ]
   },
   "isUnique" : false,
   "isSparse" : false,
   "isPartial" : false,
   "indexVersion" : 2,
   "direction" : "forward",
   "indexBounds" : {
    "title" : [
```

```
      "[\"book-1\", \"book-1\"]"
     ]
    }
   }
  },
  "rejectedPlans" : [ ]
 },
 "executionStats" : {
  "executionSuccess" : true,
  "nReturned" : 1,
  "executionTimeMillis" : 2,
  "totalKeysExamined" : 1,
  "totalDocsExamined" : 1,
  "executionStages" : {
   "stage" : "FETCH",
   "nReturned" : 1,
   "executionTimeMillisEstimate" : 0,
   "works" : 2,
   "advanced" : 1,
   "needTime" : 0,
   "needYield" : 0,
   "saveState" : 0,
   "restoreState" : 0,
   "isEOF" : 1,
   "invalidates" : 0,
   "docsExamined" : 1,
   "alreadyHasObj" : 0,
   "inputStage" : {
    "stage" : "IXSCAN",
    "nReturned" : 1,
    "executionTimeMillisEstimate" : 0,
    "works" : 2,
    "advanced" : 1,
    "needTime" : 0,
    "needYield" : 0,
    "saveState" : 0,
    "restoreState" : 0,
    "isEOF" : 1,
    "invalidates" : 0,
    "keyPattern" : {
     "title" : 1
    },
```

```
    "indexName" : "title_1",
    "isMultiKey" : false,
    "multiKeyPaths" : {
     "title" : [ ]
    },
    "isUnique" : false,
    "isSparse" : false,
    "isPartial" : false,
    "indexVersion" : 2,
    "direction" : "forward",
    "indexBounds" : {
     "title" : [
      "[\"book-1\", \"book-1\"]"
     ]
    },
    "keysExamined" : 1,
    "seeks" : 1,
    "dupsTested" : 0,
    "dupsDropped" : 0,
    "seenInvalidated" : 0
   }
  }
 },
 ...
 }
```

這次的結果明顯有些不和，相比第一次查詢計畫，其最佳化如下：

- 不再使用全資料表掃描（COLLSCAN）方式，取而代之的是索引掃描
  （IXSCAN）。

- totalDocsExamined=1，表示掃描的文件數量只有 1 個。同時由於使用了
  索引掃描，因此可以看到 totalKeysExamined=1。

executionStats.executionTimeMillis 這個屬性描述了執行過程所消耗的時
間，一般需要配合一定的資料規模才能看出差異。

本例所提供的資料量太小，因此表現出來的執行時間並沒有什麼不同。
但透過 explain 結果中的查詢計畫、命中比率（返回數 / 掃描數），卻能明
顯地看到索引對於查詢效率帶來的提升。

Chapter

05

複本集

5.1 複本集架構

在前面，我們已經完成了 MongoDB 在單機上的安裝，並進行了基本的功能體驗。然而，在生產環境中，不建議使用單機版的 MongoDB 伺服器。原因如下：

- 單機版的 MongoDB 無法保證可用性，一旦處理程序發生故障或是伺服器當機，業務將直接不可用。
- 一旦伺服器上的磁碟損壞，資料會直接遺失，而此時並沒有任何備份可用。

於是，任何生產環境的資料庫都應該擁有一個或多個可用的備份實例，在出現任何異常情況時，能第一時間恢復資料庫的讀寫存取。這通常可以稱之為資料庫的高可用，而如何實現高可用的架構也一定是現代資料庫需要解決的關鍵問題。

對 MongoDB 來說，資料庫高可用是透過複本集架構（Replication Set）實現的，一個

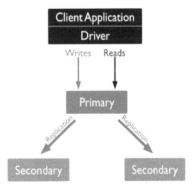

圖 5-1 複本集架構

複本集由一個主節點（Primary）和許多個備節點（Secondary）所組成。一個典型的複本集架構如圖 5-1 所示。

用戶端透過資料庫主節點寫入資料後，由備節點進行複製同步，這樣所有備節點都會同時擁有這些業務資料的備份，當主節點發生故障而變得不可用時，備節點能主動發起選舉並產生新的主節點進行接管，此時，用戶端仍然能繼續進行存取，這保證了業務的連續性。

下面的這個過程，更準確地描述了複本集的高可用機制：

- 架設複本集，各節點會進行初始化選舉，決定誰是主、誰是備。
- 各節點都開始工作，主節點負責接收用戶端寫入的資料，備節點則負責複製這些資料。
- 主節點發生故障，備節點透過心跳檢測到了問題。
- 某個備節點率先發起新一輪選舉，一舉成為新的主節點。
- 用戶端感知到主節點的變化，將後續的資料寫入指向新的主節點。

可以發現，在上述過程中，並沒有用到任何其他的技術。相比一些需要借助第三方 HA 元件實現高可用的資料庫來說，MongoDB 自身就提供了高可用的能力。

早期版本的 MongoDB 使用了一種 Master-Slave 的架構，該做法在 MongoDB 3.4 版本之後已經廢棄。

為了進一步了解 MongoDB 複本集架構，我們通常需要了解以下幾個關鍵點：

- 選舉機制。
- 即時複製。
- 容錯移轉。

⬛ 5.2 叢集選舉

5.2.1 Raft 選舉演算法

MongoDB 的複本集選舉使用 Raft 演算法來實現,這是一種使用廣泛的分散式一致性演算法,為了讓讀者更深入地了解 MongoDB 備份集中的一些概念,我們先來了解一下這個演算法。

1. 範例

Raft 選舉的設計想法基本來自現實中的場景,以民主選舉中的總統大選為例,每個總統通常都有一個任期階段,這是體制決定的週期性時間,比如三到五年。在任期結束後,又會重新進行選舉來決定總統的任命。

由於是民主社會,總統的人選可以從普通的民眾當中產生,這些人需要先成為總統候選者(Candidate),然後到處發表演講以獲得更多的支持。最終,由選民進行公平的投票,誰的票數多,誰就能當上總統(Leader)。當然,在選舉時可能會發生平票這種小機率事件,那麼就會進行新一輪的選舉,直到總統被選列出來。

在總統上任之後,他還要到處去演講,告訴所有人自己成為總統這個事實,而這些事情都是為了鞏固總統的地位。

在上述案例中,基本上已經說明了 Raft 協定的一些關鍵要素。那麼接下來,我們看看 Raft 協定具體是怎麼定義的。

2. 協定中的角色

- Leader:領導者,Leader 會向其他節點發送心跳,同時負責處理用戶端的讀寫操作,包括將資料同步到其他節點。
- Follower:追隨者,回應來自 Leader 和 Candidate 的投票請求,如果在一定時間內沒有收到 Leader 的心跳,則會轉為 Candidate。
- Candidate:候選者,Follower 主動選舉轉換成為 Candidate,獲得大多數投票後會成為 Leader。

在選舉中有一個重要的概念叫任期（Term），一個任期對應一次選舉，在 Raft 協定中任期被設計為單調遞增的數字。每個節點上都會記錄一個對應的任期，代表它所處於的任期（階段）。在選舉的過程中，節點之間會透過任期的比較來解決衝突問題，此時任期比較新的節點會被接受。

在一定條件下，上述幾種角色會發生相互轉換，如圖 5-2 所示。

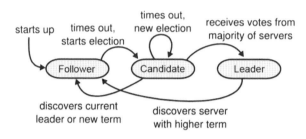

圖 5-2 Raft 協定的角色轉換

3. 選舉流程

在開始時，所有節點都是 Follower，此時大家都沒有辦法收到 Leader 的心跳。接下來，A 節點出現等待逾時，率先發起選舉，並成為 Candidate。A 節點先是給自己投一票，然後接著向其他節點發送投票請求，一旦 A 節點獲得了叢集中大多數節點的投票，則會成為 Leader，同時開始向其他節點廣播心跳，以此來宣告自己的 Leader 角色。這個過程如圖 5-3 和圖 5-4 所示。

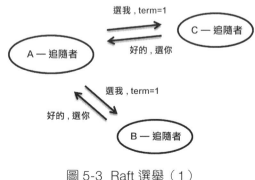

圖 5-3 Raft 選舉（1）

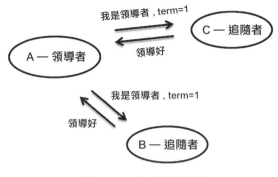

圖 5-4 Raft 選舉（2）

上面的過程僅是最簡單的情況，實際上的投票選舉則可能比這要複雜一些，並且會伴隨一些衝突或異常出現。為了保證能達到最終的一致性，Raft 協定還加入了以下細節。

- 在同一個任期內，每個節點最多只能給一個 Candidate 投票（節點內部進行記錄），任期內投票採用先到先得的原則。

- 節點在收到 Candidate 的投票請求時，只有當對方的任期、操作日誌時間至少與自己的一樣新時，才會給它投票。

- Candidate 發起投票後，如果一直沒有得到大多數票，則會一直保持這個狀態直到逾時，此後將繼續發起新一輪任期的選舉（Term 自動增加）；如果在投票期間檢測到了 Leader 的心跳（其他 Candidate 率先完成選主），則會判斷當前 Leader 的任期是否至少跟自己一樣新，如果是則降級為 Follower，並承認對方的 Leader 角色，否則不予理會。

- 無論是 Candidate 還是 Leader 節點，一旦發現了其他節點有更新的任期（Term 值），都會自動降級為 Follower。

4. 衝突

讀者可以發現，選舉過程中解決衝突的關鍵在於對 Term 值的判斷。而在分散式環境中，衝突的情況是必然會產生的，下面列舉了一些可能出現的場景。

場景 A. 多個候選者競爭，大多數獲勝，如圖 5-5 所示。

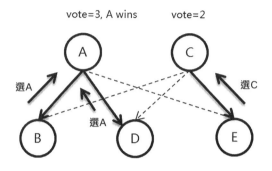

圖 5-5 Raft──大多數原則

場景 B. 多個候選者競爭，平票，如圖 5-6 所示。

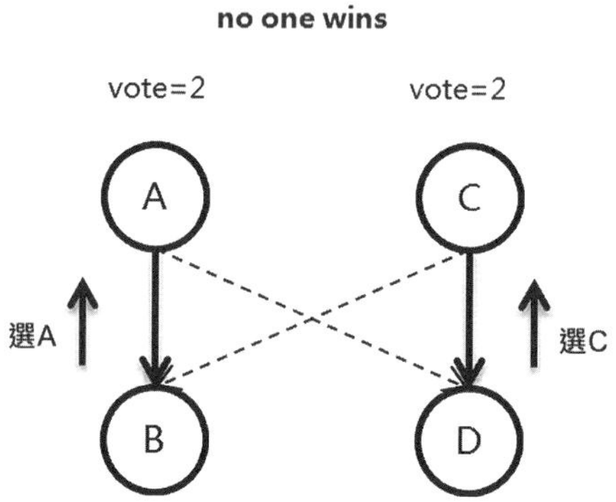

no one wins

圖 5-6 Raft──平票結果

如果叢集節點個數是偶數，那麼可能會產生平票，也就需要進行下一輪選舉。透過為每個節點增加一個隨機的選舉延期時間，可以大大降低出現平票的機率。

場景 C. 網路磁碟分割，造成 Term 值不一致，如圖 5-7 所示。

如圖 5-7 所示，當網路出現分區時，B 節點變得不可達，僅剩下 A、C 節點進行選舉。

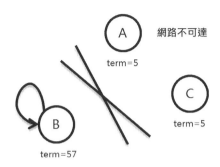

圖 5-7 Raft──網路磁碟分割問題

此時，由於 B 節點會一直無法選舉成功，且會一直逾時重試，最終則造成該節點的 Term 值激增。

一旦網路情況恢復，則 B 節點將在很長時間內不會給其他節點投票（由於自身 Term 值過高），而同時自身也無法獲得其他節點的投票（由於自身的日誌太舊），這對叢集選舉來説都是非常不利的。因此 Raft 協定中提出了一種預投票的手段，即實現透過預先投票的方式試探自己能否選舉成功，只有預投票通過了才進行真正的投票；而預投票不會造成 Term 值自動增加，這樣就解決了 Term 值差距太大的問題。

5.2.2 MongoDB 實現的擴充

如前面所述，MongoDB 是基於 Raft 協定的，在複本集選舉、複製的機制中都能看到與標準 Raft 協定的影子。但在其具體的實現中，MongoDB 仍然增加了一些自己的擴充，這包括：

- 支援 chainingAllowed 鏈式複製，即備節點不只是從主節點上同步資料，還可以選擇一個離自己最近（心跳延遲時間最小）的節點來複製資料。
- 增加了預投票階段，即 preVote，這主要是用來避免網路磁碟分割時產生 Term 值激增的問題，可以參照前面內容中提到的「4. 衝突─場景 C」。

■ 支持投票優先順序，如果備節點發現自己的優先順序比主節點高，則會
主動發起投票並嘗試成為新的主節點。

5.2.3 MongoDB 選舉介紹

有了前面的理論基礎，我們就可以輕鬆地了解 MongoDB 複本集的一些
設計了，比如「大多數原則」的由來，這是因為 Raft 協定的選舉機制中
Leader 必須透過大多數節點投票才能產生。我們假設複本集內的投票成
員數量為 N，則大多數為 $N/2 + 1$。這個計算見表 5-1。

表 5-1 投票中的「大多數」原則

投票成員數	大 多 數
1	1
2	2
3	2
4	3
5	3

當複本集記憶體活的成員數量不足大多數時，整個複本集將無法選列出
主節點，此時無法提供寫入服務，這些節點都將處於唯讀狀態。此外，
如果希望避免平票結果的產生，最好使用奇數個節點成員，比如 3 個或 5
個。當然，在 MongoDB 複本集的實現中，對於平票問題已經提供了解決
方案：

■ 為選舉計時器增加少量的隨機時間偏差，這樣避免各個節點在同一時刻
發起選舉，提高成功率。

■ 使用仲裁者角色，該角色不做資料複製，也不承擔讀寫業務，僅用來投
票。

此外，在一個 MongoDB 複本集中，最多只能有 50 個成員，而參與投票
的成員最多只能有 7 個。這是因為一旦過多的成員參與資料複製、投票
過程，將帶來更多可用性方面的問題。

❏ 成員角色

MongoDB 為複本整合員提供了多種角色，具體如下。

- Primary：主節點，其接收所有的寫入請求，然後把修改同步到所有備節點。一個複本集只能有一個主節點，當主節點「掛掉」後，其他節點會重新選列出來一個主節點。

- Secondary：備節點，與主節點保持同樣的資料集。當主節點「掛掉」時，參與競選主節點。

- Arbiter：仲裁者節點，該節點只參與投票，不能被選為主節點，並且不從主節點中同步資料。當節點當機導致複製集無法選出主節點時，可以給複製集增加一個仲裁者節點，這樣即使有節點當機，仍能選出主節點。仲裁者節點本身不儲存資料，是非常羽量級的服務。當複製整合員為偶數時，最好加入一個仲裁者節點，以提升複製集的可用性。

- Priority0：優先順序為 0 的節點，該節點永遠不會被選舉為主節點，也不會主動發起選舉。一般來說在跨機房方式下部署複本集可以使用該特性。假設使用了機房 A 和機房 B，由於主要業務與機房 A 更近，則可以將機房 B 的複製整合員 Priority 設定為 0，這樣主節點就一定會是 A 機房的成員。

- Hidden：隱藏節點，具備 Priority0 的特性，即不能被選為主節點（Priority 為 0），同時該節點對用戶端不可見。由於隱藏節點不會接受業務存取，因此可透過隱藏節點做一些資料備份、離線計算的任務，這並不會影響整個複本集。

- Delayed：延遲節點，必須同時具備隱藏節點和 Priority0 的特性，並且其資料落後於主節點一段時間，該時間是可設定的。由於延遲節點的資料比主節點落後一段時間，當錯誤或無效的資料寫入主節點時，可透過延遲節點的資料來恢復到之前的時間點。

- Vote0：無投票權的節點，必須同時設定為 Priority0 節點。由於一個複本集中最多只有 7 個投票成員，因此多出來的成員則必須將其 vote 屬性值設定為 0，即這些成員將無法參與投票。

一般來說，成員能否成為主節點，主要受某些因素的影響，這包括節點之間的心跳、節點優先順序，以及 OpLog 時間戳記。而觸發一次選舉，通常會來自下面的場景：

- 初始化一個複本集時。
- 備節點在一段時間內發現不了主節點（預設 10s 逾時），由備節點發起選舉。
- 主節點放棄自己的角色，比如執行 rs.stepDown 命令。

5.2.4 複本集模式

常見的複本集架構由 3 個成員節點組成，其中存在幾種不同的模式。

1. PSS 模式

PSS 模式由一個主節點和兩個備節點所組成，即 Primary + Secondary + Secondary，如圖 5-8 所示。

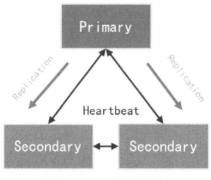

圖 5-8 PSS 架構模式

2. PSA 模式

PSA 模式由一個主節點、一個備節點和一個仲裁者節點組成，即 Primary + Secondary + Arbiter，如圖 5-9 所示。

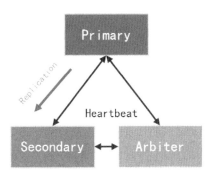

圖 5-9 PSA 架構模式

其中，Arbiter 節點不儲存資料備份，也不提供業務的讀寫操作。Arbiter 節點發生故障不影響業務，僅影響選舉投票。

3. PSH 模式

PSH 模式由一個主節點、一個備節點和一個隱藏節點組成，即 Primary + Secondary + Hidden，如圖 5-10 所示。

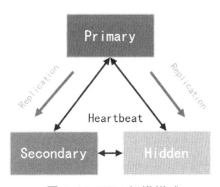

圖 5-10 PSH 架構模式

其中，Hidden 節點對業務不可見，同時無法被選舉為主節點。一般利用 Hidden 節點來執行資料備份任務，可以避免備份對業務性能產生影響。

5.3 即時複製

5.3.1 oplog 複製

在複本集架構中，主節點與備節點之間是透過 oplog 來同步資料的，這裡的 oplog 是一個特殊的固定集合，當主節點上的寫入操作完成後，會向 oplog 集合寫入一筆對應的日誌，而備節點則透過這個 oplog 不斷拉取到新的日誌，在本地進行重播以達到資料同步的目的。

如果我們將 oplog 看作緩衝佇列，那麼整個複製過程就是一個典型的「生產者 - 消費者」模式的應用。如圖 5-11 所示。

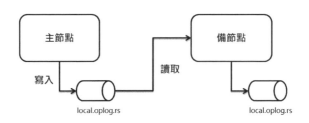

圖 5-11　oplog 複製鏈路

這裡的主節點就是生產者，負責在自身的 oplog 佇列中寫入增量日誌，也就是產生資料變更的記錄。備節點則作為消費者一方，不斷透過 "pull" 的方式拉取到這些增量日誌進行消費。由於日誌會不斷增加，因此 oplog 被設計為固定大小的集合，它本身就是一個特殊的固定集合（capped collection），當 oplog 的容量達到上限時，舊的日誌會被循環覆蓋。

一個典型的 oplog 如下所示：

```
{
        "ts" : Timestamp(1560861342, 2),
        "t" : NumberLong(12),
        "h" : NumberLong("7983167552279045735"),
        "v" : 2,
        "op" : "d",
        "ns" : "app.T_AppInfo",
```

```
        "o" : {
            "_id" : ObjectId("5d08da9ebe3cb8c01ea48a25")
        }
    }
```

欄位說明見表 5-2。

表 5-2 欄位說明

欄 位 名	欄位描述
ts	記錄時間
h	記錄的全域唯一標識
v	版本資訊
op	操作類型（i：插入，u：更新，d：刪除，c：命令，n：None）
ns	操作的集合
o	操作內容
o2	待更新的文件，僅 update 操作包含

其中，ts 欄位描述了 oplog 產生的時間戳記，可稱之為 optime。

optime 是備節點實現增量日誌同步的關鍵，它保證了 oplog 是節點有序的，其由兩部分組成：

- 當前的系統時間，即 UNIX 時間至現在的秒數，32 位元。
- 整數計時器，不同時間值會將計數器進行重置，32 位元。

optime 屬於 BSON 的 Timestamp 類型，這個類型一般在 MongoDB 內部使用。

既然 oplog 保證了節點級有序，那麼備節點便可以透過輪詢的方式進行拉取，這裡會用到可持續追蹤的游標（tailable cursor）技術，如圖 5-12 所示。

每個備節點都分別維護了自己的 offset，也就是從主節點拉取的最後一筆日誌的 optime，在執行同步時就透過這個 optime 向主節點的 oplog 集合發起查詢。為了避免不停地發起新的查詢連結，在啟動第一次查詢後可以將 cursor 掛住（透過將 cursor 設定為 tailable）。這樣只要 oplog 中產生了新的記錄，備節點就能使用同樣的請求通道獲得這些資料。

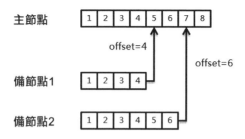

圖 5-12　oplog pull 模式

tailable cursor 只有在查詢的集合為固定集合時才允許開啟。

透過 db.currentOp 命令可以看到具體的實現，程式如下：

```
db.currentOp({"ns" : "local.oplog.rs"})
>
{
    "desc" : "conn611866",
    "client" : "192.168.138.77:51842",
    "clientMetadata" : {
            "driver" : {
                    "name" : "NetworkInterfaceASIO-RS",
                    "version" : "4.0.10"
            }
    },
    "active" : true,
    "opid" : 20648187,
    "secs_running" : 0,
    "microsecs_running" : NumberLong(519601),
    "op" : "getmore",
    "ns" : "local.oplog.rs",
    "query" : {
            "getMore" : NumberLong("16712800432"),
            "collection" : "oplog.rs",
            "maxTimeMS" : NumberLong(5000),
            "term" : NumberLong(2),
            "lastKnownCommittedOpTime" : {
                    "ts" : Timestamp(1560842637, 2),
                    "t" : NumberLong(2)
            }
    },
    "originatingCommand" : {
```

```
        "find" : "oplog.rs",
        "filter" : {
                "ts" : {
                        "$gte" : Timestamp(1560406790, 2)
                }
        },
        "tailable" : true,
        "oplogReplay" : true,
        "awaitData" : true,
        "maxTimeMS" : NumberLong(60000),
        "term" : NumberLong(2),
        "readConcern" : {
                "afterOpTime" : {
                        "ts" : Timestamp(1560406790, 2),
                        "t" : NumberLong(1)
                }
        }
    },
    "planSummary" : "COLLSCAN",
}
```

local.oplog.rs 指向了 oplog 集合，它存在於本地的 local 資料庫中。local 資料庫裡面的集合不會被同步到其他節點，而且除了 oplog ，local 資料庫還包含一些具有特殊用途的集合，具體如下。

■ local.system.replset：用來記錄當前複本集的成員。
■ local.startup_log：用來記錄本地資料庫的開機記錄資訊。
■ local.replset.minvalid：用來記錄複本集的追蹤資訊，如初始化同步需要的欄位。

5.3.2 冪等性

每一筆 oplog 記錄都描述了一次資料的原子性變更，對 oplog 來説，必須保證是冪等性的。也就是説，對於同一個 oplog，無論進行多少次重播操作，資料的最終狀態都會保持不變。比如在一些原子性操作更新中，我們用 $inc 來使欄位自動增加，這個操作就不是冪等的，對文件欄位多次

執行 $inc 操作，每次都會產生新的結果。這些非冪等的更新命令在 oplog 中通常會被轉為 $set 操作，這樣無論執行了多少次，文件的最終狀態始終與第一次執行的效果一樣。

$inc 操作，程式如下：

```
{
  "$inc": { "count" : 1}
}
```

在 oplog 中轉為 $set 操作，直接寫入變更後的值，程式如下：

```
{
  "$set": { "count" : 199 }
}
```

5.3.3 複製延遲

由於 oplog 集合是有固定大小的，因此存放在裡面的 oplog 隨時可能會被新的記錄沖掉。如果備節點的複製不夠快，就無法跟上主節點的步伐，從而產生複製延遲（replication lag）問題。這是不容忽視的，一旦備節點的延遲過大，則隨時會發生複製斷裂的風險，這表示備節點的 optime（最新一筆同步記錄）已經被主節點老化掉，於是備節點將無法繼續進行資料同步。

為了儘量避免複製延遲帶來的風險，我們可以採取一些措施，比如：

- 增加 oplog 的容量大小，並保持對複製視窗的監視。
- 透過一些擴充手段降低主節點的寫入速度。
- 最佳化主備節點之間的網路。
- 避免欄位使用太大的陣列（可能導致 oplog 膨脹）。

❏ oplog 集合的大小

oplog 集合的大小可以透過參數 replication.oplogSizeMB 設定，對 64 位元系統來說，oplog 的預設值為：

```
oplogSizeMB = min(磁碟可用空間*5%, 50GB)
```

對大多數業務場景來說，很難在一開始評估出一個合適的 oplogSize，所幸的是 MongoDB 在 4.0 版本之後提供了 replSetResizeOplog 命令，可以實現動態修改 oplogSize 而不需要重新啟動伺服器。

5.3.4 初始化同步

在開始時，備節點仍然需要向主節點獲得一份全量的資料用於建立基本快照，這個過程就稱為初始化同步（initial sync）。在 MongoDB 3.4 版本之後對於初始化同步做了不少改進，我們來看看它是怎麼完成的：

- 備節點記錄當前的同步 optime = t1（來自主節點的同步時間戳記），進入 STARTUP2 狀態。
- 從主節點上複製所有非 local 資料庫的集合資料，同時創建這些集合上的索引。

在這個過程中，備節點會開啟另外一個執行緒，將集合複製過程中的增量 oplog（t1 之後產生）也複製到本地。

- 將拉取到 t1 之後的增量 oplog 進行重播，在完成之前，節點一直處於 RECOVERING 狀態，此時是不讀取的。
- oplog 重播結束後，恢復 SECONDARY 狀態，進入正常的增量同步流程。

最關鍵的一點就是，在全量複製過程中同時拉取了增量 oplog，因此我們不需要擔心在複製完成之後主節點上的 t1 oplog 記錄被沖掉，而導致初始化同步失敗，這大大提升了該過程的性能和可用性。

初始化同步對主節點仍然會有一定的性能影響，因此在執行初始化同步之前需要考量當前系統的壓力情況，儘量選擇在業務不繁忙時進行。

❏ 同步來源

在前面的描述中，筆者只提到了備節點和主節點之間的複製，但實際上
MongoDB 是允許透過備節點進行複製的，這會發生在以下的情況中。

（1）在 settings.chainingAllowed 開啟的情況下，備節點自動選擇一個最
　　　近的節點（ping 命令延遲最小）進行同步。

（2）使用 replSetSyncFrom 命令臨時更改當前節點的同步來源，比如在初
　　　始化同步時將同步來源指向備節點來降低對主節點的影響。

settings.chainingAllowed 選項預設是開啟的，也就是說預設情況下備節點
並不一定會選擇主節點進行同步，這個副作用就是會帶來延遲的增加，
你可以透過下面的操作進行關閉：

```
cfg = rs.config()
cfg.settings.chainingAllowed = false
rs.reconfig(cfg)
```

儘管存在備節點向備節點同步資料的情況，筆者仍然選擇將主節點同步
作為主要的場景描述，相比之下這樣更加容易了解。

5.3.5 資料回覆

由於複製延遲是不可避免的，這表示主備節點之間的資料無法保持絕對
的同步。當備份集中的主節點當機時，備節點會重新選舉成為新的主節
點。那麼，當舊的主節點重新加入時，必須回覆掉之前的一些「髒日誌
資料」，以保證資料集與新的主節點一致。主備複製集合的差距越大，發
生大量資料回覆的風險就越高。

對寫入的業務資料來說，如果已經被複製到了複本集的大多數節點，
則可以避免被回覆的風險。應用上可以透過設定更高的寫入等級
（writeConcern: majority）來保證資料的持久性。

這些由舊主節點回覆的資料會被寫到單獨的 rollback 目錄下，必要的情況
下仍然可以恢復這些資料。

▦ **5.4 自動容錯移轉**

在容錯移轉場景中，我們所關心的問題是：

- 備節點是怎麼感知到主節點已經發生故障的？
- 如何降低容錯移轉對業務產生的影響？

下面來看一些細節。

圖 5-13 是一個 PSS（一主兩備）架構的複本集，主節點除了與兩個備節點執行資料複製，三個節點之間還會透過心跳感知彼此的存活。

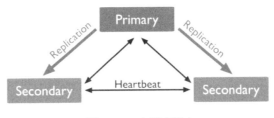

圖 5-13　心跳機制

一旦主節點發生故障以後，備節點將在某個週期內檢測到主節點處於不可達的狀態，此後將由其中一個備節點事先發起選舉並最終成為新的主節點，如圖 5-14 所示。

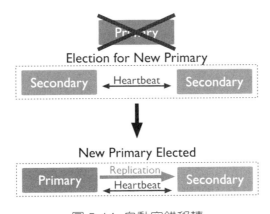

圖 5-14　自動容錯移轉

一個影響檢測機制的因素是心跳，在複本集組建完成之後，各成員節點會開啟計時器，持續向其他成員發起心跳，這裡涉及的參數為 heartbeatIntervalMillis，即心跳間隔時間，預設值是 2s。如果心跳成功，則會持續以 2s 的頻率繼續發送心跳；如果心跳失敗，則會立即重試心跳，一直到心跳恢復成功。

另一個重要的因素是選舉逾時檢測，一次心跳檢測失敗並不會立即觸發重新選舉。實際上除了心跳，成員節點還會啟動一個選舉逾時檢測計時器，該計時器預設以 10s 的間隔執行，具體可以透過 electionTimeoutMillis 參數指定：

■ 如果心跳回應成功，則取消上一次的 electionTimeout 排程（保證不會發起選舉），並發起新一輪 electionTimeout 排程。

■ 如果心跳回應遲遲不能成功，那麼 electionTimeout 任務被觸發，進而導致備節點發起選舉並成為新的主節點。

因此，在 electionTimeout 任務中觸發選舉必須要滿足以下條件：

（1）當前節點是備節點。
（2）當前節點具備選舉權限。
（3）在檢測週期內仍然沒有與主節點心跳成功。

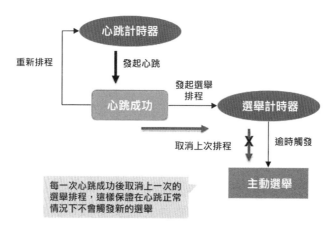

圖 5-15 自動選舉的實現邏輯

整個選舉切換的邏輯如圖 5-15 所示。

在 MongoDB 的實現中，選舉逾時檢測的週期要略大於 electionTimeout Millis 設定。該週期會加入一個隨機偏移量，大約在 10~11.5s，如此的設計是為了錯開多個備節點主動選舉的時間，提升成功率。

❑ **業務影響評估**

- 在複本集發生主備節點切換的情況下，會出現短暫的無主節點階段，此時無法接受業務寫入操作。如果是因為主節點故障導致的切換，則對於該節點的所有讀寫操作都會產生逾時。如果使用 MongoDB 3.6 及以上版本的驅動，則可以透過開啟 retryWrite 來降低影響。
- 如果主節點屬於強制停電，那麼整個 Failover 過程將變長，很可能需要在 Election 計時器逾時後才被其他節點感知並恢復，這個時間視窗一般會在 12s 以內。然而實際上，對於業務呼損的考量還應該加上用戶端或 mongos 對於複本集角色的監視和感知行為（真實的情況可能需要長達 30s 以上）。
- 對於非常重要的業務，建議在業務層面做一些防護策略，比如設計重試機制。

5.5　架設複本集

本節將介紹如何在本機安裝 MongoDB 複本集，真實的專案環境中可以採用多機部署，但具體步驟是類似的。

5.5.1　安裝複本集

假設讀者已經完成了 MongoDB 單節點的安裝，並且環境變數 path 中已經包含了 MongoDB 執行程式的設定。接下來我們需要為複本集定義一個名稱，例如 myReplSet。

1. 準備安裝目錄

```
mkdir -p /opt/work/mongoReplSet/rs1/data
mkdir -p /opt/work/mongoReplSet/rs2/data
mkdir -p /opt/work/mongoReplSet/rs3/data
```

2. 設定檔

執行 cd /opt/work/mongoReplSet/ 進入安裝目錄。編輯設定檔 mongo. conf，內容如下：

```
storage:
    engine: wiredTiger
    directoryPerDB: true
    journal:
        enabled: true
systemLog:
    destination: file
    logAppend: true
replication:
    oplogSizeMB: 10240
processManagement:
    fork: true
```

上述設定僅包含一些公共的設定，由於每個複本整合員會使用不同的通訊埠、資料目錄，我們將在命令列中進行指定。

3. 創建 keyfile

```
cd /opt/work/mongoReplSet/
openssl rand -base64 756 > mongo.key
chmod 400 mongo.key
```

mongo.key 採用隨機演算法生成，用作節點內部通訊的金鑰檔案。

4. 啟動複本整合員

執行 mongod 程式，啟動 3 個複本整合員，程式如下：

```
mongod --port 27001 --replSet myReplSet --keyFile mongo.key --config mongo.
conf --dbpath rs1/data --logpath rs1/db.log
```

```
mongod --port 27002 --replSet myReplSet --keyFile mongo.key --config mongo.
conf --dbpath rs2/data --logpath rs2/db.log
mongod --port 27003 --replSet myReplSet --keyFile mongo.key --config mongo.
conf --dbpath rs3/data --logpath rs3/db.log
```

除了 keyFile、config 檔案，我們還指定了幾個參數，分別如下。

- --port：資料庫的監聽通訊埠。
- --dbpath：資料的儲存目錄。
- --logpath：資料庫處理程序的記錄檔路徑。

執行命令之後，可以看到啟動成功的輸出日誌：

```
...
about to fork child process, waiting until server is ready for connections.
forked process: 10179
child process started successfully, parent exiting
```

透過 netstat 命令同樣可以看到啟動的幾個通訊埠，輸出如下：

```
# netstat -nlp |grep mongod
tcp   0   0 127.0.0.1:27001      0.0.0.0:*       LISTEN   10179/mongod
tcp   0   0 127.0.0.1:27002      0.0.0.0:*       LISTEN   10216/mongod
tcp   0   0 127.0.0.1:27003      0.0.0.0:*       LISTEN   10248/mongod
```

5. 初始化設定

連接其中一個成員節點，並執行初始化命令，程式如下：

```
#./bin/mongo --port 27001 --host 127.0.0.1
> MongoDB server version: 4.0.0
> cfg={
    _id:"myReplSet",
    members:[
        {_id:0, host:'127.0.0.1:27001'},
        {_id:1, host:'127.0.0.1:27002'},
        {_id:2, host:'127.0.0.1:27003'}
    ]};
> rs.initiate(cfg)
{ "ok" : 1 }
```

此處，cfg._id 表示的是複本集的名稱（myReplSet），該值必須和複本整合員啟動時指定的 --replSet 參數保持一致。members 則表示當前複本集的成員列表，包括每個成員的主機 IP、通訊埠編號。

使用 rs.initiate 命令執行複本集的初始化，當前成員會自動向其他成員同步該設定，之後這些成員在內部完成選舉。

6. 查看狀態

執行 **db.isMaster** 命令，用於查看複本集的其他節點，程式如下：

```
myReplSet:PRIMARY> db.isMaster()
{
    "hosts" : [
      "127.0.0.1:27001",
      "127.0.0.1:27002",
      "127.0.0.1:27003"
    ],
    "setName" : "myReplSet",
    "setVersion" : 1,
    "ismaster" : true,
    "secondary" : false,
    "primary" : "127.0.0.1:27001",
    "me" : "127.0.0.1:27001",
    "electionId" : ObjectId("7fffffff0000000000000001"),
    "lastWrite" : {
      "opTime" : {
        "ts" : Timestamp(1584774904, 1),
        "t" : NumberLong(1)
      },
      "lastWriteDate" : ISODate("2020-03-21T07:15:04Z"),
      "majorityOpTime" : {
        "ts" : Timestamp(1584774904, 1),
        "t" : NumberLong(1)
      },
      "majorityWriteDate" : ISODate("2020-03-21T07:15:04Z")
    },
    ...
    "ok" : 1
}
```

從輸出上看，當前節點已經成為主節點（"ismaster" : true），而 hosts 欄位也展示了整個複本集的所有成員。

5.5.2 創建使用者

由於使用了 --keyFile 作為成員節點的啟動參數，此時 MongoDB 會啟用身份驗證（相當於 --auth），因此在操作資料之前需要創建使用者，程式如下：

```
myReplSet:PRIMARY> use admin
myReplSet:PRIMARY> db.createUser({
    user:'admin',pwd:'admin@2016',
    roles:[
        {role:'clusterAdmin',db:'admin'},
        {role:'userAdminAnyDatabase',db:'admin'},
        {role:'dbAdminAnyDatabase',db:'admin'},
        {role:'readWriteAnyDatabase',db:'admin'}
]})
myReplSet:PRIMARY> db.auth('admin', 'admin@2016')
1
myReplSet:PRIMARY> show dbs
admin    0.000GB
config   0.000GB
local    0.000GB
```

在開啟身份驗證的情況下，MongoDB 允許創建首個使用者。一旦資料庫中存在使用者，所有的操作就必須經過身份驗證了。

複本集之間的使用者資料會自動進行同步，因此可以使用同一個使用者在任一成員節點登入。

5.5.3 寫入資料

登入主節點，向 test 集合寫入一筆資料，程式如下：

```
# mongo --port 27001 -u admin -p admin@2016 --authenticationDatabase=admin
myReplSet:PRIMARY> use test
switched to db test
```

```
myReplSet:PRIMARY> db.test.insert({x:1})
WriteResult({ "nInserted" : 1 })
```

登入某個備節點，查看 test 集合，可發現新增的資料已經同步，如下：

```
# mongo --port 27002 -u admin -p admin@2016 --authenticationDatabase=admin
myReplSet:SECONDARY>rs.slaveOk()
myReplSet:SECONDARY> use test
switched to db test
myReplSet:SECONDARY> db.test.find()
{ "_id" : ObjectId("5e75c5b0e743c4a91d67671c"), "x" : 1 }
```

5.5.4 主備節點切換

接下來，驗證複本集的主備節點切換功能，登入主節點並執行 stepDown
命令，程式如下：

```
myReplSet:PRIMARY> rs.stepDown()
```

如果執行成功，當前節點將降備，並開啟新一輪的選舉。透過多次執行
isMaster 命令可以確認最後的選舉結果，程式如下：

```
myReplSet:SECONDARY> db.isMaster()
{
    "hosts" : [
      "127.0.0.1:27001",
      "127.0.0.1:27002",
      "127.0.0.1:27003"
    ],
    "setName" : "myReplSet",
    "setVersion" : 1,
    "ismaster" : false,
    "secondary" : true,
    "primary" : "127.0.0.1:27002",
    "me" : "127.0.0.1:27001",
    ...
```

從結果中可以看出，在主備節點切換之後，127.0.0.1:27002 成為新的主
節點。

5.6 小技巧──檢查複製的延遲情況

由於分散式環境中的各種不確定性,因此對複本集的成員狀態、複製延遲狀態進行檢查就變得非常重要。

1. rs.status 命令

MongoDB 對複製成員的監視可以使用 rs.status 命令,我們可以登入任一節點進行查詢,程式如下:

```
myReplSet:SECONDARY> rs.status()
{
    "set" : "myReplSet",
    "date" : ISODate("2020-03-21T07:54:17.811Z"),
    "myState" : 2,
    "term" : NumberLong(2),
    "syncingTo" : "127.0.0.1:27003",
    "syncSourceHost" : "127.0.0.1:27003",
    "syncSourceId" : 2,
    "heartbeatIntervalMillis" : NumberLong(2000),
    "optimes" : {
       ...
    },
    "lastStableCheckpointTimestamp" : Timestamp(1584777197, 1),
    "members" : [
       {
          "_id" : 0,
          "name" : "127.0.0.1:27001",
          "health" : 1,
          "state" : 2,
          "stateStr" : "SECONDARY",
          "uptime" : 1413,
          "optime" : {
             "ts" : Timestamp(1584777257, 1),
             "t" : NumberLong(2)
          },
          "optimeDate" : ISODate("2020-03-21T07:54:17Z"),
          "syncingTo" : "127.0.0.1:27003",
          "syncSourceHost" : "127.0.0.1:27003",
          "syncSourceId" : 2,
```

```
    "infoMessage" : "",
    "configVersion" : 1,
    "self" : true,
    "lastHeartbeatMessage" : ""
},
{
    "_id" : 1,
    "name" : "127.0.0.1:27002",
    "health" : 1,
    "state" : 1,
    "stateStr" : "PRIMARY",
    "uptime" : 1389,
    "optime" : {
        "ts" : Timestamp(1584777247, 1),
        "t" : NumberLong(2)
    },
    "optimeDurable" : {
        "ts" : Timestamp(1584777247, 1),
        "t" : NumberLong(2)
    },
    "optimeDate" : ISODate("2020-03-21T07:54:07Z"),
    "optimeDurableDate" : ISODate("2020-03-21T07:54:07Z"),
    "lastHeartbeat" : ISODate("2020-03-21T07:54:16.885Z"),
    "lastHeartbeatRecv" : ISODate("2020-03-21T07:54:17.694Z"),
    "pingMs" : NumberLong(0),
    "lastHeartbeatMessage" : "",
    "syncingTo" : "",
    "syncSourceHost" : "",
    "syncSourceId" : -1,
    "infoMessage" : "",
    "electionTime" : Timestamp(1584776925, 1),
    "electionDate" : ISODate("2020-03-21T07:48:45Z"),
    "configVersion" : 1
},
{
    "_id" : 2,
    "name" : "127.0.0.1:27003",
    "health" : 1,
    "state" : 2,
    "stateStr" : "SECONDARY",
    "uptime" : 1389,
    "optime" : {
```

```
        "ts" : Timestamp(1584777247, 1),
        "t" : NumberLong(2)
      },
      "optimeDurable" : {
        "ts" : Timestamp(1584777247, 1),
        "t" : NumberLong(2)
      },
      "optimeDate" : ISODate("2020-03-21T07:54:07Z"),
      "optimeDurableDate" : ISODate("2020-03-21T07:54:07Z"),
      "lastHeartbeat" : ISODate("2020-03-21T07:54:16.884Z"),
      "lastHeartbeatRecv" : ISODate("2020-03-21T07:54:15.901Z"),
      "pingMs" : NumberLong(0),
      "lastHeartbeatMessage" : "",
      "syncingTo" : "127.0.0.1:27002",
      "syncSourceHost" : "127.0.0.1:27002",
      "syncSourceId" : 1,
      "infoMessage" : "",
      "configVersion" : 1
    }
  ],
  "ok" : 1
}
```

members 一列表現了所有複本整合員的狀態，主要如下。

- health：成員是否健康，透過心跳進行檢測。
- state/stateStr：成員的狀態，PRIMARY 表示主節點，而 SECONDARY 則表示備節點，如果節點出現故障，則可能出現一些其他的狀態，例如 RECOVERY。
- uptime：成員的啟動時間。
- optime/optimeDate：成員最後一筆同步 oplog 的時間。
- optimeDurable/optimeDurableDate：成員最後一筆同步 oplog（寫入 Journal 日誌）的時間。
- pingMs：成員與當前節點的 ping 延遲。
- syncingTo：成員的同步來源。

2. 查看複製延遲

如果希望查看當前節點 oplog 的情況，則可以使用 rs.printReplicationInfo 命令，程式如下：

```
myReplSet:PRIMARY> rs.printReplicationInfo()
configured oplog size:   10240MB
log length start to end: 2209secs (0.61hrs)
oplog first event time:  Sat Mar 21 2020 15:31:08 GMT+0800 (CST)
oplog last event time:   Sat Mar 21 2020 16:07:57 GMT+0800 (CST)
now:                     Sat Mar 21 2020 16:08:07 GMT+0800 (CST)
```

這裡清晰地描述了 oplog 的大小、最早一筆 oplog 以及最後一筆 oplog 的產生時間，log length start to end 所指的是一個複製視窗（時間差）。通常在 oplog 大小不變的情況下，業務寫入操作越頻繁，複製視窗就會越短。

在節點上執行 rs.printSlaveReplicationInfo 命令，可以一併列出所有備節點成員的同步延遲情況，程式如下：

```
myReplSet:PRIMARY> rs.printSlaveReplicationInfo()
source: 127.0.0.1:27001
   syncedTo: Sat Mar 21 2020 16:07:57 GMT+0800 (CST)
   0 secs (0 hrs) behind the primary
source: 127.0.0.1:27003
   syncedTo: Sat Mar 21 2020 16:07:57 GMT+0800 (CST)
   0 secs (0 hrs) behind the primary
```

Chapter

06

分片

6.1 分片叢集架構

6.1.1 分片簡介

分片（shard）是指在將資料進行水平切分之後，將其儲存到多個不同的
伺服器節點上的一種擴充方式。分片在概念上非常類似於應用程式開發
中的「水平分表」。不同的點在於，MongoDB 本身就附帶了分片管理的
能力，對開發者來說可以做到開箱即用。

❏ 為什麼要分片？

我們知道，MongoDB 複本集實現了資料的多備份複製及高可用，但是一
個複本集能承載的容量和負載是有限的。在你遇到下面的場景時，就需
要考慮使用分片了。

- 儲存容量需求超出單機的磁碟容量。
- 活躍的資料集超出單機記憶體容量，導致很多請求都要從磁碟讀取資
  料，影響性能。
- 寫入 IOPS 超出單一 MongoDB 節點的寫入服務能力 。

6.1.2 分片叢集架構

在分片模式下，儲存這些不同的切片資料的節點被稱為分片節點，一個分片叢集（shard cluster）內則包含了多個分片節點。當然，除了分片節點，叢集中還需要一些設定節點、路由節點，以保證分片機制的正常運作。

圖 6-1 所示是一個典型的分片叢集架構。

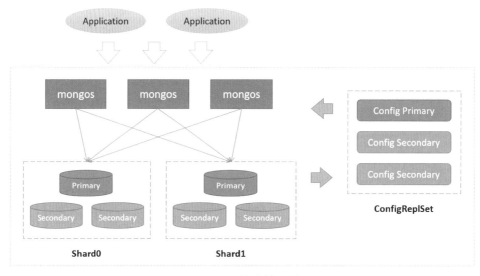

圖 6-1 分片叢集架構

❑ 架構說明

- 資料分片：分片用於儲存真正的資料，並提供最終的資料讀寫存取。分片僅是一個邏輯的概念，它可以是一個單獨的 mongod 實例，也可以是一個複本集。圖 6-1 中的 Shard0、Shard1 都是一個複本集分片。在生產環境中也一般會使用複本集的方式，這是為了防止資料節點出現單點故障。

- 設定伺服器（Config Server）：設定伺服器包含多個節點，並組成一個複本集結構，對應於圖 6-1 中的 ConfigReplSet。設定複本集中保存了整

個分片叢集中的中繼資料，其中包含各個集合的分片策略，以及分片的
路由表等。

- 查詢路由（mongos）：mongos 是分片叢集的存取入口，其本身並不持
久化資料。mongos 啟動後，會從設定伺服器中載入中繼資料。之後
mongos 開始提供存取服務，並將使用者的請求正確路由到對應的分
片。在分片叢集中可以部署多個 mongos 以分擔用戶端請求的壓力。

6.2 分片策略

透過分片功能，可以將一個非常大的集合分散儲存到不同的分片上，如
圖 6-2 所示。

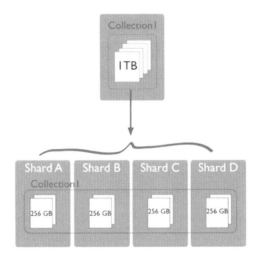

圖 6-2 集合分片

假設這個集合大小是 1TB，那麼拆分到 4 個分片上之後，每個分片儲存
256GB 的資料。

這個當然是最理想化的場景，實質上很難做到如此絕對的平衡。一個集
合在拆分後如何儲存、讀寫，與該集合的分片策略設定是息息相關的。
在了解分片策略之前，我們先來介紹一下 chunk。

6.2.1 什麼是 chunk

chunk 的意思是資料區塊，一個 chunk 代表了集合中的「一段資料」，舉例來說，使用者集合（db.users）在切分成多個 chunk 之後如圖 6-3 所示。

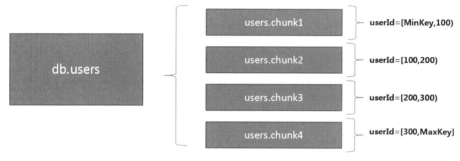

圖 6-3　chunk 切分

chunk 所描述的是範圍區間，舉例來說，db.users 使用了 userId 作為分片鍵，那麼 chunk 就是 userId 的各個值（或雜湊值）的連續區間。叢集在操作分片集合時，會根據分片鍵找到對應的 chunk，並向該 chunk 所在的分片發起操作請求，而 chunk 的分佈在一定程度上會影響資料的讀寫路徑，這由以下兩點決定：

- chunk 的切分方式，決定如何找到資料所在的 chunk。
- chunk 的分佈狀態，決定如何找到 chunk 所在的分片。

6.2.2 分片演算法

chunk 切分是根據分片策略進行實施的，分片策略的內容包括分片鍵和分片演算法。當前，MongoDB 支援兩種分片演算法，下面具體介紹。

1. 範圍分片（range sharding）

如圖 6-4 所示，假設集合根據 x 欄位來分片，x 的完整設定值範圍為 [minKey, maxKey]（x 為整數，這裡的 minKey、maxKey 為整數的最小值和最大值），其將整個設定值範圍劃分為多個 chunk，例如：

- chunk1 包含 x 的設定值在 [minKey, 75) 的所有文件。
- chunk2 包含 x 設定值在 [75, 25) 之間的所有文件,依此類推。

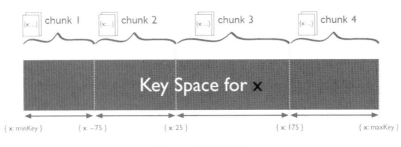

圖 6-4 範圍分片

範圍分片能極佳地滿足範圍查詢的需求,比如想查詢 x 的值在 [30, 10] 之間的所有文件,這時 mongos 直接將請求定位到 chunk2 所在的分片伺服器,就能查詢出所有符合條件的文件。範圍分片的缺點在於,如果 Shard Key 有明顯遞增(或遞減)趨勢,則新插入的文件會分佈到同一個 chunk,此時寫入壓力會集中到一個節點,從而導致單點的性能瓶頸。一些常見的導致遞增的 Key 如下。

- 時間值。
- ObjectId,自動生成的 _id 由時間、計數器組成。
- UUID,包含系統時間、時鐘序列。
- 自動增加整數序列。

2. 雜湊分片(**hash sharding**)

雜湊分片會先事先根據分片鍵計算出一個新的雜湊值(64 位元整數),再根據雜湊值按照範圍分片的策略進行 chunk 的切分。雜湊分片與範圍分片是互補的,由於雜湊演算法保證了隨機性,所以文件可以更加離散地分佈到多個 chunk 上,這避免了集中寫入問題。然而,在執行一些範圍查詢時,雜湊分片並不是高效的。因為所有的範圍查詢都必然導致對所有 chunk 進行檢索,如果叢集有 10 個分片,那麼 mongos 將需要對 10 個分片分發查詢請求。

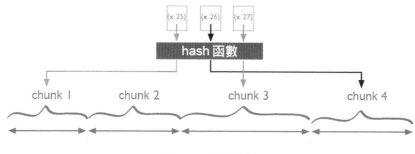

圖 6-5 雜湊分片

雜湊分片與範圍分片的另一個區別是，雜湊分片只能選擇單一欄位，而範圍分片允許採用組合式的多欄位作為分片鍵。

6.2.3 分片鍵的選擇

在選擇分片鍵時，需要根據業務的需求及範圍分片、雜湊分片的不同特點進行權衡。一般來説，在設計分片鍵時需要考慮的因素包括：

- 分片鍵的基數（cardinality），設定值基數越大越有利於擴充。
- 分片鍵的設定值分佈應該盡可能均勻。
- 業務讀寫模式，盡可能分散寫入壓力，而讀取操作盡可能來自一個或少量的分片。
- 分片鍵應該能適應大部分的業務操作。

6.3 讀寫分發模式

6.3.1 資料分發流程

在了解 chunk 及分片策略的相關概念之後，我們再來看看分片叢集中正常的業務操作流程，如圖 6-6 所示。

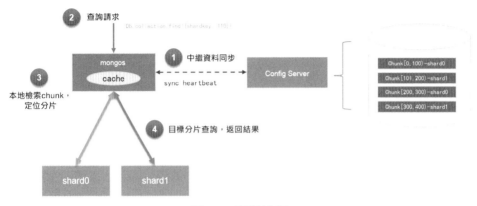

圖 6-6 資料流程

❑ 流程說明

- mongos 在啟動後,其內部會維護一份路由表快取並透過心跳機制與 Config Server(設定中心)保持同步。
- 業務請求進入後,由 mongos 開始接管。
- mongos 檢索本地路由表,根據請求中的分片鍵資訊找到對應的 chunk,進一步確定所在的分片。
- mongos 向目標分片發起操作,並返回最終結果。

可以看到,mongos 接管了所有的資料讀寫入請求,充分扮演著代理者的角色。而對於用戶端而言,分片模式下的資料操作處理並沒有發生什麼變化,mongos 已經隱藏了所有的差異。所以,如果對現有的集合開啟分片,則幾乎不需要修改任何程式就可以保證功能的連續性。

下面列舉了在分片場景下各種請求的處理邏輯。

(1)查詢請求:查詢請求不包含 shard key(或部分字首),必須將查詢分發到所有的分片,然後合併查詢結果返回給用戶端;查詢請求包含 shard key(或部分字首),可根據 shard key 計算出需要查詢的 chunk,向對應的分片發送查詢請求。

（2）插入請求：寫入操作必須包含 Shard Key，mongos 根據 Shard Key 算出文件應該儲存到哪個 chunk，然後將寫入請求發送到 chunk 所在的分片。

（3）更新 / 刪除請求：如果對單一文件執行更新或刪除操作，則查詢準則必須包含 shard key 或 _id。如果包含 shard key，則直接路由到指定的 chunk；如果只包含 _id，則需將請求發送至所有的分片。

如果對多個文件執行更新或刪除操作，則會將請求發送至多個或全部分片。

（4）其他命令請求：對於除插入 / 刪除 / 更新 / 查詢外的其他命令的請求處理方式各不相同，有各自的處理邏輯。比如 listDatabases 命令，會向每個分片及 Config Server 轉發 listDatabases 請求，然後將結果進行合併。

需要注意的是，在 MongoDB 4.2 版本之前，分片鍵的欄位值是不允許修改的，所有對分片鍵值的修改都將導致顯示出錯。

6.3.2 避免廣播操作

一些真實的情況或許並不樂觀。由於分片叢集下的讀寫模式增加了複雜度，而這種複雜度仍然要求業務上能充分了解它的工作模式。一種常見的情況是，當讀寫入請求中無法為 mongos 提供足夠的「提示訊息」時，mongos 將不得不向所有分片發送該請求，如圖 6-7 所示。

有不少的業務場景會碰到這樣的問題，尤其是在分片鍵無法滿足多變的業務查詢需求時，這種對所有分片的廣播操作會導致叢集的擴充能力大打折扣，同時也降低了可用性。一般認為，某個分片故障只會影響少部分業務，但前提必須是合理利用了分片鍵的作用。一旦遇到廣播查詢，分片故障產生的影響可能比想像的要嚴重得多，如圖 6-8 所示。

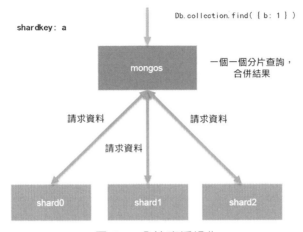

圖 6-7 分片廣播操作

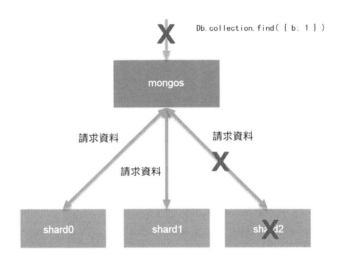

圖 6-8 分片故障導致廣播查詢失敗

如何降低影響呢？建議可以考慮最佳化兩個方面。

- 重新檢查分片鍵的合理性，至少保證關鍵業務不依賴廣播操作。
- 進行拆分，建立索引表。例如在使用手機號碼查詢使用者資訊時，先透過手機號碼查詢索引表獲得使用者 ID，再透過使用者 ID 查詢使用者表。

6.3.3 保證索引唯一性

分片模式會影響索引的唯一性。由於沒有手段保證多個分片上的資料唯一，所以唯一性索引必須與分片鍵使用相同的欄位，或以分片鍵作為字首。

以下面的選擇可以避免衝突。

（1）唯一性索引為：{ a : 1 }，分片鍵採用 a 欄位。

（2）唯一性索引為：{ a : 1, b : 1 }，分片鍵採用 a 欄位。

6.4 資料均衡

6.4.1 均衡的方式

一種理想的情況是，所有加入的分片都發揮了相當的作用，包括提供更大的儲存容量，以及讀寫存取性能。因此，為了保證分片叢集的水平擴充能力，業務資料應當盡可能地保持均勻分佈。這裡的均勻性包含以下兩個方面。

（1）所有的資料應均勻地分佈於不同的 chunk 上。

（2）每個分片上的 chunk 數量盡可能是相近的。

其中，第（1）點由業務場景和分片策略來決定，而關於第（2）點，我們有以下兩種選擇。

（1）手動均衡。

一種做法是，可以在初始化集合時預分配一定數量的 chunk（僅適用於雜湊分片），比如給 10 個分片分配 1000 個 chunk，那麼每個分片擁有 100 個 chunk。另一種做法則是，可以透過 splitAt、moveChunk 命令進行手動切分、遷移。

（2）自動均衡。

開啟 MongoDB 叢集的自動均衡功能。等化器會在後台對各分片的 chunk
進行監控，一旦發現了不均衡狀態就會自動進行 chunk 的搬遷以達到均
衡。其中，chunk 不均衡通常來自兩方面的因素：一方面，在沒有人工操
作的情況下，chunk 會持續增長並產生分裂（split），而不斷分裂的結果
就會出現數量上的不均衡；另一方面，在動態增加分片伺服器時，也會
出現不均衡的情況。自動均衡是開箱即用的，可以極大簡化叢集的管理
工作。

6.4.2　chunk 分裂

在預設情況下，一個 chunk 的大小為 64MB，該參數由設定的 chunksize
參數指定。如果持續地向該 chunk 寫入資料，並導致資料量超過了 chunk
大小，則 MongoDB 會自動進行分裂，將該 chunk 切分為兩個相同大小的
chunk，如圖 6-9 所示。

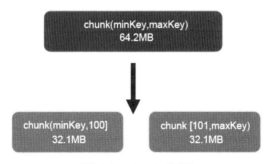

圖 6-9　chunk 分裂

務必記住，chunk 分裂是基於分片鍵進行的，如果分片鍵的基數太小，
則可能因為無法分裂而會出現 jumbo chunk（超大區塊）的問題。舉例來
說，對 db.users 使用 gender（性別）作為分片鍵，由於同一種性別的使
用者數可能達到數千萬，分裂程式並不知道如何對分片鍵（gender）的單
值進行切分，因此最終導致在一個 chunk 上集中儲存了大量的 user 記錄
（總大小超過 64MB）。

jumbo chunk 對水平擴充有負面作用，該情況不利於資料的均衡，業務上應盡可能避免。當然，如果能接受這種情況，則另當別論了。

一些寫入壓力過大的情況可能會導致 chunk 多次失敗（split），最終當 chunk 中的文件數大於 1.3 × avgObjectSize 時會導致無法遷移。此外在一些舊版本中，如果 chunk 中的文件數超過 250000 個，也會導致無法遷移。

6.4.3 自動均衡

MongoDB 的資料等化器執行於 Primary Config Server（設定伺服器的主節點）上，而該節點也同時會控制 chunk 資料的搬遷流程。

整個自動均衡機制可以參考圖 6-10。

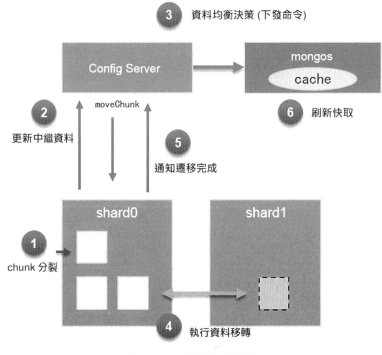

圖 6-10 自動均衡機制

❏ 流程說明

■ 分片 shard0 在持續的業務寫入壓力下，產生了 chunk 分裂。

■ 分片伺服器通知 Config Server 進行中繼資料更新。

■ Config Server 的自動等化器對 chunk 分佈進行檢查，發現 shard0 和 shard1 的 chunk 數差異達到了閾值，向 shard0 下發 moveChunk 命令以執行 chunk 遷移。

■ shard0 執行指令，將指定資料區塊複製到 shard1。該階段會完成索引、chunk 資料的複製，而且在整個過程中業務側對資料的操作仍然會指向 shard0；所以，在第一輪複製完畢之後，目標 shard1 會向 shard0 確認是否還會有增量更新的資料，如果存在則繼續複製。

■ shard0 完成遷移後發送通知，此時 Config Server 開始更新中繼資料庫，將 chunk 的位置更新為目標 shard1。在更新完中繼資料庫後並確保沒有連結 cursor 的情況下，shard0 會刪除被遷移的 chunk 備份。

■ Config Server 通知 mongos 伺服器更新路由表。此時，新的業務請求將被路由到 shard1。

1. 遷移閾值

等化器對於資料的「不均衡狀態」判定是根據兩個分片上的 chunk 個數差異來進行的，其閾值見表 6-1。

表 6-1 遷移閾值表

chunk 個數	遷移閾值
少於 20	2
20 ～ 79	4
80 及以上	8

2. 遷移速度

資料均衡的整個過程並不是很快，影響 MongoDB 均衡速度的幾個選項如下。

（1）_secondaryThrottle：用於調整遷移資料寫到目標分片的安全等級。如果沒有設定，則會使用 w：2 選項，即至少一個備節點確認寫入遷移資料後才算成功。從 MongoDB 3.4 版本開始，_secondaryThrottle 被預設設定為 false，chunk 遷移不再等待備節點寫入確認。

（2）_waitForDelete：在 chunk 遷移完成後，來源分片會將不再使用的 chunk 刪除。如果 _waitForDelete 是 true，那麼等化器需要等待 chunk 同步刪除後才進行下一次遷移。該選項預設為 false，這表示對於舊 chunk 的清理是非同步進行的。

（3）平行遷移數量：在早期版本的實現中，等化器在同一時刻只能有一個 chunk 遷移任務。從 MongoDB 3.4 版本開始，允許 n 個分片的叢集同時執行 $n/2$ 個併發任務。

隨著版本的疊代，MongoDB 遷移的能力也在逐步提升。從 MongoDB 4.0 版本開始，支持在遷移資料的過程中併發地讀取來源端和寫入目標端，遷移的整體性能提升了約 40%。這樣也使得新加入的分片能更快地分擔叢集的存取讀寫壓力。

6.4.4 資料均衡帶來的問題

資料均衡會影響性能，在分片間進行資料區塊的遷移是一個「繁重」的工作，很容易帶來磁碟 I/O 使用率飆升，或業務延遲陡增等一些問題。因此，建議盡可能提升磁碟能力，如使用 SSD。除此之外，我們還可以將資料均衡的視窗對齊到業務的低峰期以降低影響。

登入 mongos，在 config 資料庫上更新設定，程式如下：

```
> use config
> sh.setBalancerState( true )
> db.settings.update(
  { _id: "balancer" },
  { $set: { activeWindow : { start : "02:00", stop : "04:00" } } },
  { upsert: true }
)
```

在上述操作中啟用了自動等化器，同時在每天的凌晨 2 點到 4 點執行資料均衡操作。

對分片集合中執行 count 命令可能會產生不準確的結果，mongos 在處理 count 命令時會分別向各個分片發送請求，並累加最終的結果。如果分片上正在執行資料移轉，則可能導致重複的計算。替代辦法是使用 collection.countDocument 方法，該方法會執行聚合操作進行即時掃描，可以避免中繼資料讀取的問題，但需要更長時間。

在執行資料庫備份的期間，不能進行資料均衡操作，否則會產生不一致的備份資料。

在備份操作之前，可以透過以下命令確認等化器的狀態。

（1）sh.getBalancerState：查看等化器是否開啟。

（2）sh.isBalancerRunning：查看等化器是否正在執行。

（3）sh.getBalancerWindow：查看當前均衡的視窗設定。

6.5 使用 mtools 架設叢集

本次我們將安裝一個當地語系化的 MongoDB 分片叢集進行測試。由於分片架構的架設工作相對煩瑣，為了簡化，筆者選用 mtools 工具來快速建構叢集。

6.5.1 mtools 介紹

mtools 是一套基於 Python 實現的 MongoDB 工具集，其包括 MongoDB 日誌分析、報表生成及簡易的資料庫安裝等功能。它由 MongoDB 原生的工程師單獨發起並做開放原始碼維護，目前已經有大量的使用者。

mtools 所包含的一些常用元件如下。

- mlaunch 支援快速架設本地測試環境,可以是單機、複本集、分片叢集。
- mlogfilter 日誌過濾元件,支援按時間檢索慢查詢、全資料表掃描操作,支援透過多個屬性進行資訊過濾,支援輸出為 JSON 格式。
- mplotqueries 支援將日誌分析結果轉為圖表形式,依賴 tkinter(Python 圖形模組)和 matplotlib 模組。
- mlogvis 支援將日誌分析結果轉為一個獨立的 HTML 頁面,實現與 mplotqueries 同樣的功能。

接下來,將介紹基於 mtools 架設叢集的步驟。

6.5.2 準備工作

- 安裝 MongoDB,將 MongoDB 可執行套裝程式下載到本地。
  mtools 需要呼叫 MongoDB 的二進位程式來啟動資料庫,因此需保證 Path 路徑中包含 {MONGODB_HOME}/bin 這個目錄。

- 安裝 Python,需選用 Python 3.6、3.7 或 3.8 版本,可以從 Python 官網中下載。
  為了檢查當前 Python 的版本,可以執行 version 命令,結果如下:

```
>python -V
Python 3.6.8
```

6.5.3 安裝 mtools

Python 3.4 及以上版本都附帶 pip 工具,可以利用它來安裝 mtools。

- 安裝依賴模組,程式如下:

```
pip install psutil
pip install pymongo
pip install matplotlib
pip install numpy
```

■ 安裝 mtools，程式如下：

```
pip install mtools
```

6.5.4 創建分片叢集

準備分片叢集使用的工作目錄，程式如下：

```
> mkdir /opt/local/mongo-cluster
> cd /opt/local/mongo-cluster
```

執行 mlaunch init 初始化叢集，程式如下：

```
> mlaunch init --sharded 2 --replicaset --nodes 3 --config 3 --csrs --mongos
3 --port 27050 --noauth
```

❑ 選項說明

■ --sharded 2：啟用分片叢集模式，分片數為 2。

■ --replicaset --nodes 3：採用 3 節點的複本集架構，即每個分片為一致的複本集模式。

■ --config 3 --csrs：設定伺服器採用 3 節點的複本集架構模式，csrs 是指 Config Server as a Replica Set。

■ --mongos 3：啟動 3 個 mongos 實例處理程序。

■ --port 27050：叢集將以 27050 作為起始通訊埠，叢集中的各個實例基於該通訊埠向上遞增。

■ --noauth：不啟用身份驗證。

如果執行成功，那麼片刻後可以看到以下輸出：

```
//啟動各個分片實例
launching: "mongod" on port 27053
launching: "mongod" on port 27054
launching: "mongod" on port 27055
launching: "mongod" on port 27056
launching: "mongod" on port 27057
launching: "mongod" on port 27058
//啟動 Config Server 實例
```

```
launching: config server on port 27059
launching: config server on port 27060
launching: config server on port 27061
//分別初始化複本集
replica set 'configRepl' initialized.
replica set 'shard01' initialized.
replica set 'shard02' initialized.
//啟動 mongos 實例
launching: mongos on port 27050
launching: mongos on port 27051
launching: mongos on port 27052
//執行 addShard 操作
adding shards. can take up to 30 seconds...
```

至此已經完成了分片叢集的初始化及啟動。mlaunch list 命令可以對當前
叢集的實例狀態進行檢查,程式如下:

```
>mlaunch list

PROCESS          PORT      STATUS     PID

mongos           27050     running    13420
mongos           27051     running    14000
mongos           27052     running    14188

config server    27059     running    10716
config server    27060     running    11444
config server    27061     running    1460

shard01
    secondary    27055     running    11644
    mongod       27053     running    11704
    mongod       27054     running    4084

shard02
    secondary    27057     running    7556
    mongod       27056     running    3744
    mongod       27058     running    11820
```

此時可以看到各個實例的執行狀態,包括處理程序號以及監聽的通訊埠
等。

❑ 檢查分片實例

連接 mongos，查看分片實例的情況，程式如下：

```
>mongo --port 27050
MongoDB shell version v4.2.1

mongos> db.adminCommand({ listShards: 1 })
{
        "shards" : [
                {
                        "_id" : "shard01",
                        "host" : "shard01/localhost:27053,localhost:27054,local
ost:27055",
                        "state" : 1
                },
                {
                        "_id" : "shard02",
                        "host" : "shard02/localhost:27056,localhost:27057,local
ost:27058",
                        "state" : 1
                }
        ],
        "ok" : 1,
        "operationTime" : Timestamp(1583078034, 1),
        "$clusterTime" : {
                "clusterTime" : Timestamp(1583078034, 1),
                "signature" : {
                        "hash" : BinData(0,"AAAAAAAAAAAAAAAAAAAAAAAAAAA="),
                        "keyId" : NumberLong(0)
                }
        }
}
```

6.5.5 停止、啟動

如果希望停止叢集，則可以使用 mlaunch stop 命令，程式如下：

```
>mlaunch stop
sent signal Signals.CTRL_BREAK_EVENT to 12 processes.
```

再次啟動叢集，可以使用 mlaunch start 命令，程式如下：

```
D:\work\mongo\cluster1>mlaunch start
launching: config server on port 27059
launching: config server on port 27060
launching: start on port 27052
...
```

使用 mtools 架設測試叢集是相當方便的，相比手工架設的方式可縮減大量的時間。

6.6 使用分片叢集

基於前面已經創建好的分片叢集，下面我們來進行一些測試。

為了使集合支援分片，需要先開啟 database 的分片功能，程式如下：

```
sh.enableSharding("data")
```

執行 shardCollection 命令，對集合執行分片初始化，程式如下：

```
sh.shardCollection( "data.book", { bookId : "hashed" }, false,
{ numInitialChunks : 4} )
```

data.book 集合將 bookId 作為分片鍵，並採用了雜湊分片策略，除此以外，"numInitialChunks：4" 表示將初始化 4 個 chunk。

numInitialChunks 必須和雜湊分片策略配合使用。而且，這個選項只能用於空的集合，如果已經存在資料則會返回錯誤。

1. 向分片集合寫入資料

向 data.book 集合寫入一批資料，程式如下：

```
db = db.getSiblingDB("data");
var cnt = 0;

for(var i=0; i<1000; i++){
    var dl = [];
```

```
for(var j=0; j<100; j++){

    dl.push({
            "bookId" : "BBK-" + i + "-" + j,
            "type" : "Revision",
            "version" : "IricSoneVB0001",
            "title" : "Jackson's Life",
            "subCount" : 10,
            "location" : "China CN Shenzhen Futian District",
            "author" : {
                    "name" : 50,
                    "email" : "RichardFoo@yahoo.com",
                    "gender" : "female"
            },
            "createTime" : new Date()
        });
    }

    cnt += dl.length;
    db.book.insertMany(dl);
    print("insert ", cnt);
}
```

稍等片刻，指令稿將寫入 10 萬筆記錄，可執行 count 操作進行檢查，程式如下：

```
mongos> db.book.count()
100000
```

2. 查詢資料的分佈

執行 getShardDistribution 命令，程式如下：

```
> db.book.getShardDistribution()
```

輸出如下：

```
Shard shard01 at shard01/localhost:27053,localhost:27054,localhost:27055
 data : 13.41MiB docs : 49905 chunks : 2
 estimated data per chunk : 6.7MiB
 estimated docs per chunk : 24952
```

```
Shard shard02 at shard02/localhost:27056,localhost:27057,localhost:27058
 data : 13.46MiB docs : 50095 chunks : 2
 estimated data per chunk : 6.73MiB
 estimated docs per chunk : 25047

Totals
 data : 26.87MiB docs : 100000 chunks : 4
 Shard shard01 contains 49.9% data, 49.9% docs in cluster, avg obj size on
shard : 281B
 Shard shard02 contains 50.09% data, 50.09% docs in cluster, avg obj size on
shard : 281B
```

可以看到，10 萬個文件總共佔 26.87MB 的空間，而且兩個分片的資料量分佈相當。這是因為我們在一開始執行了 chunk 的預分配，而且分片鍵的設定值是相對離散的。

6.7 小技巧——使用標籤

6.7.1 分片標籤

在大多數情況下，應該將資料的分佈交給 MongoDB 的等化器自行處理。這是顯而易見的，因為人工進行資料區塊的遷移（moveChunk）是一項非常煩瑣而且容易出錯的工作。

而無論是選擇雜湊分片還是範圍分片，都無法決定 chunk 所在的位置。換句話說，分片策略只影響資料所在的 chunk，而 chunk 所在的分片則是由等化器來調整的，這具有非常大的隨機性。那麼，是否存在干預的手段呢？答案是有的。

MongoDB 允許透過為分片增加標籤（tag）的方式來控制資料分發。一個標籤可以連結到多個分片區間（TagRange）。如此達到的結果是，等化器會優先考慮 chunk 是否正處於某個分片區間上（被完全包含），如果是則會將 chunk 遷移到分片區間所連結的分片，否則按一般情況處理。

6.7.2 使用場景

分片標籤適用於一些特定的場景。舉例來說，叢集中可能同時存在 OLTP 和 OLAP 處理，一些系統日誌的重要性相對較低，而且主要以少量的統計分析為主。為了便於單獨擴充，我們可能希望將日誌與即時類的業務資料分開，此時就可以使用標籤。

為了讓分片擁有指定的標籤，需執行 addShardTag 命令，程式如下：

```
sh.addShardTag("shard01", "oltp")
sh.addShardTag("shard02", "oltp")
sh.addShardTag("shard03", "oltp")
sh.addShardTag("shard04", "olap")
```

即時計算的集合應該屬於 oltp 標籤，宣告 TagRange 的程式如下：

```
sh.addTagRange( "main.devices",
                { shardKey: MinKey },
                { shardKey: MaxKey },
                "oltp"
              )
```

而離線計算的集合，則屬於 olap 標籤，程式如下：

```
sh.addTagRange( "other.systemLogs",
                { shardKey: MinKey },
                { shardKey: MaxKey },
                "olap"
              )
```

如此安排之後，main.devices 集合將被均衡地分發到 shard01、shard02、shard03 分片上，而 other.systemLogs 集合將被單獨分發到 shard04 分片上。

對於沒有做任何宣告的集合，則會被分發到任意一個分片上。

務必注意的是，標籤特性需要借助自動等化器（balancer）的功能，資料分發不是立即生效的，而是由等化器在後台進行資料區塊的騰挪後所達到的效果。

Chapter

07

微服務入門

7.1 微服務定義

7.1.1 什麼是微服務

微服務（Microservice）是一種去中心化的應用架構方案。相對單體式應用來說，微服務應用具有耦合性低、擴充性高、更靈活、能更高效發表的特點。

從名稱上看，微服務的「微」涵蓋了以下幾層含義：

- 服務按功能進行了一定粒度的拆分，每一塊都有獨立的職責。
- 由於做了拆分，每一個微服務的開發都是獨立進行的，因此這種架構的發表節奏可以更加靈活。
- 微服務應用的部署及執行都是隔離的，這保證了整個應用架構可以隨選進行擴充。

7.1.2 了解微服務

微服務概念的提出，來自 Martin Fowler 於 2014 年 3 月發表的一篇論文。

在微服務整體理念的說明中，大部分是圍繞單體應用所遇到的瓶頸而展開的。為了更進一步地了解微服務，我們往往需要將其與傳統應用進行比較。圖 7-1 所示是一個典型的單體應用架構。

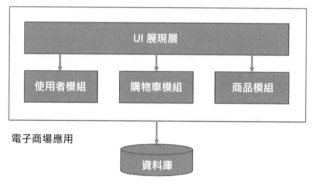

圖 7-1 單體應用架構

圖 7-1 所示的架構是一個典型的電子商場應用，其中使用者模組、購物車模組、商品模組都集中在一個商場後台服務中，每個功能模組都承擔一定的業務邏輯。

- 使用者模群組：負責使用者的登入、註冊，包含使用者資料的存取。
- 購物車模組：負責存取購物車中的商品資訊。
- 商品模組：負責商品資訊的查詢、管理。

這樣的架構在前期往往可以執行得很好，主要表現在以下幾個方面。

- 開發簡單，團隊只需要使用一種技術框架，如基於 Java EE 的 Web 應用程式開發，使用統一的 IDE，聯集中在一個專案中進行開發。
- 部署簡單，僅需要向 Web 容器中部署一個 war 套件。
- 擴充簡單，只需要一個負載平衡器，就可以水平地擴充系統的輸送量，如圖 7-2 所示。

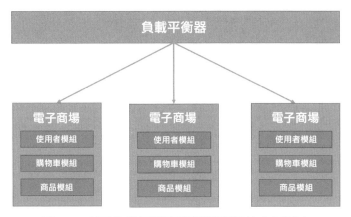

圖 7-2　利用負載平衡實現單體應用的水平擴充

然而，這些便利不會持續很久，隨著系統業務向上發展，各種問題也會接踵而來。

（1）由於系統變得複雜而龐大，團隊的開發成員也會對應增加。對新成員來說，了解整個專案所要花費的學習成本變得很高，這樣一來便降低了整體的開發速度。此外，由於所有人都可以修改專案的任一模組，便增加了「壞程式」的風險，此時很難評估一個程式變更所帶來的品質風險。

（2）用 IDE 編譯、建構專案的速度更慢了，也降低了開發效率。

（3）整個應用程式越龐大，其啟動速度也會越慢，這樣不利於做快速的部署。

（4）持續整合變得困難，一個龐大的單體應用也需要頻繁地部署，為了更新其中的某一個小部件必須重新部署整個應用，增加了失敗的風險。

（5）擴充變得困難，單體應用架構只能從單一的維度上進行擴充，即透過水平增加應用的部署實例來提升輸送量。但不同的應用模組對於資源的需求是不同的，比如有些是重 CPU 計算，而有些是記憶體資源型的，這些應用模組在單體應用架構中將無法獨立擴充。

（6）部署上變得不靈活，在圖 7-2 所示的架構中，對於商品模組的更新將導致整個應用都需要進行升級。

（7）單體應用表示需要長期維護一個技術堆疊，這樣不利於團隊對於新
技術的學習與創新。比如使用 Java Web 開發，在某些情況下需要切換底
層的技術框架，將會導致所有的模組都需要進行轉換性的更新、驗證及
重新部署。

將單體應用架構按微服務的架構進行拆分，則可以解決上述多個問題。
我們將這個電子商場應用轉變成微服務化的架構，如圖 7-3 所示。

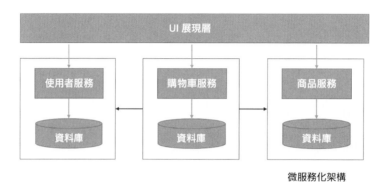

圖 7-3　實現微服務拆分

在新的微服務化架構中，使用者、購物車、商品被劃分為單獨的服務，
每個服務都擁有自己的資料庫實例。服務之間的互動不再透過本地程式
呼叫來完成，而是使用羽量級的介面進行通訊。

這種架構具備的優點如下：

- 服務間的邊界更加清晰，每個服務只需要關注自身的內部邏輯，這對開
  發和維護來說變得更加容易。
- 單一服務的程式相對更少，因此專案的編譯、建構及啟動速度也更快。
- 微服務可以單獨進行部署和升級，在運行維護上靈活性更高。
- 技術堆疊的選擇更加靈活。不同的服務可以選擇靈活的技術堆疊，比如在
  購物車服務中使用記憶體式 KV 資料庫，而商品服務中使用檢索資料庫。
- 實現隨選伸縮，根據需要對某些微服務進行單獨的擴充，如發展的需
  要，可以為商品服務設定更高性能的伺服器，或增加更多的部署實例。

7.1.3 微服務的通用特性

在 Martin Fowler 的描述中，微服務架構風格具備以下一些通用特性，讀者可以作為一些參考。

- 以微服務作為元件單元：在微服務架構中，最小的單元就是服務，一個服務在定義上等於一個可獨立部署、升級的元件。

- 按業務能力組織服務：微服務是按業務屬性來拆分的，比如例子中的商品、購物車、使用者都分屬不同的業務模組。

- 產品而非專案模式：專案模式下的發表形式是水平割裂的，即團隊嚴格按照職責來劃分。開發團隊只負責設計、編碼，之後交給測試團隊進行測試，最終由運行維護團隊來部署上線。而在產品發表模式下，一個團隊則負責整個微服務專案的全生命週期（包含設計、開發、測試、運行維護多個階段）。

- 羽量級通訊機制：伺服器採用簡單、易了解的 RESTful HTTP 協定進行互動，並適當配合非同步的 MQ 通訊機制。

- 去中心化治理：在技術工具層面不會產生依賴，每個微服務可使用最合適自身的程式語言、技術框架。在資料庫層面不產生耦合。每個微服務擁有獨立的資料庫，可以採用不同的資料庫技術。

- 基礎設施自動化：採用持續整合、持續發表等工具鏈來降低微服務建構、部署、運行維護的難度及成本，並加速服務發表的效率。

- 為故障設計：架構上重點考慮微服務執行的失敗容錯機制，提供合理的監控、容錯移轉能力。

- 可演進的設計：架構功能要可演進，而非一開始就大而全。微服務系統的設計隨業務的發展而變化，在這個過程中不斷尋求更快的升級、變更、擴充方式。

7.1.4 微服務不是「銀彈」

儘管微服務架構具備許多優點，但其不是「銀彈」。在新的專案中使用微服務架構，或將一個舊專案改造為微服務架構都需要付出一定的成本。主要表現在以下幾個方面。

- 開發設計的複雜度提升：本質上微服務架構就是分散式系統，在系統設計、開發過程中勢必要處理網路延遲、資料容錯及一致性等問題。
- 介面管理難度增加：微服務之間透過介面進行互動，這樣會存在呼叫關係的依賴，一個介面的變更必然導致所有依賴該介面的微服務需要進行升級。
- 運行維護監控的成本提升：由於系統被拆分成多個微服務，因此運行維護需要管理的處理程序實例會變得更多，此外部署拓撲也更加複雜。與此同時，問題定界變得更難了，一個業務流程的呼叫鏈路變長了，因此很難快速地界定問題出現在哪裡，這需要依賴複雜的呼叫鏈追蹤技術。
- 學習成本更高：微服務架構本身所涉及的技術堆疊及元件更多，對初學者來說增加了難度。

▓ 7.2 微服務基礎設施

微服務架構本質上是一種針對服務的分散式系統，為了解決分散式所帶來的一系列管理問題，微服務通常需要依賴一些基礎設施來保證架構的完整性。

下面羅列一些重要元件。

7.2.1 服務註冊

在一個微服務叢集中，由於服務的種類、實例數量有很多，僅透過人工設定的方式會加大工作量。而且這些服務實例的資訊可能隨時會發生變化,比如我們可能需要對某個服務做線上的擴充,或是因為故障處理而隔離某些節點。因此,需要有一個自動化的服務註冊元件來完成這件事情。服務註冊通常需要記錄當前可用的服務實例資訊,並提供服務登錄檔 API。服務的呼叫方可以透過 API 獲得所需服務的實例資訊,並即時訂閱服務實例的變化。

通常服務註冊的實現方式是心跳,即登錄檔與服務實例之間保持一個穩定的心跳檢測,根據心跳的狀態來判定服務實例是否存活。

7.2.2 服務發現

既然大量的微服務實例都記錄到了服務登錄檔中,那麼服務的呼叫方則應該透過服務發現元件來動態地獲得可呼叫的服務實例資訊。在微服務架構中,服務的發現有兩種實現方式。

1. 用戶端發現(**Client-side Discovery**)

用戶端發現是指由呼叫方來完成目標服務實例資訊的發現,如圖 7-4 所示。

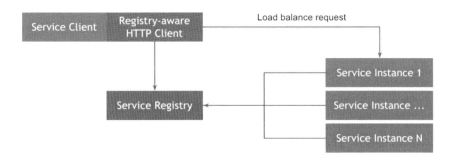

圖 7-4 用戶端發現模式

其中,呼叫方先透過服務登錄檔 API 獲得目標服務的實例資訊,接著直接對目標服務發起 HTTP 介面呼叫。這種方式在實現上比較簡單,用戶端的服務發現行為通常可以由統一的 SDK 完成封裝。另外,考慮到性能的因素，通常在用戶端會對目標服務實例的資訊進行本地快取，同時跟登錄檔保持訂閱關係。每當訂閱的目標服務發生變更時可以更新本地快取。

2. 伺服器端發現

伺服器端發現是一種代理式的架構，即伺服器間的呼叫統一使用負載平衡器（Lood Balencer）來完成，如圖 7-5 所示。

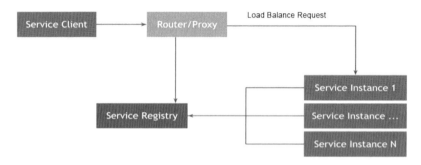

圖 7-5 伺服器端發現模式

這與用戶端發現的差別就在於：服務實例的發現由負載平衡器來完成，並且所有的微服務介面呼叫都由該元件來代理。

這種方式的好處是可以隱藏被呼叫服務的一些內部細節，並增加一些公共的能力，比如介面身份驗證、流量控制、日誌記錄等。但是弊端也很明顯，由於所有的介面呼叫都需要經過該負載平衡器，所以該元件便很容易形成瓶頸，一旦負載平衡器故障將產生全域的影響。

服務發現的實現方式無論是用戶端發現，還是伺服器端發現，都離不開以下兩點。

- 依賴服務登錄檔元件來發現可用的服務。
- 提供目標實例的路由，如何在多個實例中挑選合適的節點取決於路由的演算法，常見的包括隨機路由、輪詢路由、動態壓力路由等。

7.2.3 API 閘道

API 閘道是外部系統接入微服務叢集的唯一入口。我們可以將微服務架構看作一個整體，其內部的微服務職責劃分、服務間的互動呼叫對外部來說是不可見的。當然，外部也不應該關注這些。那麼為了對外提供體驗一致的存取介面，微服務需要一個統一的 API 閘道，所有外部系統對微服務的呼叫都經過 API 閘道元件。

API 閘道元件通常具備的功能包括但不限於：

- 連線身份驗證；
- 傳輸加密；
- 請求路由；
- 流量控制；
- 灰階發佈。

7.2.4 服務容錯

前面提到，微服務拆分帶來了分散式系統都會遇到的問題：在系統的節點實例變多後，實例故障的機率會增加。而且一旦故障發生，服務間的呼叫關係會導致故障大面積「傳染」，透過人工進行實例故障隔離的方式效率是較低的，這就需要微服務能自動地檢測問題並自動做出應對。這種檢測及應對能力通常由服務容錯元件提供，一些手段如下。

- 請求重試：在某些關鍵業務出現問題時，嘗試進行請求的重試。
- 流量控制：這需要先對系統的容量做出明確的規劃，然後對服務實例上的流量進行即時監控，一旦發現超過閾值則拒絕請求，這樣可以避免整個系統全面癱瘓。
- 服務熔斷：根據一定的規則判斷目標服務是否已經故障。規則的設計可以基於某個時間視窗的呼叫失敗率進行計算，如果超過閾值則執行熔斷（快速返回錯誤訊息）。

服務的註冊、發現機制在一定程度上也提供了容錯的能力，當實例發生故障時，呼叫方可以透過登錄檔服務動態獲得感知。

7.2.5 服務監控

對微服務實例保持足夠的監控是非常重要的，而通常架構上需要對服務監控元件進行單獨考慮。監控的目的是及時發現問題並採取一定的合理避開措施，以保證服務的 SLA 品質。通常在微服務監控服務中提供的功能如下。

- 業務日誌擷取：比如系統中使用者註冊、上下線等資訊。
- 執行指標擷取：比如 CPU、記憶體佔用、JVM 堆積記憶體大小，或是某些介面流量等。
- 監控告警：對業務日誌、執行指標資訊進行分析，根據結果做出一定的判斷和處理，比如當介面流量超過警戒線時產生告警。
- 呼叫鏈追蹤：用於業務流程在分散式呼叫中出現問題時提供定位的手段，呼叫鏈需要借助一些特定的技術實現，比如服務埋點、追蹤樹等。

7.2.6 設定中心

傳統的服務實例設定是透過本地設定檔（XML/YAML/PROPERTIES）實現的，比如資料庫連接池的大小、介面請求流量的閾值等。對於設定的一些改動往往需要重新發佈並重新啟動服務，在存在大量實例時情況變得很不樂觀。想像一下對於某個設定項目的調整，你可能需要做幾十次的發佈動作。

透過將這些設定資訊註冊到統一的設定中心服務，微服務透過設定中心獲取其所需要的設定，這樣便免去了各種繁冗的發佈工作。此外，如果服務實現了設定的動態感知及自動更新，則還可以實現各種平滑的動作。比如在資料庫連接池的大小設定發生了變化時，實例可以自動感知而不需要重新啟動。

7.2.7　介面呼叫

微服務架構推崇採用輕量化的介面呼叫方式，比如使用 HTTP/REST。在專案實踐中，我們還應該做出更統一的規範定義，並形成公共的介面呼叫元件。這部分需要考慮的內容包括：

- 資料的傳輸，如是 HTTP 還是 TCP。
- 資料的編碼，如是 JSON 還是 XML，或是二進位。
- 資料的內容，如是否採用固有的訊息表頭定義。
- 資料的安全，如是否使用 TLS/SSL 實現加密，如何對介面許可權進行驗證等。

7.2.8　容器化

以 Docker 為代表的容器技術是微服務的最佳組合。透過使用容器作為基礎設施，微服務能夠實現快速部署、快速疊代的目標。Kubernetes 是當今容器標準化平台的代表，其提供了強大的容器生命週期管理功能，可用於部署、擴充和管理所有的微服務容器，如圖 7-6 所示。對實現微服務的自治、敏捷化管理來說，容器的無狀態、彈性伸縮能力無疑是最契合的。

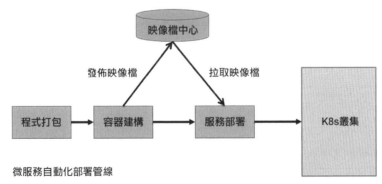

圖 7-6　基於容器化的微服務持續建構、部署流程

7.3 CAP 與 BASE 理論

交易是資料庫的基本能力，交易保證了資料的特性，分別是：

- 原子性（Atomic）；
- 一致性（Consistency）；
- 隔離性（Isolation）；
- 持久性（Duration）。

然而，在分散式領域，交易的實現及一些定義變得複雜，這裡又不得不提到經典的 CAP 和 BASE 理論。

7.3.1 CAP 理論

CAP 理論又被稱為 CAP 定理，指的是在一個分散式系統中，Consistency（一致性）、Availability（可用性）、Partition Tolerance（分區容錯性），三者不可得兼得，而最多只能同時擁有兩者。

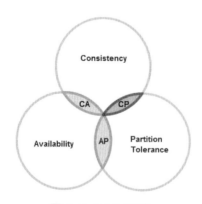

圖 7-7 CAP 理論

這幾個特性的說明如下。

- 一致性（C）：分散式系統中節點的資料，在同一時刻擁有同樣的值。對於每一次讀取操作都能夠讀到最新寫入的資料。

- 可用性（A）：在叢集中一部分節點故障後，叢集整體是否還能回應用戶端的讀寫入請求，即保持高可用。
- 分區容忍性（P）：在出現網路磁碟分割（中斷）以後，系統是否還能繼續保持運作。分區相當於對於通訊條件的要求，如果出現了分區的情況，則勢必會影響資料的一致性，即同步出現延遲。此時系統就必須在一致性和可用性上做出選擇。

實際上，CAP 理論中忽略了網路延遲對於系統的影響，在現實中網路延遲一定是真實存在的，也就是 P 一定是存在的。因此分散式系統如果選擇了高可用（AP），那麼就會造成存取節點之間的資料不一致（犧牲一致性）。如果選擇了一致性（CP），那麼必須淘汰資料的備節點，而只存取主節點（犧牲高可用性）。CA 的場景是無法存在的，因為網路通訊失敗的情況一定會存在。

7.3.2 BASE 理論

BASE 理論可被看作是 CAP 理論的補充，主要來自對大規模網際網路系統分散式實踐的複習。該理論由以下幾個子句組成（BASE）。

- Basically Available（基本可用）。
- Soft State（軟狀態）。
- Eventually Consistent（最終一致性）。

實質上，BASE 是對於一致性和可用性進行權衡的結果，其主要思想是在系統無法實現強一致性（Strong Consistent）的情況下，根據應用的業務特點來做出一些權衡及補充，並使系統達到最終一致性（Eventually Consistent）。在達到最終一致性之前，系統會處於一個中間狀態，具備以下特性。

（1）基本可用：即損失部分可用性，比如回應時間變長，或部分服務被降級。

（2）軟狀態：資料會存在中間狀態（不一致），但該狀態不會影響系統的基本使用。

在經過一段時間之後，系統應該能達到真正一致的狀態，比如資料複製經過一段時間後真正完成同步。

相比 CAP 理論來說，BASE 理論將一致性分成了強一致性和弱一致性，並在充分考慮網路延遲、系統輸送量的情況下選擇了一種基本可用（弱一致性）的處理想法，這無疑更加適用於現有的分散式系統。

對 MongoDB 來說，資料會在主備節點之間進行傳輸，節點之間的資料本身就一定會存在延遲，但是否選擇 CP 還是 AP，可以由使用者來決定，比如：

- 如果 Read Preference（讀取優先）選擇 Primary，唯讀寫主節點，那麼一致性能得到保證，但主節點當機時會產生不可用，這是 CP。
- 如果 Read Preference（讀取優先）選擇 Secondary，寫入主節點，讀取備節點，那麼可用性提高了，但一致性卻降低了，這是 AP。
- 指定 Write Concern（寫入安全）=Majority 來提供寫入資料的強一致性，但這樣寫入操作的可用性就會降低，比如在節點當機後，寫入操作由於無法滿足大多數寫成功的條件將失敗。

實質上，這種權衡會一直存在，而 MongoDB 提供的預設選項就是強一致性的（讀寫 Primary），同時透過複製、基於心跳的故障轉移（failover）等機制來降低系統發生故障時產生的影響，從而提升系統整體的可用性。

7.4 為什麼 MongoDB 適合微服務

微服務這種小而美的架構模式，在現今已經成為分散式服務的預設選擇。輕量化、解耦、快速發佈，幾乎都是微服務天生所具有的優勢。我們在大肆談論微服務架構的同時，卻鮮少提及微服務所依賴的資料庫架構。

一個顯而易見的事實是,大多數的網際網路服務都是資料密集型的。因此,在實施微服務模式時,團隊將不得不應對建構靈活高效的資料架構帶來的挑戰。

MongoDB 的靈活、高擴充等特性讓它和微服務產生了很高的契合度。因此,在微服務模式下的資料庫選型工作中,MongoDB 往往可以表現出較強的競爭力。

1. 靈活、可擴充

靈活的擴充性是微服務架構的最大優勢,在《可擴充性的藝術》(*The Art of Scalability*)一書中,將系統的可擴充性劃分為 3 個維度,這就是經典的 Scale Cube 模型,如圖 7-8 所示。

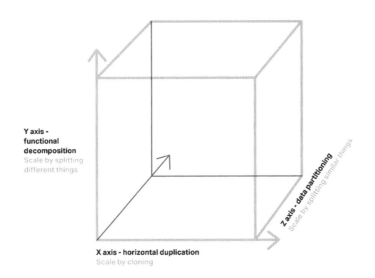

圖 7-8 Scale Cube 模型

在這個模型中,*X* 軸是指服務實例的水平擴充,即透過在負載平衡器後執行應用的多個相同實例來達成擴充。*Y* 軸是功能性的拆分,將不同職能的模組分成不同的服務,比如按業務模組、讀寫模式進行劃分。*Z* 軸則是指資料的分區(Sharding),通常可以視為資料的分庫、分表。

在一個完整的微服務架構中，需要同時考慮這 3 個維度的擴充。微服務拆分更強調的是 Y 軸的能力，這解決了耦合問題，應用服務可以自治和獨立擴充。那麼在 X 軸和 Z 軸層面，則繞不開資料庫的高可擴充的能力。

Z 軸實現資料的分區，一般可考慮以下兩種做法。

- 應用分區：即應用層面對資料的儲存進行分區管理。舉例來説，使用 UserID 雜湊取模的方式，將不同使用者記錄的資料儲存到不同的資料庫實例上。應用分區通常要求在應用層設計資料的拆分規則和路由策略，實現上會比較複雜。

- 資料庫分區：由資料庫進行資料分區管理，資料的拆分、路由分發對應用層是透明的，這種方式往往可以實現低成本的擴充。對此，MongoDB 提供了開箱即用的分區能力，可以幫助應用快速地實現資料的拆分工作。

X 軸實現了應用實例的水平複製，目的在於提供更高的負載能力和更高的可用性。但從完整的呼叫鏈路看，應用實例還需要讀寫底層的資料庫，因此，X 軸擴充仍然要求資料庫具備讀寫的擴充能力。在讀寫分離的場景下，使用 MongoDB 的複本集可以將讀取負載分擔到多個備節點以降低性能風險；當系統產生無法承載的寫入壓力時，使用 MongoDB 分片機制可以利用多個分片節點的寫入能力來共同提供服務。

2. 快速、持續的發佈

DevOps 理念的重要目標是實現微服務的快速開發、上線，MongoDB 的動態模式可以成為該目標的推力。在新版本發佈之時，傳統的關聯式資料庫要求對資料表模式的變更進行強制的模式升級，這個操作可能會帶來非常高的成本，尤其在一些超級大表上實現這種變更時可能會導致業務的中斷。相比之下，MongoDB 採取非強制約束的模式，應用可以選擇相容性處理以保證線上業務的平滑升級。

MongoDB 這種動態 Schema 模式具備快速升級的優點，但是在專案演進過程中，團隊仍然需要進行有關 Schema 的審查工作，否則容易產生混亂的設計。

除了微服務本身的升級，對於 MongoDB 的版本變更也可以在不停服務的情況下進行。利用複本集的容錯移轉特性，可以先升級備節點，再透過主備節點切換的方式實現輪流升級。這樣能有效避免資料庫變更時對業務服務品質產生影響。

MongoDB 所使用的 JSON 模型已經廣為開發者所接受，在物件導向語言中使用 JSON 資料模型是非常自然的，而且還應該注意到，在建構微服務的羽量級 API 時，基於 JSON 的 Resultful 風格介面也被廣泛應用。綜合來看，在微服務中使用 MongoDB 會讓開發工作變得更加簡單。

3. 資料治理、整合

在微服務架構實踐中，或許並不會只使用一種資料庫。在許多網際網路專案中，混合資料庫方案往往比較常見。舉例來説，為了實現高併發的計數器，使用 Redis 是比較理想的選擇。在分詞、全文檢索領域，使用 ElasticSearch 則更為合適。在實現商品目錄管理、中繼資料儲存時，選用 MongoDB 文件類型資料庫。微服務架構為使用混合資料庫提供了非常好的基礎，不同的業務模組可以使用獨立的資料儲存技術。

當然，混合資料庫方案常見於大型專案，它的開發、運行維護管理成本也是顯而易見的。在中小型專案中，往往只需要基礎的 OLTP 功能和少部分 OLAP 功能，使用 MongoDB 已經足夠了。

微服務架構要求服務自治，自治的範圍也同樣包括了資料本身。這表示資料的存取需要透過服務介面提供（隱藏了服務所用的資料庫技術），原則上服務之間不允許直接相互進行資料存取。這種高度自治的資料開發模式必然產生資料孤島，一種常見的需求是跨服務之間的資料同步。對此，MongoDB 的變更流（Change Stream）功能提供了一個簡單好用的方案，如圖 7-9 所示。

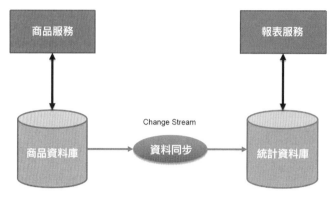

圖 7-9 MongoDB Change Stream 實現資料同步

在生態合作方面，MongoDB 連接器（Connector）專案可以與 Spark、BI 等產品進行快速整合，如圖 7-10 所示。

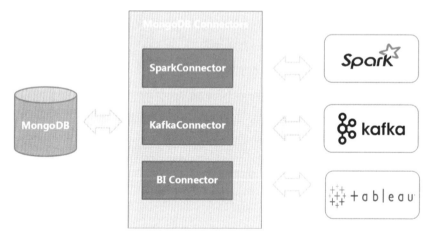

圖 7-10 MongoDB 連接器

Chapter
08

使用 Java 操作 MongoDB

8.1 架設 Java 開發環境

8.1.1 安裝 JDK

這裡建議安裝 JDK 1.8 或以上版本。造訪如圖 8-1 所示的官方網站，下載對應於作業系統的版本。

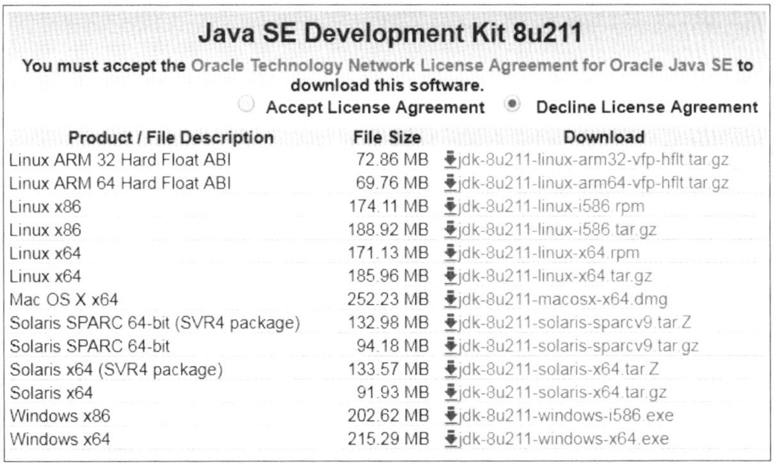

Java SE Development Kit 8u211

You must accept the Oracle Technology Network License Agreement for Oracle Java SE to download this software.

○ Accept License Agreement ◉ Decline License Agreement

Product / File Description	File Size	Download
Linux ARM 32 Hard Float ABI	72.86 MB	jdk-8u211-linux-arm32-vfp-hflt.tar.gz
Linux ARM 64 Hard Float ABI	69.76 MB	jdk-8u211-linux-arm64-vfp-hflt.tar.gz
Linux x86	174.11 MB	jdk-8u211-linux-i586.rpm
Linux x86	188.92 MB	jdk-8u211-linux-i586.tar.gz
Linux x64	171.13 MB	jdk-8u211-linux-x64.rpm
Linux x64	185.96 MB	jdk-8u211-linux-x64.tar.gz
Mac OS X x64	252.23 MB	jdk-8u211-macosx-x64.dmg
Solaris SPARC 64-bit (SVR4 package)	132.98 MB	jdk-8u211-solaris-sparcv9.tar.Z
Solaris SPARC 64-bit	94.18 MB	jdk-8u211-solaris-sparcv9.tar.gz
Solaris x64 (SVR4 package)	133.57 MB	jdk-8u211-solaris-x64.tar.Z
Solaris x64	91.93 MB	jdk-8u211-solaris-x64.tar.gz
Windows x86	202.62 MB	jdk-8u211-windows-i586.exe
Windows x64	215.29 MB	jdk-8u211-windows-x64.exe

圖 8-1　下載 JDK

雙擊下載後的可執行檔，安裝 JDK 到本地作業系統，如圖 8-2 所示。

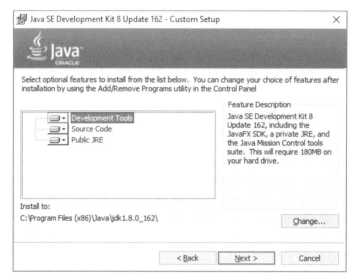

圖 8-2 安裝 JDK

在安裝完成之後，開始設定 Path 變數，滑鼠按右鍵，在彈出的選單中選擇「電腦→屬性 →進階系統設定→環境變數」。

設定變數如下：

- JAVA_HOME={JDK 安裝所在目錄 }
- Path=%JAVA_HOME%/bin

點擊「確認」按鈕退出後，打開 cmd 命令列視窗，執行 "java –version"，檢查是否成功。如果輸出了正確的 JDK 版本編號，則說明此時已經安裝成功，如圖 8-3 所示。

```
C:\Users\Administrator>
C:\Users\Administrator>java -version
java version "1.8.0_131"
Java(TM) SE Runtime Environment (build 1.8.0_131-b11)
Java HotSpot(TM) 64-Bit Server VM (build 25.131-b11, mixed mode)

C:\Users\Administrator>
```

圖 8-3 檢查 JDK 版本編號

8.1.2 安裝 IDEA

IDEA 的全稱是 IntelliJ IDEA，是由 JetBrains 公司開發的一款 Java IDE 工具，目前也是業界公認的最好的 Java 開發工具之一。

IDEA 的流行程度不亞於 Eclipse，如果你已經非常熟悉後者，那麼也可以直接使用 Eclipse 來進行本專欄程式的實戰開發。儘管如此，筆者還是非常建議讀者選擇 IDEA，因為這個工具在開發程式時提供了更強大的便捷性。當然，有興趣的讀者也可以自行查閱關於這兩款工具的一些比較介紹。

我們需要先下載 IDEA 工具，選擇下載社區版本即可，基本功能都已經具備。IDEA 的安裝比較簡單，可以按提示直接安裝，打開 IDEA 後的介面如圖 8-4 所示。

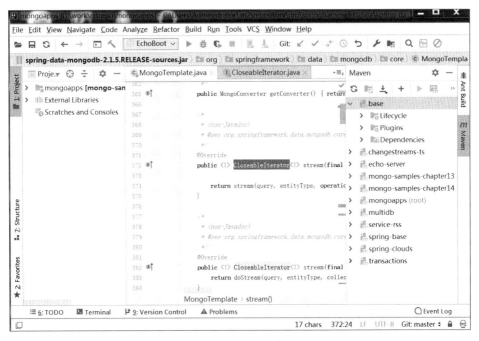

圖 8-4　IDEA 主介面

為了讓開發變得更加高效，我們需要做一點設定。

（1）打開 "build project automatically" 開關：選單選擇 "File → Settings → Build → Compiler"，將對應的選項勾選。

（2）打開 "compiler.automake.allow.when.app.running" 選項：按住 "Ctrl + Shiift + A" 組合鍵，彈出搜索對話方塊，輸入 "Registry" 後選擇對應的面板，找到該選項並選取，如圖 8-5 所示。

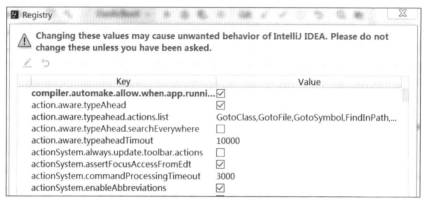

圖 8-5 啟用執行時期自動編譯

這兩個設定主要是為了實現自動熱部署的功能，也就是在程式執行期間，我們可以直接修改檔案，直接生效，而不需要重新啟動應用。

8.2 安裝 Robo 3T

8.2.1 Robo 3T 介紹

Robo 3T 的別名是 Robomongo，是一款開放原始碼、免費的 MongoDB GUI 用戶端工具。該軟體採用 C++ 實現，並由 Studio 3T 團隊負責維護開發（見圖 8-6）。

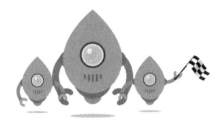

圖 8-6　Robo 3T 產品

8.2.2　下載安裝

存取 Robo 3T 官網，下載 Windows 版本下的 Robo 3T，如圖 8-7 所示。

圖 8-7　下載 Robo 3T

根據需要選擇安裝版本，或離線軟體套件。安裝過程如圖 8-8 所示。

圖 8-8　安裝 Robo 3T

8.2.3 連接資料庫

在安裝完成之後，啟動 Robo 3T 軟體，即進入主介面。選擇「檔案→
Connect」命令，彈出 "MongoDB Connections" 對話方塊，點擊 "Connect"
按鈕，如圖 8-9 所示。

圖 8-9 資料庫連接管理

創建資料庫連接，如圖 8-10 所示。

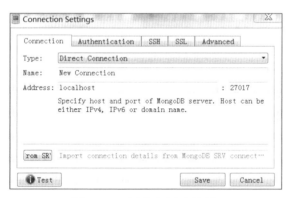

圖 8-10 創建資料庫連接

輸入資料庫位址、通訊埠編號之後，填寫身份驗證資訊，如圖 8-11 所示。

對於 MongoDB 4.0 及以上版本，選擇身份驗證機制為 SCRAM-SHA-
256。填好之後，可以點擊 "Test" 按鈕進行連接的有效性測試。如果測試
成功，則點擊 "Save" 按鈕保存該連接。

圖 8-11 填寫資訊

8.2.4 操作資料

雙擊新建的連接，即可以打開資料庫物件的視窗。左邊是資料庫物件的樹狀結構，右邊則包含 shell 視窗和結果視圖，如圖 8-12 所示。

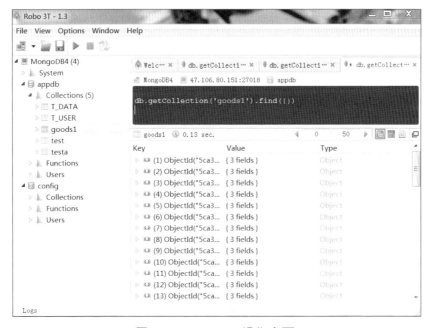

圖 8-12 Robo 3T 操作介面

8.3 使用 MongoDB Java Driver

MongoDB Java Driver（MongoDB 的 Java 驅動）提供的功能如下：

- 建立資料庫的連接；
- 資料庫操作的封裝；
- 協定編 / 解碼；
- Failover 機制；
- 監控功能。

8.3.1 引入框架

截至目前，MongoDB Java Driver 最新的版本是 3.10，對 Java 應用來說，一般是透過 Maven 引入必須的元件庫。程式如下所示：

```
<dependency>
    <groupId>org.mongodb</groupId>
    <artifactId>mongodb-driver-sync</artifactId>
    <version>3.10.1</version>
</dependency>
```

由於歷史原因，MongoDB Java Driver 元件出現了一些變形，具體如下。

- mongodb-driver-sync，從 3.0 版本開始，用於實現同步式呼叫的 API。
- mongodb-driver-async，從 3.0 版本開始，用於實現非同步式呼叫的 API。
- mongo-driver，從 3.0 版本開始，其包含了 mongodb-driver-sync 的全部功能，以及對舊驅動 API（2.X 及以下）的相容性。
- mongo-java-driver，從 0.9 版本開始，包含了 mongo-driver、mongodb-driver-core、bson 及舊驅動 API（2.X 及以下），是一個完整的組合式元件套件。

以上這些元件都是針對不同的場景來選用的，但對新開發的應用來說，建議直接使用 mongodb-driver-async 或 mongodb-driver-sync，這樣可以減小依賴套件的體積。

8.3.2 連接資料庫

在 MongoDB Java Driver 的實現中，MongoClient 是所有操作的入口，透過 MongoDB 伺服器的位址、通訊埠可以構造出一個 MongoClient 實例。

MongoDB 可以透過 URL 的形式來指定伺服器的位址、通訊埠等，這種方式與 JDBC 是很類似的。

1. 連接單節點

```
MongoClient mongoClient = MongoClients.create("mongodb://localhost:27017");
```

2. 連接複本集

```
MongoClient mongoClient = MongoClients.create("mongodb://192.168.1.100:27017,
192.168.1.101:27017");
```

指定複本集的或多個節點後，MongoClient 會自動找到當前備份集中的主節點和備節點。

3. 連接分片叢集

```
MongoClient mongoClient = MongoClients.create("mongodb://
192.168.1.200:27050,192.168.1.201:27051");
```

連接分片叢集與連接複本集的方式類似，但所提供的節點是 mongos，而非分片上的資料節點。

8.3.3 使用建構元

使用 URL 進行連接的方式無疑是非常簡單的，最理想的情況下幾乎只需要一行程式。但在一些較複雜的情況下可不止如此，如下列問題：

（1）MongoDB 伺服器一般都會開啟身份驗證，如何設定對應的用戶名、密碼資訊？

（2）作為資料庫的用戶端，如果頻繁地建立新的連接，將產生大量的資源負擔，如何使用連接池並做出合理的設定？

（3）怎麼定義資料庫存取的逾時？

（4）在開放式的網路環境，比如在公有雲中，為了保證資料的傳輸安全，如何為用戶端啟用 SSL？

正如前面所說的，MongoClient 始終作為統一的入口，對於上述幾個問題，需要使用一些更加細化的 API。

以下面的程式：

```
//伺服器實例表
List<ServerAddress> servers = new ArrayList<>();
servers.add(new ServerAddress("host1", 27017));
servers.add(new ServerAddress("host2", 27017));

//設定建構元
MongoClientSettings.Builder settingsBuilder = MongoClientSettings.builder();

//傳入伺服器實例
settingsBuilder.applyToClusterSettings(
        builder -> builder.hosts(servers));

//建構 Client 實例
MongoClient mongoClient = MongoClients.create(settingsBuilder.build());
...
```

在上述程式中，使用了 ServerAddress 來表示一個資料庫伺服器的實例，該類別僅是包含了一個主機位址和一個通訊埠編號欄位，並且在物件實例化之後就是不可變的。

MongoDB 叢集中的多個伺服器實例對應了多個 ServerAddress 實例，這些屬性會被一個 Builder 進行整合，並構造出 MongoClientSettings 物件，最終完成 MongoClient 的設定。

MongoClient 的設定實質上就是建構元模式的典型應用，這種方法可以使程式看上去非常簡潔。

1. 設定身份驗證資訊

```
String username = "appuser";
String password = "password";
String database = "appdb";


//初始化憑證
MongoCredential credential = MongoCredential.createCredential(username,
database, password.toCharArray());

//設定建構元
MongoClientSettings.Builder settingsBuilder = MongoClientSettings.builder();

//傳入憑證
settingsBuilder.credential(credential);

...
```

MongoDB 4.0 及以上版本預設使用 SCRAM-SHA-256 演算法進行身份驗證，MongoDB 3.X 版本採用的是 SCRAM-SHA-1 演算法，相較之下，前者具有更高的安全性。

2. 使用 TLS/SSL

```
//構造 SSLContext
SSLContext sslContext = ...

//設定建構元
MongoClientSettings.Builder settingsBuilder = MongoClientSettings.builder();

settingsBuilder.applyToSslSettings(builder -> {
    builder.enabled(true);
    builder.context(sslContext);
    builder.invalidHostNameAllowed(true);

});
```

該功能要求先為 MongoDB 伺服器啟用 TLS/SSL 支持，從 MongoDB 4.0 版本開始，需使用 TLS 1.1 及以上的版本。另外還要求基於 Java 8 或以上版本，否則就必須使用 Netty 作為替代方案。

3. 連接池參數

```
//設定建構元
MongoClientSettings.Builder settingsBuilder = MongoClientSettings.builder();


//連接池設定
settingsBuilder.applyToConnectionPoolSettings(builder -> {

    //最小連接數
    builder.minSize(10);
    //最大連接數
    builder.maxSize(100);
    //連接最大閒置時間
    builder.maxConnectionIdleTime(1, TimeUnit.MINUTES);
    //連接最大生命週期
    builder.maxConnectionLifeTime(10, TimeUnit.MINUTES);
});

settingsBuilder.applyToSocketSettings(builder -> {
    //TCP 建立連接逾時
    builder.connectTimeout(10, TimeUnit.SECONDS);
    //TCP Socket 讀取逾時
    builder.readTimeout(30, TimeUnit.SECONDS);

});
```

對於某些常用的選項，MongoDB Java Driver 提供了預設值。

■ TcpNoDelay 預設為 true，即禁用 Nagles 演算法，將降低網路延遲，該選項無法調整。

■ KeepAive 預設為 true，啟用 TCP 的連接保活探測，這可以避免一些死鏈問題。該選項從 MongoDB Java Driver 3.5 版本之後已經廢棄。

■ 讀取優先、寫入關注，程式如下：

```
//設定建構元
MongoClientSettings.Builder settingsBuilder = MongoClientSettings.builder();

//優先讀取備節點
settingsBuilder.readPreference(ReadPreference.secondaryPreferred());
```

```
//寫入關注=ACK
settingsBuilder.writeConcern(WriteConcern.ACKNOWLEDGED);
```

■ 寫入重試，程式如下：

```
//啟用寫入重試
settingsBuilder.retryWrites(true);
```

8.4 實例：文章列表的儲存與檢索

8.4.1 集合操作

以一篇文章的 Feeds 網站為例，文章是網站主要的儲存內容，而一篇文章通常會包含標題、作者、摘要、發佈時間等資訊，以下面的文件：

```
{
    "title" : "下半生再見",
    "author" : {
        "name" : "莉莉絲",
        "gender" : "female"
    },
    "summary" : "摘要...",
    "type" : "散文",
    "tags" : [
        "寫實",
        "勵志"
    ],
    "views" : 100,
    "createAt" : ISODate("2019-08-07T01:39:29.466Z")
    "updateAt" : ISODate("2019-08-07T01:39:29.466Z")
}
```

接下來，使用 articles 集合來儲存文章資料，考慮大多數查詢的需求，可以事先為 type（分類）、updateAt（更新時間）建立索引。程式如下：

```
String databaseName = "feeds";
String collectionName = "articles";

//建構用戶端實例
```

```
MongoClient client = MongoClientFactory.build();

//獲得資料庫物件
MongoDatabase database = client.getDatabase(databaseName);

//獲得集合
MongoCollection collection = database.getCollection(collectionName);

//創建索引
collection.createIndex(Indexes.ascending("type", "updateAt"),
        new IndexOptions().name("idx_type_updateAt").background(true));
```

說明：

- 透過 client.getDatabase 方法獲得 MongoDatabase 物件，代表當前操作的資料庫。

- 透過 database.getCollection 方法獲得了 MongoCollection 物件，代表當前存取的集合。這裡不需要擔心集合是否存在的問題，當第一次寫入資料時，MongoDB 會自動為我們創建這個集合。

- 透過 collection.createIndex 方法創建一個複合索引，即包含 type、updateAt 欄位。IndexOptions 參數用來指定索引的一些選項，包括名稱、是否後台創建等。

創建好的索引定義如下：

```
{
    "key" : {
        "type" : 1,
        "createAt" : 1
    },
    "name" : "idx_type_createAt",
    "ns" : "feeds.articles",
    "background" : true
}
```

需要注意的是，由於執行了索引的創建操作，MongoDB 將「不得不」創建 articles 這個集合。

透過下面的操作，可以對當前資料庫中的集合、索引進行遍歷：

```
//獲得資料庫物件
MongoDatabase database = client.getDatabase(databaseName);

//遍歷所有集合
database.listCollectionNames().forEach((Consumer<String>) c -> {

    System.out.println("collection: " + c);
    MongoCollection collection = database.getCollection(c);

    //遍歷所有索引
    collection.listIndexes().forEach((Consumer<Document>) i -> {
        System.out.println("\tIndex: " + i.toJson());
    });
});
```

8.4.2 文件操作

1. 插入文件

當發佈新文章時，會向 articles 集合插入文件，程式如下：

```
Date currentDate = new Date();

Document doc = new Document("title", "下半生再見")
        .append("author",
                new Document("name", "莉莉絲")
                        .append("gender", "female"))
        .append("summary", "待續...")
        .append("type", "散文")
        .append("tags", Arrays.asList("寫實", "勵志"))
        .append("views", 0)
        .append("updateAt", currentDate)
        .append("createAt", currentDate);

collection.insertOne(doc);
```

當然，也可以將多個文件批次插入，以提升效率，程式如下：

```
List<Document> docs = new ArrayList<>();
docs.add(doc1);
docs.add(doc2);
```

```
docs.add(doc3);
...

collection.insertMany(docs);
```

2. 查詢文件

接下來，可以查詢 articles 集合中的文章，程式如下：

```
collection.find().forEach((Consumer<Document>) doc -> {
    System.out.println("document:" + doc.toJson());
});
```

find 方法返回的是一個 FindIterable 物件，其繼承了 Iterator（疊代器）介面，在這個疊代器上進行遍歷就可以得到查詢結果。上述程式的輸出結果如下：

```
{
    "_id": {
        "$oid": "5d4a3b8275a5632b7fccc373"
    },
    "title": "下半生再見",
    "author": {
        "name": "莉莉絲",
        "gender": "female"
    },
    "summary": "待續...",
    "type": "散文",
    "tags": ["寫實", "勵志"],
    "views": 0,
    "updateAt": {
        "$date": 1565145986223
    },
    "createAt": {
        "$date": 1565145986223
    }
}
```

注意，_id 欄位是自動生成的，$oid 描述的是 ObjectID 類型。因為插入文件沒有指定 _id 欄位，MongoDB Java Driver 就會自動生成一個。$date 在這裡的描述的則是 ISODate（日期類型）。

（1）單文件查詢。

可以根據 _id 欄位來尋找單篇文章，這在展示文章詳情頁時比較常用，程式如下。

```
FindIterable<Document> iDoc = collection.find(
        Filters.eq("_id", new ObjectId("5d4a3b8275a5632b7fccc373")),
        Document.class);
Document doc = iDoc.first();
```

（2）串列查詢。

如果希望查詢某個分類下最新的 10 篇文章，則可以執行以下程式：

```
FindIterable<Document> iDoc = collection.find(

        //查詢準則
        Filters.eq("type", "散文"), Document.class)
        //返回欄位
        .projection(new Document("title", 1).append("updateAt", 1).append
("author.name", 1))
        //排序
        .sort(Sorts.descending("updateAt"))
        //項目數
        .limit(10);

iDoc.forEach((Consumer) doc -> {
    System.out.println("document:" + doc);
});
```

3. 修改文件

對某篇文章進行更新，使用 update 操作，程式如下：

```
UpdateResult result = collection.updateOne(
        Filters.eq("_id",new ObjectId("5d4a3b8275a5632b7fccc373")),
        Updates.combine(
                Updates.set("title", "下半生再見(第二版)"),
                Updates.currentDate("updateAt"),
                Updates.push("tags", "續篇")));

System.out.println("UpdateResult:" + result.getModifiedCount());
```

或，對某個分類進行批次修改，程式如下：

```
UpdateResult result = collection.updateMany(
        Filters.eq("type", "散文"),
        Updates.set("type", "文學"));
```

4. 刪除文件

刪除某篇文章，程式如下：

```
DeleteResult result = collection.deleteOne(
        Filters.eq("_id", new ObjectId("5d4a3b8275a5632b7fccc373")));
...
```

或，刪除全部文章，可以使用以下程式：

```
collection.deleteMany(new Document());
```

8.5 非同步驅動

至此，我們所提到的 MongoDB 驅動都是基於同步 I/O 的實現。從 MongoDB 3.0 版本開始，MongoDB 開始提供非同步方式的驅動，這為應用提供了一種更高性能的選擇。

使用非同步驅動的優勢主要包括：

- 獲得性能的提升，非同步驅動提供了快速、非阻塞式的 I/O 操作，也可以最大化利用用戶端的運算能力。此外，非同步驅動基於 Java AIO 實現，要求 Java 7 以上版本。也可以採用 Netty 元件作為替代實現。
- 基於標準的響應式流（Reactive Stream）的 API，在針對流的資料非同步處理上更加方便。

8.5.1 了解響應式

響應式（Reactive）是一種非同步的、針對資料流程的開發方式，最早是來自 .NET 平台上的 Reactive Extensions 類別庫，隨後被擴充為各種程式語言的實現。

響應式流的規範定義於 2015 年，其中對於響應式流的相關介面做了統一的規範宣告。Java 平台則是在 JDK 9 版本上發佈了對響應式流的支持。

下面是響應式流的幾個關鍵介面。

- Publisher：資料的發行者。Publisher 介面只有一個 subscribe 方法，用於增加資料的訂閱者（Subscriber）
- Subscriber：資料的訂閱者，用來實現對不同事件的處理邏輯。
- Subscription：表示訂閱關係。可以對 Subscription 物件使用 request 方法請求事件流，或使用 cancel 方法取消訂閱。在呼叫 cancel 方法之後，發行者仍然有可能繼續發佈通知，但訂閱最終會被取消。

這些介面的關係如圖 8-13 所示。

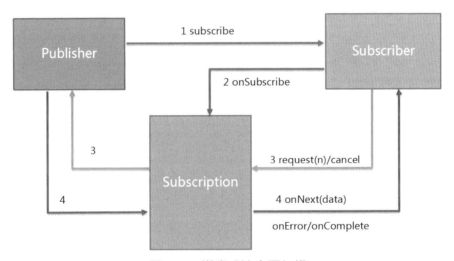

圖 8-13　響應式流介面架構

說明：

首先，Publisher 物件使用 subscribe 方法增加 Subscriber 物件。而 Subscriber（訂閱者）成功建立訂閱關係之後，其 onSubscribe 方法會被呼叫。

其次，當訂閱成功後，在 onSubscribe(Subscription s) 方法中使用 Subscription 的 request(n) 方法來請求發行者發佈 n 筆資料。

最後，發行者可能產生 3 種不同的訊息通知，分別對應訂閱者的另外 3 個回呼方法。

- 資料通知：對應 onNext 方法，表示發行者產生的資料。
- 錯誤通知：對應 onError 方法，表示發行者產生了錯誤。
- 結束通知：對應 onComplete 方法，表示發行者已經完成了所有資料的發佈。

在以上 3 種通知中，錯誤通知和結束通知都是終結性的通知，也就表示不會再有其他通知產生。

MongoDB 驅動的非同步實現由 mongo-java-driver-reactivestream 元件提供，該元件實現了響應式流的介面。而除了響應式流，MongoDB 的非同步驅動還包含 RxJava 等風格的版本，有興趣的讀者可以進一步了解。

8.5.2 使用響應式流

接下來，我們透過一個簡單的例子來體驗一下響應式流的使用。

1. 引入依賴

```
<dependency>
    <groupId>org.mongodb</groupId>
    <artifactId>mongodb-driver-reactivestreams</artifactId>
    <version>1.11.0</version>
</dependency>
```

引入 mongodb-driver-reactivestreams 後會自動增加 reactive-streams、bson、mongodb-driver –async 元件等依賴。

2. 連接資料庫

```
//伺服器實例表
List<ServerAddress> servers = new ArrayList<>();
servers.add(new ServerAddress("localhost", 27018));

//設定建構元
```

```
MongoClientSettings.Builder settingsBuilder = MongoClientSettings.builder();

//傳入伺服器實例
settingsBuilder.applyToClusterSettings(
        builder -> builder.hosts(servers));

//建構 Client 實例
MongoClient mongoClient = MongoClients.create(settingsBuilder.build());
```

3. 實現文件查詢

```
//獲得資料庫物件
MongoDatabase database = client.getDatabase(databaseName);

//獲得集合
MongoCollection<Document> collection = database.getCollection(collectionName);

//非同步返回Publisher
FindPublisher<Document> publisher = collection.find();

//訂閱實現
publisher.subscribe(new Subscriber<Document>() {
    @Override
    public void onSubscribe(Subscription s) {
        System.out.println("start...");
  //執行請求
        s.request(Integer.MAX_VALUE);

    }
    @Override
    public void onNext(Document document) {
        //獲得文件
        System.out.println("Document:" + document.toJson());
    }

    @Override
    public void onError(Throwable t) {
        System.out.println("error occurs.");
    }

    @Override
    public void onComplete() {
```

```
        System.out.println("finished.");
    }
});
```

注意，與使用同步驅動不同的是，collection.find 方法返回的不是游標，而是一個 FindPublishe 物件，這是一個 Publisher 的擴充介面。在返回 Publisher 物件時，並沒有產生真正的資料庫請求。真正發起請求需要透過呼叫 Subscription.request 方法。

在上述程式中，為了讀取由 Publisher 產生的結果，可以透過自訂一個 Subscriber，在 onSubscribe 事件觸發時就執行 request 方法請求資料，之後分別對 onNext、onError、onComplete 進行處理。

儘管這種實現方式是純非同步的，但在使用上比較煩瑣。試想，如果對於每個資料庫操作都要完成一個 Subscriber 邏輯，那麼開發的工作量是巨大的。

為了盡可能重複使用重複的邏輯，可以對 Subscriber 的邏輯做一層封裝，包含以下功能：

- 使用 List 容器對請求結果進行快取。
- 實現阻塞等待結果的方法，可指定逾時。
- 捕捉異常，在等待結果時拋出。

程式如下：

```
public class ObservableSubscriber<T> implements Subscriber<T> {

    //回應資料
    private final List<T> received;
    //錯誤訊息
    private final List<Throwable> errors;
    //等待物件
    private final CountDownLatch latch;
    //訂閱器
    private volatile Subscription subscription;
    //是否完成
    private volatile boolean completed;
```

```java
    public ObservableSubscriber() {
        this.received = new ArrayList<T>();
        this.errors = new ArrayList<Throwable>();
        this.latch = new CountDownLatch(1);
    }

    @Override
    public void onSubscribe(final Subscription s) {
        subscription = s;
    }

    @Override
    public void onNext(final T t) {
        received.add(t);
    }

    @Override
    public void onError(final Throwable t) {
        errors.add(t);
        onComplete();
    }

    @Override
    public void onComplete() {
        completed = true;
        latch.countDown();
    }

    public Subscription getSubscription() {
        return subscription;
    }

    public List<T> getReceived() {
        return received;
    }

    public Throwable getError() {
        if (errors.size() > 0) {
            return errors.get(0);
        }
        return null;
```

```
    }

    public boolean isCompleted() {
        return completed;
    }

    /**
     * 阻塞一定時間等待結果
     *
     * @param timeout
     * @param unit
     * @return
     * @throws Throwable
     */
    public List<T> get(final long timeout, final TimeUnit unit) throws
Throwable {
        return await(timeout, unit).getReceived();
    }

    /**
     * 一直阻塞等待請求完成
     *
     * @return
     * @throws Throwable
     */
    public ObservableSubscriber<T> await() throws Throwable {
        return await(Long.MAX_VALUE, TimeUnit.MILLISECONDS);
    }

    /**
     * 阻塞一定時間等待完成
     *
     * @param timeout
     * @param unit
     * @return
     * @throws Throwable
     */
    public ObservableSubscriber<T> await(final long timeout, final TimeUnit
unit) throws Throwable {
        subscription.request(Integer.MAX_VALUE);
        if (!latch.await(timeout, unit)) {
            throw new MongoTimeoutException("Publisher onComplete timed out");
        }
```

```
      if (!errors.isEmpty()) {
          throw errors.get(0);
      }
      return this;
   }
}
```

借助這個基礎的工具類別,文件的非同步作業就變得簡單多了。

對於文件查詢的操作,程式改造如下:

```
ObservableSubscriber<Document> subscriber = new ObservableSubscriber<Document>();
collection.find().subscribe(subscriber);

//結果處理
subscriber.get(15, TimeUnit.SECONDS).forEach( d -> {
    System.out.println("Document:" + d.toJson());
});
```

而對於寫入操作,可以簡單實現,程式如下:

```
ObservableSubscriber<Success> subscriber = new ObservableSubscriber<>();
collection.insertOne(doc).subscribe(subscriber);

//等待完成
subscriber.await(15, TimeUnit.SECONDS);
```

這個例子還可以繼續完善。比如既然使用 List 作為快取,就要考慮資料量的問題,避免將全部(或超量)的文件一次性寫入記憶體。

8.6 使用 CommandListener 檢測慢操作

MongoDB Java Driver 從 3.1 版本起開始增加了 CommandListener 介面用於支援對於命令操作的監聽。該介面定義了以下幾個方法。

- void commandStarted(CommandStartedEvent event):監聽命令啟動事件。
- void commandSucceeded(CommandSucceededEvent event):監聽命令完成事件。

- void commandFailed(CommandFailedEvent event)：監聽命令失敗事件。

在實際應用中，通常只會關心那些「拖慢」業務的操作，即資料庫的慢操作。然而導致慢操作的原因可能是多種多樣的，為了提供詳細的分析依據，我們可以將這些慢操作以日誌的方式輸出。

在下面的程式中，便利用 CommandListener 實現了簡易的慢操作監聽器：

```java
public class SlowLogListener implements CommandListener {

    private static final Logger logger = LoggerFactory.getLogger
(SlowLogListener.class);

    //命令表最大大小
    private static final long DEFAULT_LIMIT = 100000;

    //命令記錄表
    private Map<Integer, BsonDocument> commands = new ConcurrentHashMap
<Integer, BsonDocument>();

    //命令延遲閾值
    private long maxMs;

    //記錄表大小
    private long overlimit;

    public SlowLogListener(long maxMs) {
        this(maxMs, DEFAULT_LIMIT);
    }

    public SlowLogListener(long maxMs, long overlimit) {
        this.maxMs = maxMs;
        this.overlimit = overlimit;
    }


    @Override
    public void commandStarted(CommandStartedEvent event) {
        if (commands.size() >= overlimit) {
            return;
        }
```

```
            commands.put(event.getRequestId(), event.getCommand());
        }

    @Override
    public void commandSucceeded(CommandSucceededEvent e) {
        //檢查命令延遲
        long elapseTime = e.getElapsedTime(TimeUnit.MILLISECONDS);
        if (elapseTime < maxMs) {
            return;
        }

        //輸出延遲過大的命令
        BsonDocument command = commands.get(e.getRequestId());
        if (command == null) {
            return;
        }

        logger.info("command finished - {}, spend {} ms, detail: {}",
e.getCommandName(), elapseTime, toJson(command));

        commands.remove(e.getRequestId());
    }

    @Override
    public void commandFailed(CommandFailedEvent e) {

        //檢查命令延遲
        long elapseTime = e.getElapsedTime(TimeUnit.MILLISECONDS);
        if (elapseTime < maxMs) {
            return;
        }

        //輸出延遲過大的命令
        BsonDocument command = commands.get(e.getRequestId());
        if (command == null) {
            return;
        }

        logger.info("command failed - {}, spend {} ms, detail: {}",
e.getCommandName(), elapseTime, toJson(command));

        commands.remove(e.getRequestId());
```

```
    }

    private String toJson(BsonDocument bson) {
        if (bson == null) {
            return "EMPTY";
        }
        try {
            return bson.toJson();
        } catch (Exception e) {
            return "serialize failed by:" + e.getMessage();
        }
    }
}
```

注意，這個監聽器中定義的成員變數如下。

- 延遲閾值（maxMs）：即執行時間超過該閾值的命令都被認為是慢操作。
- 命令表（commands）：由於 CommandSucceededEvent、CommandFailed Event 本身並不包含對 command 文件的引用，因此需要提供一個命令表（ConcurrentHashMap）用於記錄「當前正在執行中」的命令。
- 命令表大小（overlimit）：對於命令表的邊界保護，避免出現命令壅塞時在記憶體中積壓大量的命令。

接下來，需要在 MongoClient 的初始化過程中加入這個監聽器：

```
MongoClientSettings.Builder settingsBuilder = MongoClientSettings.builder();
//增加監聽器
settingsBuilder.addCommandListener(new SlowLogListener(0));
...
MongoClient mongoClient = MongoClients.create(settingsBuilder.build());
```

為了檢查該監聽器是否可以工作，可以先將 maxMs 的閾值設定為 0。使用 MongoClient 執行一些操作，可以發現日誌輸出了詳細的命令資訊：

```
command finished - find, spend 1 ms, detail: {"find": "t_article", "filter":
{"_id": {"$oid": "5d4a3b8275a5632b7fccc373"}}, "batchSize": 2147483647}
command finished - insert, spend 2 ms, detail: {"insert": "t_article",
"ordered": true, "documents": [{"_id": {"$oid": "5d53aa892b9bba014ce0aff8"},
"title": "下半生再見", "author": {"name": "莉莉絲", "gender": "female"},
```

"summary": "待續...", "type": "散文", "tags": ["寫實", "勵志"], "views": 0,
"updateAt": {"$date": 1565764233118}, "createAt": {"$date": 1565764233118}}]}
command finished - find, spend 3 ms, detail: {"find": "t_article",
"batchSize": 2147483647}
command finished - find, spend 1 ms, detail: {"find": "t_article", "filter":
{"_id": {"$oid": "5d4a3b8275a5632b7fccc373"}}, "batchSize": 2147483647}

8.7 MongoDB Java Driver 的工作原理

8.7.1 游標

游標（cursor）是大部分資料庫用於瀏覽資料的主要方式，MongoDB 也不例外。當你向資料庫發起查詢時，游標就被創建了。從應用層來看，游標更像是一個指標，它允許你在資料集中向前或向後瀏覽資料。

我們看一下 MongoCollection 介面定義的查詢方法：

```
FindIterable<TDocument> find();
```

這裡返回的是一個 FindIterable 物件，其繼承自 MongoIterable 介面，宣告方法如下：

```
MongoCursor<TResult> iterator();
```

所以，在我們對 find 操作的返回結果進行遍歷時，實質上是透過 MongoCursor（游標）物件來操作的。

我們來看看它定義了什麼：

```
public interface MongoCursor<TResult> extends Iterator<TResult>, Closeable {

    //關閉游標
    void close();

    //是否有下一筆
    boolean hasNext();

    //獲取下一筆(沒有結果則顯示出錯)
```

```
    TResult next();

    //嘗試獲取下一筆(不顯示出錯)
    TResult tryNext();

    //獲取伺服器游標資訊
    ServerCursor getServerCursor();

    //獲取伺服器位址
    ServerAddress getServerAddress();
}
```

MongoCursor 基本是一個疊代器，然而 MongoDB Java Driver 在實現上還提供了一種「緩衝」的機制。即資料並不是逐筆從伺服器獲取的，而是每次獲取一批資料放到記憶體，再進行遍歷，如圖 8-14 所示。

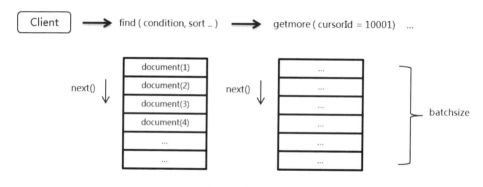

圖 8-14 游標原理

由此可見，在執行 find 操作時，MongoDB Java Driver 為我們隱藏了一些細節：

- 伺服器在第一次提交查詢時，才會帶上查詢準則、排序、分頁等限定參數，若一次查詢不完，則透過 getMore 操作用 cursorID 進行分批拉取。
- 呼叫 next 方法時，實質上取到的是快取中的一筆資料，當快取遍歷完畢自動取下一批。
- 每次拉取資料的筆數由 batchSize 參數決定，如果指定了 limit 限定返回數，則會根據餘量來設定。

如果沒有設定 batchSize，則 MongoDB 會在第一次 find 操作中返回最多 101 筆資料。在後續的 getMore 命令中沒有任何限定，預設情況下不會返回超過 16MB 的資料。

❑ **避免存在大量游標**

伺服器對每個查詢都會產生一個游標物件，一旦併發的查詢很多，那麼伺服器勢必會積壓大量的游標，這絕對會把資料庫拖垮。

MongoDB 對此的應對策略如下：

（1）在 MongoDB Java Driver 的實現中，每次查詢完畢都會主動執行 killCursor 釋放游標。

（2）對伺服器中活躍的游標，設定活躍時間為 10 分鐘，這表示如果兩次 getMore 操作間隔時間超過了該閾值，則游標就會被回收。

游標的逾時由 cursorTimeoutMillis 參數決定，但一台伺服器只能有一個設定。當然也可以直接執行 cursor.noCursorTimeout 指令來避免伺服器回收自己的游標，但這可能會帶來麻煩，多數情況下不建議這麼做。避免游標逾時更好的辦法是加速應用的處理速度，比如將其進行非同步化處理。

8.7.2　連接池

眾所皆知，頻繁地建立連接、釋放連接會造成很大的負擔，因此有必要使用連接池機制來減少負擔，這對於提升輸送量也有一定的幫助。

MongoDB Java Driver 內建了連接池的實現，在前面介紹 MongoClient 連接方式時也提到過關於連接池的一些設定。圖 8-15 揭示了 MongoDB Java Driver 連接池的工作原理。

如圖 8-15 所示，右邊虛框中是一個 MongoDB 叢集中的不同主機，每個用戶端實例會分別為每個主機維護一個連接池。這裡的主機可以是複本集中可操作的節點，或是指定的分片叢集上的 mongos。

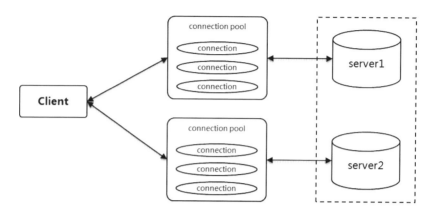

圖 8-15　用戶端連接池

在對目標主機發起請求之前，Client（用戶端）需要從連接池中獲取可用的連接，此時連接池會根據情況進行判斷：

（1）存在空閒連接，則直接返回一個。

（2）沒有空閒連接，且當前連接數沒有達到 maxSize，則創建一個新的連接後返回。

（3）沒有空閒連接，且連接數已滿，則會等待空閒連接，預設等待到達 maxWaitTime 後逾時。

在獲取連接並完成操作後，Client 再呼叫連接的 close 方法，此時並不是真正關閉連接，而是將該連接返回給連接池。除此之外，為了保證連接池能更進一步地工作，還會啟動一個維護的計時器，主要執行下面的任務：

■ 檢查是否存在需要淘汰的連接，進行釋放處理。

■ 確保連接池的大小不小於 minSize。如果發現不足，則會自動創建對應數量的連接。

連接池的功能細節由 DefaultConnectionPool 類別提供，計時器的原始程式碼如下：

```
public synchronized void run() {
    try {
        //是否需要清理
```

```
        if (shouldPrune()) {
            if (LOGGER.isDebugEnabled()) {
                LOGGER.debug(format("Pruning pooled connections to %s",
serverId.getAddress()));
            }
//清理需淘汰的連接
            pool.prune();
        }
//是否需要保證連接地最小值
        if (shouldEnsureMinSize()) {
            if (LOGGER.isDebugEnabled()) {
                LOGGER.debug(format("Ensuring minimum pooled connections to
%s", serverId.getAddress()));
            }
//根據需要補充一定量的連接
            pool.ensureMinSize(settings.getMinSize(), true);
        }
    } catch (MongoInterruptedException e) {
        // don't log interruptions due to the shutdownNow call on the
ExecutorService
    } catch (Exception e) {
        LOGGER.warn("Exception thrown during connection pool background
maintenance task", e);
    }
}
```

該計時器會以 maintenanceFrequencyMs 指定的間隔執行，預設是 1 分鐘。

❑ 淘汰不用的連接

對於連接是否需要淘汰的判斷，主要從下面 3 個方面考量：

（1）連接的空閒期是否超過了 maxConnectionIdleTime。

（2）連接的存活期（從創建至今）是否超過了 maxConnectionLifeTime。

（3）連接的版本編號是否過期，每個連接池都維護了一個版本編號，而
　　　所有從連接池中生成的連接都擁有一個該版本編號的複製。當連接
　　　池檢測到異常時，會執行 invalidate 命令，此時版本編號發生自動增
　　　加。這樣，舊的連接由於版本編號小於當前版本編號，將被認為是
　　　需要淘汰的連接。

判斷連接是否需要淘汰的方法如下：

```
private boolean shouldPrune(final UsageTrackingInternalConnection connection) {
    return fromPreviousGeneration(connection)
            || pastMaxLifeTime(connection)
            || pastMaxIdleTime(connection);
}
```

8.7.3 容錯移轉

用戶端的容錯移轉是指，當連接的某個主機發生故障時，可以及時地將該主機進行隔離，保證業務請求會發送到其他可用的主機上。當然，這裡首先要求後端資料庫具備高可用的條件，如複本集、分片叢集的多個 mongos。單機版的 MongoDB 是無法提供容錯移轉功能的。

❑ 心跳機制

和大多數人想的一樣，MongoDB Java Driver 透過心跳機制來檢測遠端主機的狀態，包括判定主機是否可用、ping 延遲等。

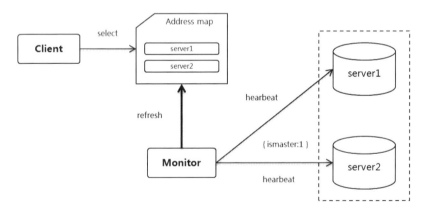

圖 8-16 用戶端的容錯移轉

心跳的機制由 DefaultServerMonitor 實現。其對於叢集的每個主機都會啟動一個後台執行緒，該執行緒以 heartbeatFrequency（預設為 10s）的時間間隔進行檢測，每次都會向資料庫主機發送 isMaster 命令來獲取最

新的狀態。每次心跳產生的結果狀態會以事件的形式進行通知,進而由
Cluster 物件獲知並刷新位址表。而用戶端就會從這個位址表中選擇合適
的伺服器,因此當某個主機心跳異常時,位址表中該主機就會被標記為
不可用,於是用戶端便會選擇其他的主機。

整個過程如圖 8-16 所示。

為了避免心跳檢測結果有誤,Monitor 對於異常的心跳會做二次確認,以
保證主機確實存在問題。心跳機制除了檢測主機不可用,其他功能主要
如下。

(1)收集主機的回應延遲資料,為主機的選擇優先權提供評估依據。

(2)角色變更檢測,如複本集發生主備節點切換時。如果這種情況發生
了,則可能會出現短暫的業務不寫入狀態,這取決於主備節點切換的時
間,包括 Monitor 執行檢測的週期。為了讓業務盡可能快地恢復,在驅動
的實現中提供了一種方法:當無法選擇目標主機操作時,將喚醒休眠中
的 Monitor 立即執行檢測,以此來縮短伺服器狀態感知的時間。

8.7.4 連接池相關參數

連接池參數見表 8-1。

表 8-1 連接池參數

參 數 名	說 明	預 設 值
maxSize	連接池最大值	100
minSize	連接池最小值	0
maxWaitQueueSize	等待佇列大小	500
maxWaitTimeMS	最大等待時間	$1000 \times 60 \times 2$
maxConnectionLifeTimeMS	連接最大存活時間	0 表示永久
maxConnectionIdleTimeMS	連接最大閒置時間	0 表示永久
heartbeatFrequencyMS	主機心跳間隔	10s
minHeartbeatFrequencyMS	主機心跳的最小間隔	500ms
connectTimeoutMS	Socket 連接逾時	10s
readTimeoutMS	Socket 讀取逾時	0 表示無限制

▓ 8.8 小技巧——如何監視驅動的連接數

在前面的內容中，我們介紹了 MongoDB Java Driver 內部連接池的一些工作原理，作為性能監控中比較重要的一項，其主要對連接池的狀態進行監控。 而幸運的是，MongoDB Java Driver 提供了標準 JMX（Java Management Extension）的監視介面，可以很方便地整合使用。

MongoDB Java Driver 會為每一個連接池創建一個 MBean 物件，對應的類型由 ConnectionPoolStatisticsMBean 定義，其中包含的屬性如下。

- host：連接主機。
- port：通訊埠編號。
- minSize：連接池最小值。
- maxSize：連接池最大值。
- size：當前連接池大小。
- waitQueueSize：等待連接的佇列大小。
- checkedOutCount：使用中的連接數。

對 MongoClient 來說，每一個目標主機對應一個連接池。如果連接的是叢集或複本集，則可能會有多個 ConnectionPoolStatisticsMBean 實體。

為了 MBean 生效，我們需要 MongoClient 增加 JMX 監聽器：

```
MongoClientSettings.Builder settingsBuilder = MongoClientSettings.builder();

//增加JMX 監聽
settingsBuilder.applyToConnectionPoolSettings( builder -> {
    builder.addConnectionPoolListener(new JMXConnectionPoolListener());
});
...
```

接下來，我們嘗試提取 ConnectionPoolStatisticsMBean 所包含的監控資訊，並輸出到日誌中。實現程式如下：

```
public class PoolBeanMonitor implements Runnable {
```

```java
    private static Logger logger = LoggerFactory.getLogger(PoolBeanMonitor.class);
    private MBeanServer mbeanServer = ManagementFactory.getPlatformMBeanServer();

    private ScheduledExecutorService scheduledThreadPool = Executors.
newScheduledThreadPool(1);

    /**
     * 開啟監聽
     */
    public void start() {
        logger.info("start monitoring for connection pool.");

        //每5秒鐘列印一次
        scheduledThreadPool.scheduleAtFixedRate(this, 5, 5, TimeUnit.SECONDS);
    }

    /**
     * 停止監聽
     */
    public void stop() {
        this.scheduledThreadPool.shutdownNow();
        logger.info("stop monitoring for connection pool.");
    }

    @Override
    public void run() {
        try {
            Set<ObjectInstance> instances = mbeanServer.queryMBeans(new
ObjectName("org.mongodb.driver:type=ConnectionPool,*"), null);
            for (ObjectInstance instance : instances) {
                String className = instance.getClassName();
                if (!className.contains("mongo")) {
                    continue;
                }

                //獲得MBean物件
                ObjectName objectName = instance.getObjectName();

                //抓取屬性
                String[] attrs = new String[]{"CheckedOutCount", "Host", "Port",
                    "MinSize", "MaxSize", "Size", "WaitQueueSize"};
```

```
            StringBuilder sb = new StringBuilder();
            for (String attr : attrs) {
                sb.append(attr).append("=").append(mbeanServer.
getAttribute(objectName, attr)).append("|");
            }

            logger.info("ConnPoolStatistic - {}: \n\t - {}", objectName,
sb.toString());
          }
    } catch (Throwable e) {
        logger.error("error occurs", e);
    }


  }
}
```

PoolBeanMonitor 類別實現了一個計時器，每隔 5s 輸出連接池 MBean 的
狀態資訊。在我們的測試程式中使用 PoolBeanMonitor，如下：

```
MongoClient client = MongoClientFactory.build();

PoolBeanMonitor monitor = new PoolBeanMonitor();
monitor.start();

//do anything
...
```

最終的日誌輸出如下：

```
11:36:31 - ConnPoolStatistic - org.mongodb.driver:type=ConnectionPool,
clusterId=5d57762ab,host=localhost,port=27018:
  - CheckedOutCount=0|Host=localhost|Port=27018|MinSize=0|MaxSize=100|Size=1|
WaitQueueSize=0|
11:36:36 - ConnPoolStatistic - org.mongodb.driver:type=ConnectionPool,
clusterId=5d57762ab,host=localhost,port=27018:
  - CheckedOutCount=0|Host=localhost|Port=27018|MinSize=0|MaxSize=100|Size=1|
WaitQueueSize=0|
...
```

Chapter

09

SpringBoot 框架整合

9.1 SpringBoot 簡介

9.1.1 SpringBoot 是什麼

如果要為 SpringBoot 下一個定義，筆者認為最準確的是：

「當下 Java Web 最流行的鷹架。」

SpringBoot 為什麼會這麼流行？

這點與 Spring 框架是脫不開關係的。我們都知道，Java 是一門物件導向的語言，為了更進一步地實現程式模組化及重複使用，物件導向定義了封裝、多形繼承等特性。

一個類別的成員變數可以引用其他的類別，於是在物件與物件之間就產生了依賴。而在以前的許多大型專案中，由於要實現的功能程式非常多，往往需要大量重複性地建構物件，以及設定依賴關係的程式，長期下來則會導致程式臃腫不堪。這時 Spring 框架誕生了，它提出了一個核心概念——IoC，即控制反轉，如圖 9-1 所示。

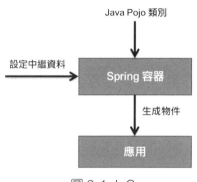

圖 9-1 IoC

控制反轉,即物件的關係不再由物件本身決定,而由容器來控制其依賴。簡單來說,就是由容器來幫你初始化物件,並完成自動化的裝配。

這樣,就有了依賴注入(Dependency Injection,DI)的概念。總之,IoC和 DI 是了解 Spring 框架的關鍵,後面所有出現的東西都是從這兩個概念開始的。

因為要做自動化物件的初始化、關係的裝配,所以需要有一個東西來描述這些關係。一般是用 .xml 檔案來描述,比如,applicationContext.xml會描述一個 ApplicationContext 上下文中所擁有的物件實例,以及這些實例之間的關係。於是,所有的 Spring 應用程式都使用了這樣的設定方式。

在 Web 開發方面,Spring 框架孵化出了 Spring MVC 專案,用來簡化Servlet 的開發。透過 AOP 實現的路由轉換能力,可以快速把 URL 映射到一個 Bean 方法中去處理;透過內建常用的編 / 解碼轉換器,可以避免每次都要寫入格式轉換的程式。這些能力,也讓 Spring MVC 成為 Java Web 開發框架的不二之選。

在持久層方面,SpringData 則提供了對於資料庫操作的高度抽象,借助框架我們可以將資料庫表中的行、列映射成類別、屬性,對於記憶體中物件的操作也被自動轉換成資料庫層的基本操作進行執行,這樣無疑又大大簡化了資料庫的讀寫實現。

隨著 Spring 框架的高歌猛進，許多 Java 應用程式開發的場景都逐漸被覆蓋到了，於是 Spring 框架形成了一個龐大的生態帝國。

圖 9-2 基本上涵蓋了 Spring 框架的核心專案小元件。

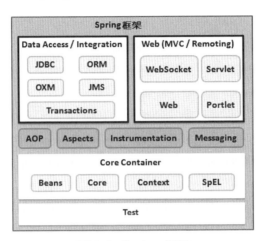

圖 9-2　Spring 框架

將 Spring 框架稱為「**桃李滿天下**」一點也不為過。那麼 SpringBoot 又是怎麼來的呢？

前面提到了，Spring 框架使用 .xml 檔案來描述物件的裝配關係。但是在後來，隨著 Web 開發技術的逐步完善，一個框架組成的模組越來越多，單一 Web 應用的功能也越來越多了。此時大家逐漸發現，基於 .xml 檔案的方式去定義 Bean 載入，工作量其實很大，而且設定檔逐漸變得臃腫、不好維護，有時設定出現錯誤，經常要排除很長時間。於是，在 Spring 框架的版本演進中，逐漸出現了註釋的方式。如用 @Bean、@Autowired 註釋來完成宣告式的依賴注入，用 @ComponentSca 註釋則可以實現自動化掃描。註釋的出現大大簡化了開發工作。

2014 年 4 月，Pivotal 基於「無設定」的想法設計了 SpringBoot 專案的首個版本。無設定的意思是讓你不用在設定上花太多時間，所有的東西盡可能都用內建的、現成的。

可以説，SpringBoot 又一次提高了生產效率，在經過幾年的發展之後，它已經成為一個俘獲無數粉絲的「殺手級」框架，在 Github 中已獲得了3.6 萬多個的關注。

9.1.2「鷹架」風格

有人説 SpringBoot 是一個「鷹架」。這不是沒有道理的，整個 SpringBoot 專案包含許多的 starter 專案，而嚴格來説，這些 starter 只能算是「膠水專案」（幾乎沒有什麼程式量）。但是透過引用它們，可以自動引入高度轉換的第三方函數庫元件（不需要擔心衝突及相容性問題），這會讓你獲得開發上的愉悦體驗。

圖 9-3 描述了作為核心 starter 的元件依賴關係。

圖 9-3 SpringBoot starter 的元件依賴關係

除圖 9-3 所提到的元件外，我們還可能會用到其他的 starter 專案，而它們都具有不同的用途，如下所示。

- spring-boot-starter：核心啟動器，包含自動設定、日誌和 YAML。
- spring-boot-starter-web：引入全端式 Web 開發元件，包括 Tomcat 和 spring-webmvc。

- spring-boot-starter-thymeleaf：引入 Thymeleaf 範本引擎，包括與 Spring 的整合。

- spring-boot-starter-test：引入正常的測試依賴，包括 JUnit、Hamcrest、Mockito 及 spring-test 模組。

- spring-boot-starter-websocket：引入 WebSocket 模組。

- spring-boot-starter-redis：引入 Redis 模組。

- spring-boot-starter-security：引入 spring-security 安全模組。

- spring-boot-starter-data-jpa：引入資料儲存層 JPA（Java Persistence API）。

- spring-boot-starter-data-mongodb：引入 MongoDB 資料庫模組。

- spring-boot-starter-amqp：引入 spring-rabbitmq 用戶端來支持 AMQP 協定。

- spring-boot-starter-aop：引入 AOP 的程式設計模組，包括 spring-aop 和 AspectJ。

- spring-boot-starter-mail：引入 javax.mail 模組。

- spring-boot-starter-log4j：引入 Log4J 日誌框架。

使用 SpringBoot 框架多年，筆者認為其帶來的便利主要包括以下幾個方面。

（1）約定優於設定，摒棄了大量繁冗且容易出錯的 XML 設定，解放雙手；

（2）模組化：許多 starter 專案開箱即用，省去總是要解決依賴衝突的問題；

（3）內嵌 Http Server：相比如前使用 SpringMVC 的方式，不再需要依賴外部的 Servlet 容器；

（4）對微服務開發更加友善，能透過框架快速實現一套 RestFul 介面。

尤其是最後一點，當下 SpringCloud（流行的微服務開放原始碼框架）大行其道，其底座就採用了 SpringBoot。因此 SpringBoot 的流行與微服務的關係是非常密切的。

▦ 9.2 第一個 SpringBoot 專案

在開始專案之前,需要先確認已經架設了基礎的 Java 開發環境,包括:

- 安裝 JDK,選擇 1.8 及以上版本。
- 準備好 IDE,可選擇 IDEA 或 Eclipse。
- 安裝 Maven,可選擇 3.5 及以上版本。

9.2.1 初始化專案

以 IDEA 為例,新建一個 Maven 專案,如圖 9-4 所示。

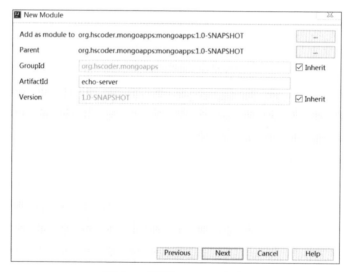

圖 9-4 新建 Maven 專案

我們將專案的 groupId 設定為 org.hscoder.mongoapps,artifactId 設定為 echo-server。

成功之後,手動創建 src/main/resource 和 src/test/resource 兩個目錄,並將其分別標記為 Resources Root 和 Test Resources Root。

最終的目錄結構見表 9-1。

表 9-1 範例專案結構

目錄 / 檔案	說　明
pom.xml	依賴描述檔案
src/main/java	程式目錄
src/main/resources	設定目錄
src/test/java	測試程式目錄
src/test/resources	測試設定目錄

其中，pom.xml 檔案描述了整個專案對第三方函數庫的依賴定義。為了將 SpringBoot 框架引入，需要編輯 pom.xml 檔案，增加以下程式：

```xml
<properties>
    <project.build.sourceEncoding>UTF-8</project.build.sourceEncoding>
    <spring-boot.version>2.2.2.RELEASE</spring-boot.version>
    <java.version>1.8</java.version>
</properties>


<dependencyManagement>
    <dependencies>
        <!-- springboot application dependencies -->
        <dependency>
            <groupId>org.springframework.boot</groupId>
            <artifactId>spring-boot-dependencies</artifactId>
            <version>${spring-boot.version}</version>
            <type>pom</type>
            <scope>import</scope>
        </dependency>
    </dependencies>
</dependencyManagement>


<dependencies>
    <!-- springweb -->
    <dependency>
        <groupId>org.springframework.boot</groupId>
        <artifactId>spring-boot-starter-web</artifactId>
        <exclusions>
            <!-- exclude the default logging module -->
            <exclusion>
                <groupId>org.springframework.boot</groupId>
                <artifactId>spring-boot-starter-logging</artifactId>
```

```xml
                </exclusion>
            </exclusions>
        </dependency>
        <!-- log4j -->
        <dependency>
            <groupId>org.springframework.boot</groupId>
            <artifactId>spring-boot-starter-log4j2</artifactId>
        </dependency>
        <!-- jackson -->
        <dependency>
            <groupId>com.fasterxml.jackson.core</groupId>
            <artifactId>jackson-databind</artifactId>
        </dependency>
        <!-- jackson joda datetime -->
        <dependency>
            <groupId>com.fasterxml.jackson.datatype</groupId>
            <artifactId>jackson-datatype-joda</artifactId>
        </dependency>
        <!-- lombok support -->
        <dependency>
            <groupId>org.projectlombok</groupId>-->
            <artifactId>lombok</artifactId>-->
            <version>1.18.6</version>-->
            <scope>provided</scope>-->
        </dependency>

    </dependencies>

    <build>
        <plugins>
            <plugin>
                <groupId>org.apache.maven.plugins</groupId>
                <artifactId>maven-compiler-plugin</artifactId>
                <configuration>
                    <source>${java.version}</source>
                    <target>${java.version}</target>
                    <encoding>${project.build.sourceEncoding}</encoding>
                </configuration>
            </plugin>
        </plugins>
    </build>
```

說明：

（1）定義了幾個變數，其中 java.version 用於指定專案編譯的 JDK 等級，這裡使用 1.8 版本。而 project.build.sourceEncoding 用於指定原始程式碼的檔案編碼（UTF-8），spring-boot.version 則指定 SpringBoot 框架的版本，這裡採用的是 2.2.2.RELEASE 版本。

（2）增加 maven-compiler-plugin 定義，其使用指定的選項進行編譯。

（3）定義了專案的依賴版本管理，其中引入 spring-boot-dependencies 以宣告對 SpringBoot 依賴的版本範圍。

（4）定義了專案的依賴元件，主要如下。

- spring-boot-starter-web：用於引入 SpringMVC 框架。
- spring-boot-starter-log4j2：用於引入 Log4J2 日誌框架。
- jackson-databind：用於提供 Jackson 套件實現 JSON 處理。
- jackson-datatype-joda：用於增加對 joda-time 的支持。
- lombok：用於提供範本化的 getter/setter 功能。

spring-boot-dependencies 宣告了 SpringBoot 依賴元件版本的全集，在專案中引入它之後，對於一些 starter 元件的依賴不再需要宣告版本，而是採用 spring-boot-dependencies 所指定的版本，這非常有利於對專案依賴進行統一管理。

另一種方式是讓專案繼承自 spring-boot-parent，以獲得 SpringBoot 框架依賴的各種元件版本。但這樣可能存在問題，因為許多專案可能擁有自己的父級專案。

9.2.2 增加啟動類別

創建 org.hscoder.mongoapps.echoserver 套件，新建 EchoBoot 類別，程式如下：

```java
@SpringBootApplication
public class EchoBoot {

    public static void main(String[] args) throws Exception {
        SpringApplication app = new SpringApplication(EchoBoot.class);

        // 指定PID生成，預設輸出到application.pid
        app.addListeners(new ApplicationPidFileWriter());
        app.run(args);
    }
}
```

這裡 @SpringBootApplication 用於將 EchoBoot 宣告為 SpringBoot 程式的入口類別。隨後在 main 方法中，我們建構了一個 SpringApplication，並將 EchoBoot 類別作為入參傳入，如此，SpringBoot 應用將以 EchoBoot 作為上下文啟動。

此外，我們還為該應用增加了一個生命週期的監聽器 ApplicationPidFileWriter，它會在應用啟動後將 JVM 的處理程序 ID 寫入一個 application.pid 檔案中。

9.2.3 編寫 Echo 介面

新建一個 EchoController 類別，程式如下：

```java
@Controller
public class EchoController {

    @GetMapping("/hello")
    @ResponseBody
    public String hello() {
        return "Hello World! ";
    }
}
```

我們使用 @Controller 註釋宣告該類別是一個控制器，另外，在 hello 方法上聲明了以下兩個註釋：

- GetMapping("/hello")，表示將該方法映射到請求路徑 /hello 的 HTTP GET 方法上。
- @ResponseBody，表示將方法的返回結果作為 HTTP 回應內容輸出。

這樣，我們就完成了一個最基本的 HTTP 請求控制器。

9.2.4 設定檔

在 src/main/resources/ 目錄下新建一個 application.properties 檔案，內容如下：

```
server.address=0.0.0.0
server.port=8090
```

參數說明見表 9-2。

表 9-2 參數說明

參數名稱	參數說明
server.address	伺服器監聽位址，不設定或 0.0.0.0，即不限制
server.port	伺服器監聽通訊埠

為了更進一步地控制日誌輸出，我們在 src/main/resources/ 目錄下新建一個 log4j2.xml 檔案，內容如下：

```xml
<?xml version="1.0" encoding="UTF-8"?>
<Configuration status="INFO" monitorInterval="300">
    <properties>
        <!-- 日誌目錄 -->
        <property name="LOG_ROOT">log</property>
        <!-- 主記錄檔名稱 -->
        <property name="FILE_NAME">application</property>
    </properties>
    <Appenders>
        <!-- 主控台輸出 -->
        <Console name="Console" target="SYSTEM_OUT">
            <PatternLayout pattern="%d{yyyy-MM-dd HH:mm:ss.SSS} [%t] %-5level
-%l - %msg%n" />
        </Console>
```

```
        <!-- 檔案輸出 -->
        <RollingRandomAccessFile name="MainFile"
                                fileName="${LOG_ROOT}/${FILE_NAME}.log"
                                filePattern="${LOG_ROOT}/$${date:yyyy-
MM}/${FILE_NAME}-%d{yyyy-MM-dd HH}-%i.log">
            <PatternLayout
                pattern="%d{yyyy-MM-dd HH:mm:ss.SSS} [%t] %-5level -%l -
%msg%n" />
            <Policies>
                <TimeBasedTriggeringPolicy interval="1" />
                <SizeBasedTriggeringPolicy size="50 MB" />
            </Policies>
            <DefaultRolloverStrategy max="20" />
        </RollingRandomAccessFile>
    </Appenders>

    <Loggers>
        <!-- org.hscoder 模組內的日誌設定-->
        <Logger name="org.hscoder" level="info" additivity="true"></Logger>
        <!-- 全域的日誌設定 -->
        <Root level="info">
            <AppenderRef ref="Console" />
            <AppenderRef ref="MainFile" />
        </Root>
    </Loggers>
</Configuration>
```

這 裡 設 定 了 兩 種 日 誌 記 錄 方 式，Console 是 主 控 台 列 印，
RollingRandomAccessFile 指向一個記錄檔，我們還為該記錄檔設定了捲
動的規則：

（1）當大小超過 50MB 時會生成新的日誌。

（2）每小時生成一個新的日誌；DefaultRolloverStrategy max="20" 表示最
多保存 20 個記錄檔。

除此之外，我們將根日誌等級、主模組（org.hscoder）的日誌等級同時設
定為 info 等級。在 org.hscode 模組中指定 additivity=true，即表示繼承上
級（根日誌）的設定，此時所有的日誌都會輸出到 Console 和檔案中。

9.2.5 啟動程式

在 IDEA 中用滑鼠按右鍵，在彈出的選單中選擇執行 EchoBoot，啟動程式，從主控台可以看到以下日誌：

```
  .   ___          _            __ _ _
 /\\ / ___'_ __ _ _(_)_ __  __ _ \ \ \ \
( ( )\___ | '_ | '_| | '_ \/ _` | \ \ \ \
 \\/  ___)| |_)| | | | | || (_| |  ) ) ) )
  '  |____| .__|_| |_|_| |_\__, | / / / /
 =========|_|==============|___/=/_/_/_/
 :: Spring Boot ::        (v2.2.2.RELEASE)

[main] INFO - No active profile set, falling back to default profiles: default
[main] INFO - Tomcat initialized with port(s): 8090 (http)
[main] INFO - Initializing ProtocolHandler ["http-nio-0.0.0.0-8090"]
[main] INFO - Starting service [Tomcat]
[main] INFO - Starting Servlet engine: [Apache Tomcat/9.0.29]
[main] INFO - Initializing Spring embedded WebApplicationContext
[main] INFO - Root WebApplicationContext: initialization completed in 1599 ms
[main] INFO - Initializing ExecutorService 'applicationTaskExecutor'
[main] INFO - Starting ProtocolHandler ["http-nio-0.0.0.0-8090"]
[main] INFO - Tomcat started on port(s): 8090 (http) with context path ''
[main] INFO - Started EchoBoot in 2.84 seconds (JVM running for 4.524)
```

這樣便表示我們的第一個 SpringBoot 應用已經啟動，並同時監聽了 8090 通訊埠。在瀏覽器中打開 http://localhost:8090 ，即可以看到輸出了 "Hello World!" 字樣，如圖 9-5 所示。

圖 9-5 存取範例介面

9.2.6 熱載入

SpringBoot 的熱載入（livereload）是一個很方便的特性：我們在開發功能時經常需要對程式進行修改，如果每次修改都要重新啟動一次應用則比較麻煩，使用熱載入功能可以在不重新啟動應用的情況下令程式修改生效（自動重新啟動），這非常方便。

熱載入功能由 spring-boot-devtools 元件提供。在 pom.xml 檔案中宣告依賴如下：

```
<!-- used for livereload -->
<dependency>
    <groupId>org.springframework.boot</groupId>
    <artifactId>spring-boot-devtools</artifactId>
    <version>${spring-boot.version}</version>
    <optional>true</optional>
</dependency>
```

啟動應用，對原始程式碼或設定檔進行修改，發現 SpringBoot 會自動重新啟動。

在啟動時也可以發現以下日誌：

```
[restartedMain] INFO - LiveReload server is running on port 35729
```

spring-boot-devtools 元件會定時掃描類別路徑下的 class 和資源檔，一旦發現變更即重新啟動服務，預設 1000ms 檢測一次。熱載入在掃描時會自動忽略以下範圍的變更：

```
META-INF/maven/**
META-INF/resources/**
resources/**,static/**
public/**
templates/**
**/*Test.class
**/*Tests.class
git.properties
META-INF/build-info.properties
```

需要注意的是，spring-boot-devtools 在檢測到編譯後的檔案發生變化時才會重新啟動應用。因此需要設定 IDEA 的自動編譯開關。

9.3 Spring Data 框架介紹

9.3.1 Spring Data

在整個 Spring 框架系統中，Spring Data 一直默默扮演著重要的角色。大家對於 Spring MVC 可能已經非常熟悉，毫無疑問，Spring MVC 是開發 Web 應用層的絕佳選擇。然而，絕大多數應用都是資料密集型的。即幾乎所有的 Web 應用都需要使用資料，並且和儲存層打交道。對此，Spring Data 則為我們提供了資料操作層面的解決方案。

Spring Data 專案創建於 2010 年的「Spring One 開發者大會」，其起源則來自 Rod Johnson（Spring 框架創始人）和 Emil Eifrem（Neo4j 公司）對於 Spring 和 Neo4j 圖形資料庫的一次技術整合嘗試。可見，一開始 Spring Data 就具備了 NoSQL 技術的「基因」，而且從整個發展歷程上看，Spring Data 也完全覆蓋了關聯式儲存和 NoSQL 領域。

透過使用 Spring Data，開發者可以獲得與 Spring 一樣的程式設計體驗。然而，由於不同資料庫（尤其是 NoSQL）存在著種種差異，Spring Data 仍然會支援底層資料庫的一些特性。

圖 9-6 展示了 Spring Data 的整體框架。

Spring Data 並不具備直接操作底層資料庫的能力，而是對每一種資料庫的驅動層進行了封裝，例如 Spring Data MongoDB 的部分則是基於 MongoDB Java Driver 實現的。對於上層應用則開放了兩種介面。

■ Repository 風格介面：基於 Spring 生成動態的 Bean 物件，抽象了標準的增加、刪除、修改、查詢、排序等功能。

■ Template 風格介面：非標準風格的操作介面，對於底層驅動做了一些轉換，同時也支持一些原生 API。

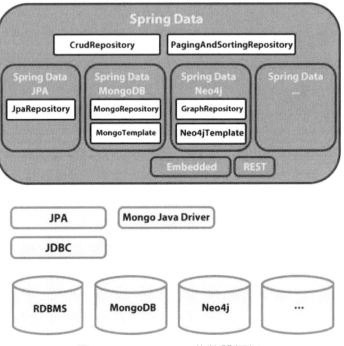

圖 9-6　Spring Data 的整體框架

此外，Spring Data 本身依賴 Spring 框架提供的一些基礎能力，主要如下。

（1）IoC 容器機制，用於實現 Repository、Template 介面的實例化。

（2）類型轉換，用於實現資料庫持久化模型到記憶體物件的轉換、類型檢查。

（3）運算式語言，利用 Spring EL 實現對查詢（Query）宣告。

（4）JMX 整合能力，支援標準的 JMX（Java Management Extenstions，Java 管理擴充）監控介面。

（5）異常定義，由 Spring 框架定義了持久化層（DAO）的異常類型（見圖 9-7）。

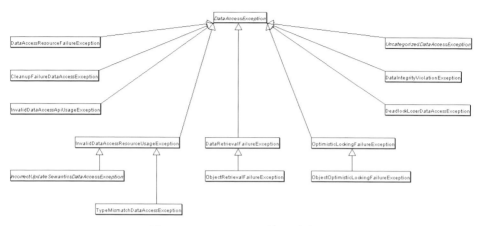

圖 9-7 Spring Data 的異常類型

9.3.2 Spring Data MongoDB

Spring Data MongoDB 是 Spring Data 的子專案，該專案主要用於實現 MongoDB 資料庫的整合，並提供體驗一致的持久層 API。和 MongoDB 用戶端驅動一樣，Spring Data MongoDB 專案也採用了開放原始碼協定 Apache License V2。

Spring Data MongoDB 的功能架構如圖 9-8 所示。

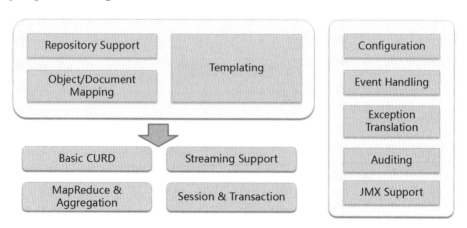

圖 9-8 Spring Data MongoDB 的功能架構

1. 核心功能

（1）Repository Support：提供了資料操作方法的抽象，支援 MongoDB Repository。同時支援基於方法名稱的查詢和註釋式查詢。

（2）Object/Document Mapping（ODM）：提供 MongoDB 文件與記憶體物件的映射功能，將集合映射為類別，將文件映射為物件；提供對應的註釋（annotation），如 @Document、@Field、@Index 等。

（3）Templating：範本化操作，支援各種豐富且靈活的 API，如集合管理、MapReduce/ 聚合操作等。

2. 協助工具

（1）Configuration：支援以 Spring 風格的方式將 MongoClient 實例設定為 Bean 物件。

（2）Event Handling：支援生命週期事件的管理，如持久化、物件轉換等事件的處理。

（3）Exception Translation：支援異常的轉換處理，將 MongoDB 驅動層的錯誤加以包裝，以 Spring 的 DataAccessException 形式拋出。

（4）Auditing：支援稽核功能介面，可對資料管理操作增加稽核日誌支援。

（5）JMX Support：支援標準的 JMX 介面，方便對連接數、操作次數等指標進行監控統計。

Spring Data MongoDB 對 MongoDB 的各種特性提供了完備支援，除基礎的 CRUD 操作和聚合框架功能外，還支援 Change Stream、階段，以及多文件交易等功能。

9.4 使用 Spring Data MongoDB 操作資料庫

下面我們以 Echo Server 專案作為基礎，演示如何使用 Spring Data MongoDB。如果還沒有準備好基礎的 SpringBoot 專案，請參考 9.2 節。

9.4.1 引入依賴

編輯 pom.xml 檔案，增加以下程式：

```
<dependency>
    <groupId>org.springframework.boot</groupId>
    <artifactId>spring-boot-starter-data-mongodb</artifactId>
</dependency>
```

spring-boot-starter-mongodb 是一個膠水元件，宣告對它的依賴會令專案自動引入 spring-data-mongo、mongodb-java-driver 等基礎元件。

9.4.2 設定檔

在 application.properties 中設定如下：

```
spring.data.mongodb.host=127.0.0.1
spring.data.mongodb.port=27017
spring.data.mongodb.username=appuser
spring.data.mongodb.password=appuser@2016
spring.data.mongodb.database=appdb
```

不難了解，這裡是資料庫主機、通訊埠、用戶名、密碼、資料庫名稱的設定。在啟動應用前，需要保證這裡設定的資料庫連接資訊可用，否則會導致程式啟動失敗。

9.4.3 資料模型

以線上書評網站為例，我們創建一個 book（書籍）實體類別，程式如下：

```
@Data
@Builder
@Document(collection = "book")
@CompoundIndexes({
        @CompoundIndex(name = "idx_category_publishDate", def = "{'category':
1, 'publishDate': 1}")
})
public class Book {

    @Id
    private String id;

    @Indexed
    private String author;

    private String category;

    @Indexed(unique = true)
    private String title;

    private Integer voteCount;

    private DateTime publishDate;
}
```

book 類別定義了一些屬性，說明見表 9-3。

表 9-3 book 物理屬性

屬性名	描述
id	書籍 ID
author	作者
category	書籍分類
title	書籍標題
voteCount	投票數量
publishDate	發佈日期

我們需要關注的幾個註釋如下：

■ @Document，宣告類別物件為 MongoDB 文件，collection 用於指定映射 MongoDB 的集合名稱，如果不指定，則會直接使用類別的名稱。

- @Id，用於標記 ID 屬性，該屬性被映射 MongoDB 文件 _id 欄位上。預設情況下，MongoDB 的 _id 是一個 ObjectId 類型，而在物件中可以使用 String、BigInteger 或 ObjectId 類型映射，框架會自動完成一些轉換工作，例如對於 String 類型則會使用 _id 的十六進位形式表示。如果不希望使用資料庫預設的類型，那麼也可以自己指定。
- @Indexed，表示這是一個單鍵索引，其中 unique=true 表示唯一索引。
- @CompoundIndexes，表示集合上的複合索引集合。
- @CompoundIndex，表示一個複合索引，name 是索引名稱，而 def 則是索引的欄位定義。

在預設情況下，框架會自動掃描類別路徑中包含 @Document 註釋的類別，並做好一些初始化工作，包括創建這些宣告式的索引。

9.4.4 資料操作

ODM 的方式可以讓你透過操作物件來直接影響資料，這樣便減少了操作難度，使用者不再需要熟練記住驅動層的 API。Spring Data MongoDB 實現了類別 JPA 的介面，透過預先定義好的 Repository 可實現程式方法到資料庫敘述的映射。

我們創建一個 BookRepository 介面，程式如下：

```
public interface BookRepository extends MongoRepository<Book, String> {

    Book findOneByTitle(String title);

    List<Book> findByAuthor(String author);

    List<Book> findByCategoryOrderByPublishDateDesc(String category,
Pageable pageable);

}
```

BookRepository 繼承了 MongoRepository，間接繼承自 Spring Data 框架的 CrudRepository 介面。因此 SpringBoot 在啟動後會自動掃描該介面，

並完成必要的實例化工作。這裡所宣告的 3 個方法，將被自動轉為對應的條件查詢實現。

舉例來說，findByAuthor 相等於以下的語義：

```
db.book.find({ author : 'xxx' })
```

而 findByCategoryOrderByPublishDateDesc 表示的語義則是：

```
db.book.find({ category : 'xxx' }).sort({ publishDate : -1 })
```

接下來，我們編寫一段程式來操作資料庫：

```java
@Service
public class BookOperation {

    @Autowired
    private BookRepository bookRepository;

    @PostConstruct
    void init() {

        runOperations();
    }

    private void runOperations() {
        String author = "余秋雨";
        String title = "山居筆記";
        String category = "散文";

        DateTimeFormatter dateTimeFormatter = DateTimeFormat.forPattern("yyyy
-MM-dd");
        DateTime publishDate = dateTimeFormatter.parseDateTime("2002-01-01");


        //構造 book 實體物件
        Book book = Book.builder()
                .author(author)
                .title(title)
                .category(category)
                .publishDate(publishDate)
                .build();
```

```
        //第一次保存
        book = bookRepository.save(book);

        //執行修改，再次保存
        book.setVoteCount(131);
        bookRepository.save(book);

        //根據標題查詢
        bookRepository.findOneByTitle(title);

        //根據作者查詢
        bookRepository.findByAuthor(author);

        //根據分類進行分頁尋找，獲取第一頁10筆記錄
        bookRepository.findByCategoryOrderByPublishDateDesc(category,
PageRequest.of(0, 10));

        //根據ID 刪除
        bookRepository.deleteById(book.getId());

    }
```

BookOperation 類別也是一個宣告式的 Bean，其中，@PostConstruct 註釋表明在 Bean 實例化之後將執行 init 方法，這會進一步呼叫 runOperations 方法，並執行一系列的操作。

注意，這裡重複使用了 save 方法。第一次使用 save 方法時將執行 insert 命令，而之後使用 save 方法則執行的是 update 命令，這是因為，在第一次使用 save 方法之後返回的物件中包含了自動生成的 id 欄位，而框架則根據實體物件中是否存在 id 值來決定執行插入還是更新。

9.4.5 啟動測試

為了捕捉到框架的行為，我們將該模組的日誌等級調整為 Debug 等級。編輯 log4j2.xml 檔案，增加以下程式：

```
<!-- spring data mongodb 日誌設定-->
<Logger name="org.springframework.data.mongodb" level="debug" additivity=
"true"></Logger>
```

隨後，啟動 SpringBoot 應用程式，可以看到日誌輸出如下：

```
DEBUG .. Inserting Document containing fields: [author, category, title,
voteCount, publishDate, _class] in collection: book
DEBUG .. Saving Document containing fields: [_id, author, category, title,
voteCount, publishDate, _class]
DEBUG .. Created query Query: { "title" : "山居筆記"}, Fields: {}, Sort: {}
DEBUG .. find using query: { "title" : "山居筆記"} fields: {} for class:
class org.hscoder.mongoapps.echoserver.book.Book in collection: book
DEBUG .. Created query Query: { "author" : "余秋雨"}, Fields: {}, Sort: {}
DEBUG .. find using query: { "author" : "余秋雨"} fields: {} for class: class
org.hscoder.mongoapps.echoserver.book.Book in collection: book
DEBUG .. Created query Query: { "category" : "散文"}, Fields: {}, Sort: {
"publishDate" : -1}
DEBUG .. find using query: { "category" : "散文"} fields: {} for class: class
org.hscoder.mongoapps.echoserver.book.Book in collection: book
DEBUG .. Remove using query: { "_id" : { "$oid" : "5e302e934610154954c27370"}}
in collection: book.
```

9.5 進階操作

接下來介紹一些訂製化的使用方式。

9.5.1 實現投射

如果不希望將整個文件全部返回，則可以使用投射（projection）的方式。舉例來說，在查詢書籍榜單時，我們可能只需要書籍的標題、得票數和發佈日期這幾個欄位。Spring Data MongoDB 允許你使用 Pojo 風格的介面來定義返回物件，程式如下：

```
public interface BookRankInfo {
```

```
    String getTitle();

    Integer getVoteCount();

}
```

在 BookRankInfo 介面中定義了幾個 getter 方法，分別對應 title、voteCount 欄位。

接下來，在 BookRepository 介面中增加方法：

```
<T> List<T> findByAuthor(String author, Class<T> projectClass);
```

其中，projectClass 表示要進行投射的 Pojo 介面類別型。借助此方法，我們還可以實現多種不同的投射類型。嘗試執行以下的程式片段：

```
List<BookRankInfo> rankInfos = bookRepository.findByAuthor(author,
BookRankInfo.class);
log.info("projection results: {}", JsonUtil.toPrettyJson(rankInfos));
```

最終的日誌輸出為：

```
DEBUG .. find using query: { "author" : "余秋雨"} fields: {voteCount=1,
title=1} for class: class ..Book in collection: book
INFO  .. projection results: [ {
  "title" : "山居筆記",
  "voteCount" : 131
} ]
```

使用 Spring EL，我們還可以利用運算式來完成一些動態計算，例如在 BookRankInfo 介面中增加以下程式：

```
public interface BookRankInfo {

    ...
    @Value("#{T(org.joda.time.format.DateTimeFormat).forPattern('yyyy-MM-
dd').print(target.publishDate)}")
    String getPublished();

}
```

其中，published 欄位在 Book 實體類別中並未定義，而是根據文件的 publishDate 日期格式化而來的。可以看到，我們透過 @Value 註釋定義了一個 Spring EL 運算式，在執行時框架將自動完成運算式的計算，最終得到的物件如下：

```
{
    "title" : "山居筆記",
    "voteCount" : 131,
    "published" : "2002-01-01"
}
```

@Value 註釋來自 org.springframework.beans.factory.annotation 套件，需要注意與 lomback 中的 @Value 區分開。

需要注意的是，一旦加入了 Spring EL 運算式，框架便無法從 Pojo 介面中推斷出執行投射的欄位，此時仍然需要查詢整個物件，這相當於無效的最佳化。為了實現真正意義上的投射，需要在 BookRepository 方法上增加一些標記，程式如下：

```
public interface BookRepository extends MongoRepository<Book, String> {
    ...

    @Query(fields = "{ title: 1, voteCount: 1, publishDate: 1 }")
    <T> List<T> findByAuthor(String author, Class<T> projectClass);
}
```

9.5.2 使用 QBE

QBE（Query By Example）即參照一個範例進行查詢。例如我們想查詢 Book 資訊，則可以構造一個「相似」的 Book 物件作為例子，查詢與例子相匹配的資料。

首先，需要讓 BookRepository 增加繼承，程式如下：

```
public interface BookRepository extends MongoRepository<Book, String>,
    QueryByExampleExecutor<Book>{
    ...
```

QueryByExampleExecutor 是 QBE 執行器的介面，其定義的相關介面如下：

```
public interface QueryByExampleExecutor<T> {

  <S extends T> S findOne(Example<S> example);

  <S extends T> Iterable<S> findAll(Example<S> example);

  // … more functionality omitted.
}
```

接下來，構造範例進行查詢，程式如下：

```
//構造範例
Book bookQuery = Book.builder().category(category).title("筆記").build();
ExampleMatcher exampleMatcher = ExampleMatcher.matching()
      .withMatcher("title", matcher -> matcher.regex());
Example<Book> example = Example.of(bookQuery, exampleMatcher);

//執行QBE 分頁查詢
Page<Book> pageResult = bookRepository.findAll(example, PageRequest.of(0, 10));
log.info("page results: total = {}, content = {}", pageResult.getTotalElements(),
      JsonUtil.toPrettyJson(pageResult.getContent()));
```

這裡，QBE 執行器會將 bookQuery 範例物件中的不可為空欄位作為查詢準則，並融合 exampleMatcher 中的定義構造出最終的查詢敘述。如上述程式中得到的查詢準則為：

```
{ "category" : "散文", "title" : { "$regex" : "筆記"} }
```

QBE 的使用場景是有限的，僅適用於比較簡單的查詢，如相等、字串匹配。對於更複雜的需求，仍然需要使用 MongoTemplate 實現。

9.5.3 自訂 Repository 方法

Spring Data 的 Repository 機制為我們提供了一系列標準化功能，包括基本的增加、刪除、修改、查詢，以及基於方法名稱和註釋的動態查詢等。這無疑是非常方便的，但其真正強大的地方卻是對資料庫驅動原生

API 的二次封裝，即 Template 類別的實現。在 Spring Data MongoDB 元件中，MongoTemplate 類別承載了很重要的作用，我們可以透過它實現許多高度訂製化的功能。

對於無法透過 Repository 實現的操作，可以借助於自訂介面，程式如下：

```
public interface BookRepositoryCustom {

    Page<Book> search(String category, String title, String author, DateTime
                    publishDataStart,
                    DateTime publishDataEnd, Pageable pageable);

    boolean incrVoteCount(String id, int voteIncr);
}
```

BookRepositoryCustom 介面中定義了兩個方法。

- search：用於實現進階的分頁檢索，可支援分類、標題關鍵字（模糊匹配）、作者，以及發佈日期範圍等多個條件。
- incrVoteCount：用於實現單獨的投票數變更操作。

為了讓 BookRepository 擁有這兩個方法，我們需要增加繼承關係，程式如下：

```
public interface BookRepository extends MongoRepository<Book, String>,
    BookRepositoryCustom {
    ...
```

接下來，增加 BookRepositoryImpl 類別，實現介面中的方法，程式如下：

```
public class BookRepositoryImpl implements BookRepositoryCustom {

    @Autowired
    private MongoTemplate mongoTemplate;

    @Override
    public boolean incrVoteCount(String id, int voteIncr) {
        Assert.notNull(id, "id required.");

        //定義查詢
        Query query = new Query();
```

```
        query.addCriteria(Criteria.where("id").is(id));

        //定義更新
        Update update = new Update();
        update.inc("voteCount", voteIncr);

        UpdateResult result = mongoTemplate.updateFirst(query, update,
Book.class);
        return result != null && result.getModifiedCount() > 0;
    }

    @Override
    public Page<Book> search(String category, String title, String author,
DateTime publishDataStart,
                             DateTime publishDataEnd, Pageable pageable) {
        Assert.notNull(pageable, "pageable required.");

        Query query = new Query();

        //按分類查詢
        if (!StringUtils.isEmpty(category)) {
            query.addCriteria(Criteria.where("category").is(category));
        }

        //按作者查詢
        if (!StringUtils.isEmpty(author)) {
            query.addCriteria(Criteria.where("author").is(author));
        }

        //按標題(關鍵字)模糊查詢
        if (!StringUtils.isEmpty(title)) {
            query.addCriteria(Criteria.where("title").regex(title));
        }

        //按發佈時間範圍
        if (publishDataStart != null || publishDataEnd != null) {
            Criteria publishDateCond = Criteria.where("publishDate");

            if (publishDataStart != null) {
                publishDateCond.gte(publishDataStart);
            }
            if (publishDataEnd != null) {
```

```
            publishDateCond.lt(publishDataEnd);
        }
        query.addCriteria(publishDateCond);
    }

    query.with(pageable);

    //查詢數量
    long totalCount = mongoTemplate.count(query, Book.class);
    if (totalCount <= 0) {
        return new PageImpl<Book>(Collections.emptyList());
    }
    //查詢列表
    List<Book> books = mongoTemplate.find(query, Book.class);
    return new PageImpl<Book>(books, pageable, totalCount);
  }
}
```

在 BookRepositoryImpl 類別中注入了一個 MongoTemplate 實例，並且借由其 API（Query、Update 介面）完成了具體的程式實現。可以看到，直接使用 MongoTemplate 能獲得以下一些好處：

- 在 incrVoteCount 方法中，直接使用 Update 指定更新的欄位，可避免使用 save 方法時執行全量的更新。
- 在 search 方法中，使用 Quer Criteria API，可以構造出各種靈活的查詢準則。

務必注意一點，BookRepositoryImpl 的命名是約定俗成的，即必須以 BookRepository 的命名增加尾碼 Impl。如果不是這樣，則會導致 Spring Data 無法找到擴充類別的實現。

此時我們已經讓 BookRepository 擁有了自訂方法的行為，可以在程式中直接使用，如下：

```
//增加投票
bookRepository.incrVoteCount(book.getId(), 3);

//執行多條件檢索
```

```
DateTime publishStart = publishDate.minusDays(1);
DateTime publishEnd = publishDate.plusDays(1);

Page<Book> searchResult = bookRepository.search(null, "筆記", null,
publishStart, publishEnd, PageRequest.of(0, 10));
log.info("page results: total = {}, content = {}", pageResult.getTotalElements(),
        JsonUtil.toPrettyJson(pageResult.getContent()));
```

在本例中，我們使用了一種「織入的方式」來實現 Repository 的自訂
方法。當然，這是框架提供的一種便利而非強制的做法，而且這種實
踐帶來的好處是不必破壞現有的程式分層設計，即資料庫的操作仍然
由 Repository 層來實現。當然，在一些特殊情況下，仍然可以直接使用
MongoTemplate 的 API，讀者可以自行選擇。

9.6 自訂設定

9.6.1 Spring Boot 通用設定

為了正確連接資料庫，application.properties 的設定如下：

```
spring.data.mongodb.host=127.0.0.1
spring.data.mongodb.port=27017
spring.data.mongodb.database=appdb
spring.data.mongodb.username=appuser
spring.data.mongodb.password=appuser@2016
```

或採用 URI 的方式，程式如下：

```
spring.data.mongodb.uri=mongodb://appuser:appuser%402016@127.0.0.1:27017/appdb
```

一般情況下，身份驗證的資料庫（authenticationDatabase）和連接預設
的資料庫是同一個，如果存在不一致，則可以單獨設定身份驗證的資料
庫，程式如下：

```
spring.data.mongodb.authentication-database=admin
```

其他的一些選項如下：

```
## 是否自動創建索引
spring.data.mongodb.auto-index-creation=true

## GridFS 資料庫
spring.data.mongodb.grid-fs-database=appfs

## 欄位映射命名策略
spring.data.mongodb.field-naming-strategy=xxx.xxxFieldNamingStrategy
```

9.6.2 JavaConfig 設定

SpringBoot 附帶的通用設定可參見 MongoProperties。而一般來説在生產環境中對用戶端設定有更高的要求，例如：

- 使用分片叢集，需要連接多個 mongos 主機。
- 為了安全考慮，需要對密碼進行加密、解密處理。
- 在微服務場景下，透過設定中心動態獲得連接的設定。

這些場景很難直接使用預設的 MongoAutoConfiguration 完成，此時，我們可以使用 Java Config 風格的設定方式，對 MongoDB 用戶端的一些選項或行為進行訂製，舉例來説，使用以下程式：

```
/**
 * 自訂 Mongo 設定
 */
@Configuration
public class CustomMongoConfig {

    @Bean
    @Profile("prod")
    public MongoDbFactory mongoFactory(MongoProperties mongo) throws Exception {

        MongoClientSettings.Builder settingsBuilder = MongoClientSettings.
builder();

        //使用者憑證資訊
        MongoCredential credential = MongoCredential.createCredential(mongo.
```

```
getUsername(),
                mongo.getDatabase(), mongo.getPassword());
        settingsBuilder.credential(credential);

        //伺服器位址
        ServerAddress serverAddress = new ServerAddress(mongo.getHost(),
mongo.getPort());
        settingsBuilder.applyToClusterSettings(
                builder -> builder.hosts(Collections.singletonList
(serverAddress)));

        //連接池大小
        settingsBuilder.applyToConnectionPoolSettings(builder -> {
            builder.minSize(2);
            builder.maxSize(60);
        });

        //逾時參數
        settingsBuilder.applyToSocketSettings(builder -> {
            builder.connectTimeout(10, TimeUnit.SECONDS);
            builder.readTimeout(30, TimeUnit.SECONDS);
        });

        //讀寫設定
        settingsBuilder.readPreference(ReadPreference.primaryPreferred());
        settingsBuilder.retryWrites(true);

        //慢操作監聽
        settingsBuilder.addCommandListener(new SlowLogListener(1000));

        //構造實例
        MongoClient mongoClient = MongoClients.create(settingsBuilder.build());
        return new SimpleMongoClientDbFactory(mongoClient, mongo.getDatabase());
    }
}
```

這裡的關鍵在於宣告 MongoDbFactory 作為自訂的 Bean 物件，其中，
mongoFactory 方法使用了大量 Java 驅動的 API 進行 MongoClient 實例的
構造，這在前面的章節已經介紹過，此處不再贅述。

9.6.3 自動設定的原理

我們說過，SpringBoot 實現了 MongoDB 的自動設定功能，而具體的實現來自下面的設定類別。

1. MongoAutoConfiguration

打開 MongoAutoConfiguration 原始程式碼，如下：

```
@ConditionalOnClass(MongoClient.class)
@EnableConfigurationProperties(MongoProperties.class)
@ConditionalOnMissingBean(type = "org.springframework.data.mongodb.
MongoDbFactory")
public class MongoAutoConfiguration {

   @Bean
   @ConditionalOnMissingBean(type = { "com.mongodb.MongoClient", "com.mongodb.
client.MongoClient" })
   public MongoClient mongo(MongoProperties properties, ObjectProvider
<MongoClientOptions> options,
       Environment environment) {
       ...

   }

}
```

程式片段來自 spring-boot-autoconfigure-2.2.2.RELEASE。

可見，MongoAutoConfiguration 僅完成了 MongoClient 的設定。

2. MongoDataAutoConfiguration

查看其原始程式碼片段，如下：

```
@ConditionalOnClass({MongoClient.class, com.mongodb.client.MongoClient.class,
MongoTemplate.class})
@EnableConfigurationProperties({MongoProperties.class})
@Import({MongoDataConfiguration.class, MongoDbFactoryConfiguration.class,
MongoDbFactoryDependentConfiguration.class})
@AutoConfigureAfter({MongoAutoConfiguration.class})
public class MongoDataAutoConfiguration {
}
```

不難發現，MongoDataAutoConfiguration 會在 MongoAutoConfiguration 初始化之後執行，而且其進一步引入了 3 個設定。

- MongoDataConfiguration：完成 MongoMappingContext 設定，主要用於定義實體類別的掃描和映射策略、索引建構策略等。
- MongoDbFactoryConfiguration：完成 MongoDbFactory 設定。
- MongoDbFactoryDependentConfiguration： 完 成 MongoTemplate 設定。MongoTemplate 是一個執行緒安全的物件，最終將被注入 MongoRepository 代理 Bean 中使用。

這幾個自動設定的類別由 spring-boot-autoconfigure 套件提供，在架設 SpringBoot 專案時會透過 spring-boot-starter 依賴自動引入。此時，只要我們引入 spring-boot-starter-data-mongodb，就可以使自動設定類別生效（@ConditionalOnClass 條件被滿足）。

那麼，在本節的自訂設定部分，我們自訂實現的 MongoDbFactory 是如何保證生效的呢？

答案就在於 @ConditionalOnMissingBean 這個註釋的使用，所有的自動設定類別透過這個註釋，將自身的 Bean 定義優先順序降到最低。也就是說，只要發現有其他地方宣告了 Bean，那麼自動設定的 Bean 就不再有效了，這點也是 SpringBoot 自動設定的關鍵。

▓ 9.7 實現單元測試

在前面的內容中，我們介紹了 Spring Data MongoDB 的基本使用方法。

為了驗證程式是否如期執行，我們還需要預先準備好一個穩定的資料庫環境。然而，在單元測試方面，這種做法似乎很難奏效，因為執行單元測試時幾乎無法對執行環境提出苛刻的要求。

因此，使用內嵌式資料庫是一個通用的方案，它的好處很明顯，應用程式自行解決了資料庫的安裝啟動工作，這使得測試程式能在各種環境中執行透過。

9.7.1 使用 flapdoodle.embed.mongo

在 SpringBoot 的自動化設定中，對內嵌式的 MongoDB 已經做了對應支持，具體的實現由 de.flapdoodle.embed.mongo（簡稱 Embedded MongoDB）元件提供。

Embedded MongoDB 會在應用第一次啟動時自動下載 MongoDB 的安裝套件並解壓，之後便按程式的設定啟動本地的 MongoDB 資料庫處理程序，其使用流程如圖 9-9 所示。

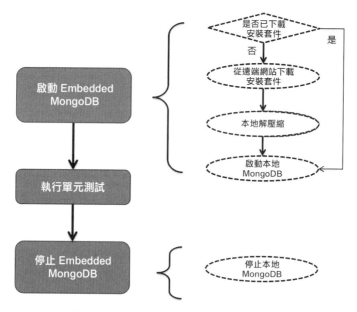

圖 9-9 Embedded MongoDB 測試流程

❏ 使用範例

下面以 EchoServer 專案為例演示如何使用。

（1）引入依賴套件，在 pom.xml 檔案中增加以下程式：

```
<!-- springboot test -->
<dependency>
    <groupId>org.springframework.boot</groupId>
    <artifactId>spring-boot-starter-test</artifactId>
    <scope>test</scope>
</dependency>

<!-- embedded mongodb -->
<dependency>
    <groupId>de.flapdoodle.embed</groupId>
    <artifactId>de.flapdoodle.embed.mongo</artifactId>
    <scope>test</scope>
</dependency>
```

其中，spring-boot-starter-test 用於實現 SpringBoot 應用的單元測試，而 de.flapdoodle.embed.mongo 則是 Embedded MongoDB 元件。元件的 scrope 被指定為 test，即只有在執行單元測試時才會引入這些依賴。

（2）增加 BaseTest 作為測試的基礎類別，程式如下：

```
@RunWith(SpringRunner.class)
@SpringBootTest(classes = EchoBoot.class)
@ActiveProfiles("test")
public class BaseTest {
}
```

（3）編寫測試程式，程式如下：

```
public class BookOperationTest extends BaseTest {

    @Autowired
    private BookRepository bookRepository;

    private Book newBook() {
        String author = "魯迅";
        String title = "阿Q正傳";
        String category = "小說";

        DateTimeFormatter dateTimeFormatter = DateTimeFormat.forPattern("yyyy
-MM-dd");
```

```
        DateTime publishDate = dateTimeFormatter.parseDateTime("2014-12-01");

        //構造 book 實體物件
        Book book = Book.builder()
                .author(author)
                .title(title)
                .category(category)
                .publishDate(publishDate)
                .voteCount(0)
                .build();
        return book;
    }

    @Test
    public void testOperation() {

        Book book = newBook();

        //保存物件
        book = bookRepository.save(book);
        assertNotNull(book.getId());

        //修改投票數
        boolean incrResult = bookRepository.incrVoteCount(book.getId(), 45);
        assertTrue(incrResult);

        Book pojoBook = bookRepository.findOneByTitle(book.getTitle());
        assertNotNull(pojoBook);
        assertTrue(pojoBook.getVoteCount() > book.getVoteCount());
    }
}
```

（4）設定本地資料庫，在 src/test/resources 目錄中新建 application-test.
properties 檔案，程式如下：

```
## MongoDB 的版本
spring.mongodb.embedded.version=4.0.2
## 本地監聽位址
spring.data.mongodb.host=127.0.0.1
## 本地監聽通訊埠
spring.data.mongodb.port=0
```

spring.mongodb.embedded.version 指定了使用 4.0.2 版本的 MongoDB。如果不指定則會取 EmbeddedMongoProperties 中的預設值（如 SpringBoot 2.2.2 版本中使用 MongoDB 3.5.5 版本），spring.data.mongodb.host 在此必須使用本地位址，否則會導致處理程序啟動失敗。同樣，spring.data.mongodb.port 也必須使用本地可用的通訊埠，為 0 則表示使用隨機通訊埠。

Embeded MongoDB 會在本地啟動一個無身份驗證的 mongod 處理程序，因此除了 host、port 資訊，其他的連接屬性會被忽略。

（5）最後，我們啟動測試，可以看到輸出如下：

```
//下載安裝套件
Download PRODUCTION:Windows:B64 START
Download PRODUCTION:Windows:B64 DownloadSize: 231162327
Download PRODUCTION:Windows:B64 0% 1% 2% 3% 4% 5% 6% 7% 8% 9% 10% 11% ..100%
Download PRODUCTION:Windows:B64 DONE


//解壓縮
Extract C:\Users\Administrator\.embedmongo\win32\mongodb-win32-x86_64-
2008plus-ssl-4.0.2.zip START
Extract C:\Users\Administrator\.embedmongo\win32\mongodb-win32-x86_64-
2008plus-ssl-4.0.2.zip extract mongodb-win32-x86_64-2008plus-ssl-4.0.2/bin/
mongod.exe
Extract C:\Users\Administrator\.embedmongo\win32\mongodb-win32-x86_64-
2008plus-ssl-4.0.2.zip nothing left
Extract C:\Users\Administrator\.embedmongo\win32\mongodb-win32-x86_64-
2008plus-ssl-4.0.2.zip DONE


//啟動處理程序
I CONTROL  [main] Automatically disabling TLS 1.0, to force-enable TLS 1.0
specify --sslDisabledProtocols 'none'
I CONTROL  [main] note: noprealloc may hurt performance in many applications
I CONTROL  [initandlisten] MongoDB starting : pid=13528 port=55040 dbpath=C:\
Users\Administrator\AppData\Local\Temp\..
I CONTROL  [initandlisten] targetMinOS: Windows 7/Windows Server 2008 R2
I CONTROL  [initandlisten] db version v4.0.2
I CONTROL  [initandlisten] git version: fc1573ba18aee42f97a3bb13b67af7d837826b47
I CONTROL  [initandlisten] allocator: tcmalloc
I CONTROL  [initandlisten] modules: none
```

```
I CONTROL  [initandlisten] build environment:
I CONTROL  [initandlisten]     distmod: 2008plus-ssl
I CONTROL  [initandlisten]     distarch: x86_64
I CONTROL  [initandlisten]     target_arch: x86_64
...
[mongod output] I NETWORK [initandlisten] waiting for connections on port 55040

//單元測試
...

//停止處理程序
I COMMAND  [conn3] terminating, shutdown command received { shutdown: 1,
force: true, $db: "admin" }
I NETWORK  [conn3] shutdown: going to close listening sockets...
I CONTROL  [conn3] Shutting down free monitoring
I FTDC     [conn3] Shutting down full-time diagnostic data capture
I STORAGE  [conn3] WiredTigerKVEngine shutting down
I STORAGE  [conn3] shutdown: removing fs lock...
I CONTROL  [conn3] now exiting
I CONTROL  [conn3] shutting down with code:0
```

從日誌中可以看到，Embedded MongoDB 元件會預設將安裝套件下載到本機的 ${user.home} 目錄中：

- 對於 Windows 系統，該目錄為 C:\Users\{ 用戶名 }\.embedmongo。
- 對於 Linux 系統，該目錄一般為 /home/{ 用戶名 }/.embedmongo，具體取決於 Linux 使用者的 home 目錄設定。

由於第一次執行時期需要下載安裝套件，該過程可能比較緩慢。

9.7.2 原理解析

在我們的範例中，似乎並沒有使用任何控制 Embedded MongoDB 的程式，一切都非常簡單。這其中的功勞來自 SpringBoot 的自動設定機制。在 SpringBoot 官方文件中提到了 EmbeddedMongoAutoConfiguration，其作用主要是：

（1）自動檢測 flapdoodle.embed.mongo 元件是否被引入。

（2）如果當前的執行環境中能找到元件，則會自動啟動元件，並在程式
　　退出時進行銷毀。

我們簡單看一下其實現，程式如下：

```
@Configuration(proxyBeanMethods = false)
@EnableConfigurationProperties({ MongoProperties.class, EmbeddedMongoProperties.
class })
@AutoConfigureBefore(MongoAutoConfiguration.class)
@ConditionalOnClass({ MongoClient.class, MongodStarter.class })
public class EmbeddedMongoAutoConfiguration {

  ...

  public EmbeddedMongoAutoConfiguration(MongoProperties properties,
EmbeddedMongoProperties embeddedProperties) {
     this.properties = properties;
  }

   //內嵌 mongod 可執行實例
  @Bean(initMethod = "start", destroyMethod = "stop")
  @ConditionalOnMissingBean
  public MongodExecutable embeddedMongoServer(IMongodConfig mongodConfig,
IRuntimeConfig runtimeConfig,
     ApplicationContext context) throws IOException {
    Integer configuredPort = this.properties.getPort();
    //使用隨機通訊埠，在上下文中記錄通訊埠資訊
    if (configuredPort == null || configuredPort == 0) {
      setEmbeddedPort(context, mongodConfig.net().getPort());
    }
    MongodStarter mongodStarter = getMongodStarter(runtimeConfig);
    //prepare 方法中執行初始化，完成軟體套件下載、解壓
    return mongodStarter.prepare(mongodConfig);
  }

  ...

   //內嵌 MongoDB 設定
  @Bean
  @ConditionalOnMissingBean
  public IMongodConfig embeddedMongoConfiguration(EmbeddedMongoProperties
embeddedProperties) throws IOException {
```

```
    ...
  }

}
```

EmbeddedMongoAutoConfiguration 類別已經完成了單元測試所需要的一切準備工作，我們關注的問題如下。

問題一：如何檢測 flapdoodle.embed.mongo 是否引入？

在類別的頭部宣告中，@ConditionalOnClass 註釋指向了 MongodStarter 類別，即只有當 flapdoodle.embed.mongo 元件被引入時，MongodStarter 類別可用，此時自動設定才是生效的。

問題二：如何觸發本地 MongoDB 處理程序的啟動和銷毀？

embeddedMongoServer 方法被定義為一個 Bean 建構元（產出 Mongod Executabl 實例），而且 Bean 初始化（initMethod）、銷毀（destroyMethod）分別指向 MongodExecutabl 的啟動（start）、停止（stop）方法。

問題三：如何使用戶端獲知本地的 MongoDB 位址和通訊埠編號？

如果使用了隨機通訊埠，那麼會透過 setEmbeddedPort 方法將通訊埠資訊寫入 ApplicationContext 上下文中。此後在 ApplicationContext 的變數表中透過 local.mongo.port 參數可獲得該通訊埠編號。另一個關鍵則是使用 @AutoConfigureBefore（MongoAutoConfiguration.class）宣告，這表示 MongoDB 用戶端的自動設定工作會在 MongodExecutable 啟動之後進行，這樣便保證了用戶端能正確獲得這個通訊埠編號。

9.7.3 訂製化整合

除了使用自動設定的方式，還可以自行使用 Embedded MongoDB 元件來實現測試。自實現的方式有利於對該元件做一些訂製化工作，而且更容易進行問題的排除。基於前面介紹的 Embedded MongoDB 元件的原理，我們對測試程式進行一些調整。

（1）取消 EmbeddedMongoAutoConfiguration 自動設定器以避免衝突，程式如下：

```
@SpringBootApplication
@EnableAutoConfiguration(exclude = {EmbeddedMongoAutoConfiguration.class})
public class EchoBoot {
   ...
}
```

（2）修改 BaseTest，程式如下：

```
@RunWith(SpringRunner.class)
@SpringBootTest(classes = EchoBoot.class)
@ActiveProfiles("test")
@Import(TestMongoConfig.class)
public class BaseTest {

    @ClassRule
    public static EmbeddedMongoRule embeddedMongoRule = new EmbeddedMongoRule();
}
```

關於 BaseTest 的改動有以下兩點：

① 增加了 EmbeddedMongoRule 靜態規則，@ClassRule 是由 JUnit4 提供的類別等級規則，可以在測試類別啟動、停止時執行一些自訂程式。

② 匯入了 TestMongoConfig 設定，用於宣告測試環境的用戶端 Bean。

（3）具體的程式實現如下。

■ EmbeddedMongoRule

```
@Slf4j
public class EmbeddedMongoRule implements TestRule {

    private static final MongodStarter starter = MongodStarter.
getDefaultInstance();
    private static MongodExecutable mongodExecutable;

    /**
     * 啟動處理程序
     *
     * @throws Exception
```

```java
        */
    private static void startServer() throws Exception {
        log.info("init embbed mongod.");

        //監聽位址、通訊埠編號
        InetAddress hostAddress = InetAddress.getByAddress(new byte[]{127, 0,
0, 1});
        String host = hostAddress.getHostAddress();

        //使用隨機可用的通訊埠編號
        int port = Network.getFreeServerPort(hostAddress);

        //mongod 程式設定
        IMongodConfig mongodConfig = new MongodConfigBuilder()
                .version(Version.Main.PRODUCTION)
                .net(new Net(host, port, Network.localhostIsIPv6())).build();

        //完成準備工作，套裝程式下載，建構儲存目錄
        mongodExecutable = starter.prepare(mongodConfig);

        //啟動處理程序
        mongodExecutable.start();
        log.info("embedded mongod started on {}:{}", host, port);

        //記錄當前通訊埠編號
        TestMongoConfig.saveAddr(host, port);
    }

    @Override
    public Statement apply(final Statement base, final Description description) {
        return new Statement() {
            @Override
            public void evaluate() throws Throwable {
                //在第一次執行時期啟動處理程序
                if (mongodExecutable == null) {
                    startServer();
                }
                //執行測試
                base.evaluate();
            }
        };
    }
}
```

EmbeddedMongoRule 在 startServer 方法中使用了隨機通訊埠，在啟動資料庫之後，呼叫 TestMongoConfig.saveAddr 將位址、通訊埠資訊保存，以此保證測試設定的用戶端能正確連接本地的資料庫。

TestRule 要求實現 apply 方法，其中 base.evaluate 是執行測試的主體方法。而程式在實現時僅在第一次執行時期啟動一次 MongoDB，並不是每次都進行啟動、銷毀，這麼做的出發點有兩個。

① 對多組測試類別來説，使用同一個 MongoDB 處理程序已經足夠，反覆啟動和銷毀處理程序會讓測試過程更加緩慢。

② Embedded MongoDB 在啟動處理程序後會註冊 JVM 的回呼鉤子，保證 Java 處理程序退出時銷毀本地 MongoDB 處理程序。

■ TestMongoConfig

```
@Slf4j
@TestConfiguration
public class TestMongoConfig {

    private static String database = "test";
    private static String testHost = null;
    private static int testPort = 0;

    /**
     * 記錄當前位址通訊埠
     *
     * @param host
     * @param port
     */
    public static void saveAddr(String host, int port) {
        testHost = host;
        testPort = port;
    }

    @Bean
    public MongoDbFactory mongoDbFactory() {
        log.info("init test mongoClient.");

        //初始化用戶端
```

```
        MongoClientSettings.Builder settingsBuilder = MongoClientSettings.
builder();
        ServerAddress serverAddress = new ServerAddress(testHost, testPort);

        //傳入伺服器實例
        settingsBuilder.applyToClusterSettings(
                builder -> builder.hosts(Arrays.asList(serverAddress)));

        MongoClient mongoClient = MongoClients.create(settingsBuilder.build());
        return new SimpleMongoClientDbFactory(mongoClient, database);
    }

}
```

TestMongoConfig 類別透過 @TestConfiguration 將自己註冊為一個 Configuration Bean。其中 mongoDbFactory 方法實現了 MongoDbFactory 的 Bean 實例註冊，而在構造 MongoClient 時則使用了所記錄的 Embedded MongoDB 位址和通訊埠資訊。

至此，已經完成了 Embedded MongoDB 的訂製化整合工作。如果有更多的需求，則可進一步參閱其官方文件。

9.8 多資料來源

至此，我們的範例都是執行在一個 MongoDB 資料來源上面的。自動設定的想法是約定俗成的，即假設百分之九十以上都是單服務單資料庫的情形。然而，如果需要連接多個資料來源呢？此時我們要考慮的事情就會複雜一些。這些因素包括：

- 如何對不同資料來源進行設定？
- MongoTemplate 實例需要存在多個，如何區分？
- MongoRepository 介面如何與正確的資料來源實現連結？
- Entity 實體類別掃描路徑如何區分？

多資料來源的做法或多或少打破了微服務的一些隔離原則，但這不是
Spring Data MongoDB 要考慮的範圍。相反，框架提供了多資料來源的支
援，畢竟這在一些特定的場景下會存在需求。

下面介紹如何實現。

（1）去掉自動設定。為了避免自動設定功能產生的干擾，通常需要將自
動設定類別進行排除，程式如下：

```
@SpringBootApplication
@EnableAutoConfiguration(exclude = {
        MongoAutoConfiguration.class,
        MongoDataAutoConfiguration.class,
        MongoRepositoriesAutoConfiguration.class})
public class MultiDbBoot {
...
```

（2）多資料來源設定。增加 Java Config 風格的設定類別，程式如下：

```
@Configuration
@ConfigurationProperties(prefix = "mongo.db")
@Getter
@Setter
public static class MultiMongoProperties {
    private MongoProperties first;
    private MongoProperties second;
}
```

為了簡化處理，仍然可以利用 MongoProperties 作為某個資料來源的
設定物件，假設我們需要連接 first、second 兩個資料庫，那麼對應於
application.properties 的設定內容如下：

```
mongo.db.first.uri=mongodb://firstuser:firstpass@127.0.0.1:27019/firstdb
mongo.db.second.uri=mongodb://seconduser:secondpass@127.0.0.1:27019/seconddb
```

（3）實現不同套件路徑的程式。針對不同的資料來源，需要將對應的持
久層程式放置在不同的套件路徑下。

■ org.hscoder.mongoapps.multidb.first

FirstDoc 實體類別，程式如下：

```
@Document
@Data
public class FirstDoc {
    @Id
    private String id;

    private String content;
}
```

FirstRepository 類別，程式如下：

```
public interface FirstRepository extends MongoRepository<FirstDoc, String> {
}
```

■ org.hscoder.mongoapps.multidb.second

SecondDoc 實體類別，程式如下：

```
@Document
@Data
public class SecondDoc {
    @Id
    private String id;

    private String content;
}
```

SecondRepository 類別，程式如下：

```
public interface SecondRepository extends MongoRepository<SecondDoc, String> {
}
```

（4）實現 MongoTemplate 多實例。增加 MultiMongoConfig 類別，完成不同資料來源的 MongoTemplate 實例化，程式如下：

```
@Configuration
public class MultiMongoConfig {

    @Autowired
    private MultiMongoProperties multiDatabaseProps;
```

```java
    private MongoTemplate buildTemplate(MongoProperties mongoProperties,
String entityBasePackage) throws Exception {
        return new AbstractMongoClientConfiguration() {
            @Override
            protected Collection<String> getMappingBasePackages() {
                //設定掃描 Entity 實體類別的套件路徑
                return Collections.singleton(entityBasePackage);
            }

            @Override
            protected String getDatabaseName() {
                return mongoProperties.getMongoClientDatabase();
            }

            @Override
            public MongoClient mongoClient() {
                return MongoClients.create(mongoProperties.getUri());
            }
        }.mongoTemplate();
    }

    /**
     * 第一個 DB
     *
     * @return
     * @throws Exception
     */
    @Primary
    @Bean(name = FirstMongoConfig.MONGO_TEMPLATE)
    public MongoTemplate firstMongoTemplate() throws Exception {
        return buildTemplate(multiDatabaseProps.getFirst(), FirstMongoConfig.
ENTITY_PACKAGE);
    }

    /**
     * 第二個 DB
     *
     * @return
     * @throws Exception
     */
    @Bean(name = SecondMongoConfig.MONGO_TEMPLATE)
```

```
    public MongoTemplate secondMongoTemplate() throws Exception {
        return buildTemplate(multiDatabaseProps.getSecond(),
SecondMongoConfig.ENTITY_PACKAGE);
    }
```

上述程式分別宣告了兩個 MongoTemplate，分別對應 first、second 兩個資料來源。其中利用了 AbstractMongoClientConfiguration 工具類別來輔助完成 MongoTemplate 的創建，對於其 getMappingBasePackages 方法的多載可以定義 Entity 類別掃描的路徑。

此外，@Primary 的註釋用來指定預設的資料來源 MongoTemplate，這點比較有用，尤其是當我們的專案從單資料來源切換到多資料來源時，可以減少對一些舊程式的修改。

（5）使用 @EnableMongoRepositories 宣告，程式如下：

```
@Configuration
@EnableMongoRepositories(basePackages = "org.hscoder.mongoapps.multidb.
first", mongoTemplateRef = FirstMongoConfig.MONGO_TEMPLATE)
public static class FirstMongoConfig {
    public static final String MONGO_TEMPLATE = "firstMongoTemplate";
    public static final String ENTITY_PACKAGE = "org.hscoder.mongoapps.
multidb.first";
}

@Configuration
@EnableMongoRepositories(basePackages = "org.hscoder.mongoapps.multidb.
second", mongoTemplateRef = SecondMongoConfig.MONGO_TEMPLATE)
public static class SecondMongoConfig {
    public static final String MONGO_TEMPLATE = "secondMongoTemplate";
    public static final String ENTITY_PACKAGE = "org.hscoder.mongoapps.
multidb.second";
}
```

@EnableMongoRepositories 註釋用於宣告對 MongoRepository 介面的處理模組，其中 mongoTemplateRef 指定了該模組用於連結的 MongoTemplate 實例 Bean 的名稱，而 basePackages 則定義了模組掃描 Repsitory 介面所在的套件路徑。需要區分的一點是，basePackages 只

能定義 Repository 的掃描路徑,而 Entity 類別的掃描路徑仍然是在構造
MongoTemplate 時指定。

(6)測試程式,按正常的方式使用 Repository 介面,程式如下:

```
@Service
@Slf4j
public class MultiDbOperation {

    @Autowired
    private FirstRepository firstRepository;

    @Autowired
    private SecondRepository secondRepository;

    @PostConstruct
    public void init() {
        log.info("insert records to multi db...");

        FirstDoc firstDoc = new FirstDoc();
        firstDoc.setContent("first value");
        firstRepository.save(firstDoc);

        SecondDoc secondDoc = new SecondDoc();
        secondDoc.setContent("second value");
        secondRepository.save(secondDoc);
    }
}
```

執行上述程式,可以發現 FirstDoc 和 SecondDoc 物件分別寫入了不同的
資料庫中。

▓ 9.9 使用稽核功能

資料稽核功能屬於資料符合規範性管理的一部分。為了降低風險,系統需
要將業務資料變更行為進行記錄(用於回溯分析),這通常包括以下因素:

■ 資料在什麼時間創建。

- 資料由誰創建。
- 資料最近一次發生變化的時間。
- 資料最近一次的修改者。

不難猜到，應用層完全可以自行實現，想法如下：

（1）為實體類別增加稽核欄位。

（2）在保存實體物件時，對稽核欄位進行設定值。

可以想像的是，由於對所有稽核範圍的業務實體都需要實現這樣的過程，所以很容易產生大量重複程式。一種可行的方案是採用 AOP，但這存在一定的複雜性。與此同時，Spring Data 提供了非常便利的稽核（auditing）功能，可以減少這種重複程式。

9.9.1 使用註釋

出於通用性的考慮，我們可以定義一個基礎的稽核類別，程式如下：

```
@Getter
@Setter
public class BaseAuditable {

    /**
     * 創建時間
     */
    @CreatedDate
    private DateTime createdDate;

    /**
     * 最後修改時間
     */
    @LastModifiedDate
    private DateTime updatedDate;

    /**
     * 創建者
     */
    @CreatedBy
    private String createdBy;
```

```
    /**
     * 最後修改者
     */
    @LastModifiedBy
    private String updatedBy;
}
```

BaseAuditable 定義了 4 個屬性，分別對應創建時間、最後修改時間、創建者、最後修改者。每個屬性分別加上了 Spring Data 的註釋（來自 org. springframework.data.annotation），具體的意思可對號入座。

接著，讓業務實體類別繼承該稽核類別，程式如下：

```
@Document(collection = "book")
public class Book extends BaseAuditable {
 ...
```

9.9.2 實現稽核

Spring-Data-MongoDB 對稽核提供了支援，該功能需要使用 @EnableMongoAuditing 開啟，程式如下：

```
@SpringBootApplication
@EnableMongoAuditing
public class EchoBoot {
 ...
```

除了啟動類別，@EnableMongoAuditing 也可以在包含 @Configuration 的設定類別中增加。在開啟稽核功能後，框架在保存稽核類別物件時，會自動對註釋的欄位進行注入：

■ 對於 @CreatedDate 和 @LastModifiedDate 註釋的欄位會採用當前的時間值。

■ 對於 @CreatedBy、@LastModifiedBy 註釋的欄位則透過 AuditorAware 介面處理。

為了實現創建者、最後修改者欄位的自動注入，我們需要實現 AuditorAware 介面，程式如下：

```
@Component
public class AuditAwareImpl implements AuditorAware<String> {

    @Override
    public Optional<String> getCurrentAuditor() {
        return Optional.of("Echo Boot App");
    }
}
```

對 book 實體增加了稽核支援後，查看資料庫生成的記錄，程式如下：

```
> db.book.findOne()
{
    "_id" : ObjectId("5e33d91203ba0865520a42e0"),
    "title" : "山居筆記",
    ...
    "createdDate" : ISODate("2020-01-31T07:36:50.412Z"),
    "updatedDate" : ISODate("2020-01-31T07:36:50.463Z"),
    "createdBy" : "Echo Boot App",
    "updatedBy" : "Echo Boot App"
}
```

▉ 9.10 小技巧——自訂資料序列化方式

由於 ODM（Object to Document Mapping）的存在，Spring Data MongoDB 顯現出了強大的便利性。而這種便利更多來自框架內建的類型轉換機制。想像一下，如果總是使用 MongoDB Java Driver 原生的 API，我們就不得不經常性地編寫 POJO 類別的轉換工作，例如在 book 物件和 Document（MongoDB Java Driver 類別）物件之間實現相互轉換。

儘管如此，我們可能仍然需要做一些訂製化工作。

1. 去掉 _class 屬性

一般，透過 @Document 註釋實現映射的實體類別，在持久化時都會帶上一個 _class 屬性，舉例來說，book 實體類別在資料庫中表示如下：

```
> db.book.findOne()
{
    "_id" : ObjectId("5e33d91203ba0865520a42e0"),
    "title" : "山居筆記",
    ...
    "_class" : "org.hscoder.mongoapps.echoserver.book.Book"
}
```

這個類型是框架預設加上的，目的是用於表明該資料映射實體類型。而實際上，這個欄位並沒有太多用途，我們可以透過訂製 TypeMapper 的實現來去掉它，程式如下：

```
@Configuration
public class CustomMongoConfig {

    @Bean
    MappingMongoConverter mappingMongoConverter(MongoDbFactory factory,
                MongoMappingContext context,
                MongoCustomConversions conversions) {
        DbRefResolver dbRefResolver = new DefaultDbRefResolver(factory);
        MappingMongoConverter mappingConverter = new MappingMongoConverter
(dbRefResolver, context);
        mappingConverter.setCustomConversions(conversions);

        //構造 DefaultMongoTypeMapper，將 typeKey 設定為空值
        mappingConverter.setTypeMapper(new DefaultMongoTypeMapper(null));
        return mappingConverter;
    }
    ...
```

我們在自訂的設定中宣告了 MappingMongoConverter 這個 Bean 物件，這個類別是實現類型轉換、編/解碼的關鍵，其中的類型欄位則是 TypeMapper 介面所提供的。

預設情況下，會使用 DefaultMongoTypeMapper 實現，並且 typeKey 的值被設定為 "_class"（會導致寫入對應的欄位）。此時將 typeKey 設定為空可以避免出現該容錯欄位。

2. 自訂類型轉換

MongoDB 統一採用了 BSON 作為儲存類型，MongoDB Java Driver 可以直接處理 Interger、Long、String、Date 等一些基本類型，對於內嵌的子物件，Spring Data MongoDB 會將其轉為 Document（MongoDB Java Driver 類別）物件。

在某些場景下，你不得不實現自己的序列化方式，比如透過文件儲存某些特殊格式的內容。以下面的例子：

```
@Document(collection = "person")
@Data
@Builder
public class Person {

    @Id
    private String id;

    private PersonAttrs personAttrs;
}
```

這裡，Person 類別被用於描述個人資訊檔案，而關鍵的資訊都儲存在 personAttrs 屬性中。PersonAttrs 被設計為靈活的 KV 結構，程式如下：

```
public class PersonAttrs extends LinkedHashMap<String, Object> {
}
```

我們嘗試寫入一些 Person 物理資訊，程式如下：

```
PersonAttrs attrs = new PersonAttrs();
attrs.put("$name", "張三");
attrs.put("$phone", "1500010101");

Person person = Person.builder()
        .id("P0001")
```

```
        .personAttrs(attrs).build();
personRepository.save(person);
```

如果執行上述程式，則會得到以下錯誤訊息：

```
java.lang.IllegalArgumentException: Invalid BSON field name $name
```

原因在於，phone 這樣的名稱並不符合 MongoDB 文件對於 key 的格式要求。MongoDB 規定在文件的一級屬性中，不可以使用 $ 符號作為字首。為此，我們可以利用 Converter 介面實現自己的序列化方式，例如下面的做法：

```
/**
 * 寫入序列化
 */
public static class PersonAttrsWriteConverter implements
Converter<PersonAttrs, String> {

    @Override
    public String convert(PersonAttrs source) {
        if (source == null) {
            return null;
        }
        //執行 Json 序列化
        String jsonContent = JsonUtil.toJson(source);
        //執行 Base64 編碼
        return Base64Utils.encodeToString(jsonContent.getBytes
(StandardCharsets.UTF_8));
    }
}

/**
 * 讀取反轉序列化
 */
public static class PersonAttrsReadConverter implements Converter<String,
PersonAttrs> {

    @Override
    public PersonAttrs convert(String source) {
        if (source == null || source.length() <= 0) {
            return null;
```

```
        }
        //解析 Base64 編碼
        byte[] rawContent = Base64Utils.decodeFromString(source);
        //解析 Json
        String jsonContent = new String(rawContent, StandardCharsets.UTF_8);
        return JsonUtil.fromJson(jsonContent, PersonAttrs.class);
    }
}
```

這裡針對 PersonAttrs 類型分別實現了讀取轉換器（PersonAttrsReadConverter）
和寫入轉換器（PersonAttrsWriteConverter），之後在 MongoCustomConversions
這個 Bean 中註冊即可：

```
@Configuration
public class CustomMongoConfig {

    ...

    @Bean
    MongoCustomConversions mongoCustomConversions() {
        List<Converter<?, ?>> converters = new ArrayList<Converter<?, ?>>();
        converters.add(new PersonAttrsWriteConverter());
        converters.add(new PersonAttrsReadConverter());
        return new MongoCustomConversions(converters);
    }
```

最終可實現 PersonAttrs 的保存，資料庫的文件形式如下：

```
{
    "_id" : "P0001",
    "personAttrs" : "eyIkbmFtZSI6IuW8oOS4iSIsIiRwaG9uZSI6IjE1MDAwMTAxMDEifQ=="
}
```

當然，這裡的序列化方式僅供大家參考。重點是讀者可以借助這種自訂
Converter 的機制，解決一些特定場景中的需求，舉例來説，為所有的密
碼欄位實現可逆的加解密存取，等等。

Chapter

10

專案實戰

10.1 初始化專案

1. 專案簡介

RSS（簡易資訊聚合）可以稱之最經典的內容傳播方式之一，其全稱是一種基於 XML 標準的內容描述和傳播協定。使用者透過對網站 RSS 的訂閱便可以及時獲得內容的更新，這種應用場景廣泛存在於新聞、網誌等資訊類網站。而除此之外，網站與網站之間同樣可以借由 RSS 來實現內容的共用。

RSS 主要的版本包括 0.91、1.0、2.0，其中，RSS 2.0 協定的格式如下所示：

```
<?xml version="1.0"?>
<rss version="2.0">

<channel>
   <title>Feed Title</title>
   <link>http://yourwebsite.com/</link>
   <description>Feed Description</description>
   <language>en-us</language>
   <pubDate>Mon, 03 Jan 2005 12:00:00 GMT</pubDate>

<item>
   <title>Article Title</title>
   <link>http://yourwebsite.com/articlelink.html</link>
```

```
   <description>Your content included here.</description>
</item>
<item>
   <title>Sports</title>
   <link>http://yourwebsite.com/sportslink.html</link>
   <description>Your content included here.</description>
</item>

</channel>
</rss>
```

在本次專案中，我們將使用 SpringBoot + MongoDB 實現一個聚合式的內容網站，透過對已有的多個 RSS 來源進行內容擷取、儲存，最終以統一的 RSS 頻道向使用者輸出。

該網站的架構如圖 10-1 所示。

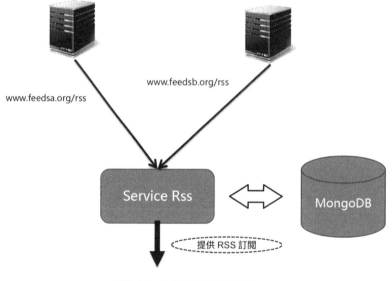

圖 10-1 RSS 網站架構

2. 架設專案

我們新建一個名為 service-rss 的專案，其基礎部分和 echo-server 大致相同，這裡僅列出一些關鍵的部分。

■ 專案依賴檔案 pom.xml，程式如下：

```xml
<properties>
    <spring-boot.version>2.2.1.RELEASE</spring-boot.version>
</properties>

<dependencyManagement>
    <dependencies>
        <!-- springboot -->
        <dependency>
            <groupId>org.springframework.boot</groupId>
            <artifactId>spring-boot-dependencies</artifactId>
            <version>${spring-boot.version}</version>
            <type>pom</type>
            <scope>import</scope>
        </dependency>
    </dependencies>
</dependencyManagement>

<dependencies>
    <!-- web -->
    <dependency>
        <groupId>org.springframework.boot</groupId>
        <artifactId>spring-boot-starter-web</artifactId>
        <exclusions>
            <exclusion>
                <artifactId>spring-boot-starter-logging</artifactId>
                <groupId>org.springframework.boot</groupId>
            </exclusion>
        </exclusions>
    </dependency>

    <!-- log4j -->
    <dependency>
        <groupId>org.springframework.boot</groupId>
        <artifactId>spring-boot-starter-log4j2</artifactId>
    </dependency>

    <!-- live reload -->
    <dependency>
        <groupId>org.springframework.boot</groupId>
        <artifactId>spring-boot-devtools</artifactId>
        <optional>true</optional>
```

```xml
    </dependency>

    <!-- Spring Data MongoDB -->
    <dependency>
        <groupId>org.springframework.boot</groupId>
        <artifactId>spring-boot-starter-data-mongodb</artifactId>
    </dependency>

    <!-- jackson for joda datetime -->
    <dependency>
        <groupId>com.fasterxml.jackson.datatype</groupId>
        <artifactId>jackson-datatype-joda</artifactId>
        <version>2.10.0</version>
    </dependency>

    <!-- lombok -->
    <dependency>
        <groupId>org.projectlombok</groupId>
        <artifactId>lombok</artifactId>
        <version>1.18.10</version>
        <scope>provided</scope>
    </dependency>

    <!-- Turples -->
    <dependency>
        <groupId>org.javatuples</groupId>
        <artifactId>javatuples</artifactId>
        <version>1.2</version>
    </dependency>

</dependencies>
```

■ 設定檔 src/main/resources/application.properties，程式如下：

```
server.host=0.0.0.0
server.port=9001
```

■ 啟動類別，程式如下：

```java
@SpringBootApplication
public class ServiceRssBoot {

    public static void main(String[] args) {
```

```
        SpringApplication.run(ServiceRssBoot.class, args);
    }
}
```

執行 ServiceRssBoot，可以看到程式啟動，並監聽了 9001 通訊埠，程式如下：

```
[restartedMain] INFO - Starting ProtocolHandler ["http-nio-0.0.0.0-9001"]
[restartedMain] INFO - Tomcat started on port(s): 9001 (http) with context
path ''
[restartedMain] INFO - Started ServiceRssBoot in 4.994 seconds (JVM running
for 6.546)
```

▓ 10.2 實現資源抓取

1. 使用 ROME 解析 RSS

ROME 是一款支持 RSS/Atom 互動的 Java 框架，該專案基於 Apache 2.0 開放原始碼。該框架目前對於 RSS 的相容性是最好的，可以同時支援 0.91、0.92、0.93、0.94、1.0、2.0 等多個不同版本。借助其內建的各種解析器和生成器，應用程式可以方便地完成 RSS 的訂閱和生成實現。

使用 ROME 框架需要在 pom.xml 檔案中增加依賴，程式如下：

```
<dependency>
    <groupId>rome</groupId>
    <artifactId>rome</artifactId>
    <version>1.0</version>
</dependency>
```

嘗試對 stackoverflow 的內容進行解析，程式如下：

```
String url = "https://stackoverflow.com/feeds/tag?tagnames=rome";
SyndFeed feed = new SyndFeedInput().build(new XmlReader(new URL(url)));
System.out.println(feed.getTitle());
```

預期結果如下：

```
Active questions tagged rome - Stack Overflow
```

如果你可以看到上面的輸出，那麼恭喜你，ROME 的工作一切正常！

2. 物理定義

對 RSS 聚合網站來說，如果每次存取都需要即時進行 RSS 來源抓取和解析，則會呈現出非常糟糕的體驗。所以，實現 RSS 內容的自有儲存尤為必要。在我們的 service-rss 專案中，會宣告以下的兩個實體。

■ RssFeed，程式如下：

```
@Data
@Document
public class RssFeed {

    @Id
    private String id;

    //Feed 名稱
    @Indexed(unique = true)
    private String name;

    //Feed URL
    private String url;

    //RSS 版本類型
    private String type;

    //RSS 標題
    private String title;

    //RSS 描述
    private String description;

    //RSS 發佈日期
    private DateTime publishedDate;

    //RSS 項目數量
    private Integer entryCount = 0;
}
```

■ RssFeedEntry，程式如下：

```
@Data
@Document
@CompoundIndexes({
        @CompoundIndex(name = "idx_feedName_publishedDate", def = "{feedName:
1, publishedDate: 1}"),
        @CompoundIndex(name = "idx_feedName_link", def = "{feedName: 1, link:
1}", unique = true)
})
public class RssFeedEntry {

    @Id
    private String id;

    private String feedName;

    //標題
    private String title;

    //描述
    private String description;

    //連結
    private String link;

    //類別
    private List<String> categories;

    //作者
    private String author;

    //發佈日期
    @Indexed
    private DateTime publishedDate;
}
```

不難了解，RssFeed 用於儲存 RSS 來源的概要資訊，而 RssFeedEntry 則用來儲存具體的 RSS 內容項目。緊接著，還需要增加對應的 Repository。

- RssFeedRepository.java 檔案，程式如下：

```
public interface RssFeedRepository extends MongoRepository<RssFeed, String>{

    long countByName(String name);
}
```

- RssFeedEntryRepository.java 檔案，程式如下：

```
public interface RssFeedEntryRepository extends MongoRepository<RssFeedEntry,
String> {

    long countByFeedNameAndLink(String feedName, String link);
}
```

3. 設定 RSS 來源

毫無疑問，最簡便的方式是基於 Spring Properties 來完成 RSS 來源的設定，程式如下：

```
@Configuration
@EnableConfigurationProperties(FeedSourcesConfig.RssFeedSourcesProperties.
class)
@Slf4j
public class FeedSourcesConfig {

    @Autowired
    private RssFeedSourcesProperties feedSourcesProperties;

    @PostConstruct
    void init(){
        log.info("rss feed sources : {}", JsonUtil.toPrettyJson
(feedSourcesProperties));
    }

    public List<FeedSource> getFeedSources(){
        return feedSourcesProperties.getSources();
    }

    @ConfigurationProperties(prefix = "rss.feed")
    @Getter
    @Setter
```

```
    public static class RssFeedSourcesProperties{
        private List<FeedSource> sources;
    }
}
```

RssFeedSourcesProperties 採用了 POJO 方式的設定屬性，透過 @EnableConfigurationProperties 指定了 rss.feed 作為字首。

對應的設定內容在 application.properties 檔案中增加，程式如下：

```
spring.message.encoding=UTF-8

rss.feed.sources[0].name=煎蛋網
rss.feed.sources[0].url=http://jandan.net/feed

rss.feed.sources[1].name=少數派
rss.feed.sources[1].url=https://sspai.com/feed

rss.feed.sources[2].name=機核網路
rss.feed.sources[2].url=https://www.gcores.com/rss

rss.feed.sources[3].name=異次元軟體
rss.feed.sources[3].url=https://feed.iplaysoft.com

rss.feed.sources[4].name=36氪
rss.feed.sources[4].url=https://36kr.com/feed

rss.feed.sources[5].name=產品100
rss.feed.sources[5].url=http://www.chanpin100.com/feed

rss.feed.sources[6].name=CN-Beta
rss.feed.sources[6].url=https://rss.cnbeta.com/

rss.feed.sources[7].name=今日話題-雪球
rss.feed.sources[7].url=https://xueqiu.com/hots/topic/rss
```

注意，由於在 properties 檔案中使用了中文，因此需要保證檔案採用 UTF-8 方式編碼。同時，這裡的 spring.message.encoding=UTF-8 也是必須設定的，否則會出現亂碼。

4. 資源抓取、儲存

下面是最重要的部分，實現 RSS 來源內容的抓取，並儲存到 MongoDB
集合。實現抓取的程式如下：

```
@Slf4j
@Service
public class RssFeedLoader {

    public Pair<RssFeed, List<RssFeedEntry>> loadFeed(FeedSource feedSource) {

        log.info("start to load feed '{}' from {}", feedSource.getName(),
feedSource.getUrl());

        try {
            URL feedUrl = new URL(feedSource.getUrl());
            SyndFeedInput syndFeedInput = new SyndFeedInput();

            //解析 URL 流內容
            SyndFeed syndFeed = syndFeedInput.build(new XmlReader(feedUrl));

            RssFeed rssFeed = new RssFeed();
            rssFeed.setName(feedSource.getName());
            rssFeed.setUrl(feedSource.getUrl());

            //頻道類型
            rssFeed.setType(syndFeed.getFeedType());
            //頻道日期
            rssFeed.setPublishedDate(wrapPublishedDate(syndFeed.
getPublishedDate()));
            //頻道標題
            rssFeed.setTitle(syndFeed.getTitle());
            //頻道描述
            rssFeed.setDescription(syndFeed.getDescription());

            //獲取項目
            Stream<RssFeedEntry> iFeedEntry = syndFeed.getEntries().stream().
map(e -> {
                SyndEntry entry = (SyndEntry) e;

                RssFeedEntry rssFeedEntry = new RssFeedEntry();
                rssFeedEntry.setFeedName(feedSource.getName());
```

```
            //項目連結
            rssFeedEntry.setLink(entry.getLink());
            //項目標題
            rssFeedEntry.setTitle(entry.getTitle());
            //項目描述(摘要)
            rssFeedEntry.setDescription(entry.getDescription().getValue());
            //項目日期
            rssFeedEntry.setPublishedDate(wrapPublishedDate(entry.
                                        getPublishedDate()));

            //項目作者
            rssFeedEntry.setAuthor(entry.getAuthor());
            //分類
            Stream<String> iCategory = entry.getCategories().stream()
                    .map(c -> ((SyndCategory) c).getName());
            rssFeedEntry.setCategories(iCategory.collect(Collectors.
                                        toList()));
            return rssFeedEntry;
        });

        List<RssFeedEntry> rssFeedEntries = iFeedEntry.collect(Collectors.
toList());
        log.info("load feed '{}' finished, title: {}, type: {},
entryCount: {}", rssFeed.getName(),
                rssFeed.getTitle(), rssFeed.getType(), rssFeedEntries.
size());

        return Pair.with(rssFeed, rssFeedEntries);
    } catch (Exception e) {
        log.error("error occurs", e);
        return null;
    }
}

private DateTime wrapPublishedDate(Date date) {
    return date != null
            ? new DateTime(date)
            : new DateTime();
}

}
```

接下來，需要對抓取後的 Feed 項目資訊進行入庫，RssFeedManager.java
檔案程式如下：

```java
@Slf4j
@Service
public class RssFeedManager {

    @Autowired
    private RssFeedLoader feedLoader;

    @Autowired
    private FeedSourcesConfig sourcesConfig;

    @Autowired
    private RssFeedRepository feedRepository;

    @Autowired
    private RssFeedEntryRepository feedEntryRepository;

    public void loadFeeds() {
        log.info("load all feed sources.");

        //載入 Feed 項目
        for (FeedSource feedSource : sourcesConfig.getFeedSources()) {
            Pair<RssFeed, List<RssFeedEntry>> feedListPair = feedLoader.
loadFeed(feedSource);

            if (feedListPair == null) {
                log.warn("load feed '{}' failed.", feedSource.getName());
                continue;
            }
            mergeSave(feedListPair.getValue0(), feedListPair.getValue1());
        }
    }

    private void mergeSave(RssFeed feed, List<RssFeedEntry> feedEntries) {
        //持久化 feed
        if (feedRepository.countByName(feed.getName()) == 0) {

            feedRepository.save(feed);
            log.info("feed '{}' saved", feed.getName());
        } else {
```

```
            log.info("feed '{}' has exists.", feed.getName());
        }

        //持久化項目
        feedEntries.forEach(e -> {
            if (feedEntryRepository.countByFeedNameAndLink(e.getFeedName(),
e.getLink()) == 0) {

                feedEntryRepository.save(e);
                log.info("feed entry '{}' [{}]@{} saved", e.getFeedName(),
e.getTitle(), e.getLink());
            } else {

                log.info("feed entry '{}' [{}]@{} has exists.",
e.getFeedName(), e.getTitle(), e.getLink());
            }
        });
    }
```

上述程式中，loadFeeds 方法實現了整個載入過程，其在讀取設定中的 RssFeed 來源之後，交由 RssFeedLoader 執行抓取工作，最後呼叫 Repository 保存到資料庫。需要注意的細節是，為了避免產生重複的項目，mergeSave 方法中對 RssFeed、RssFeedEntry 分別進行了存在性檢查：

（1）如果存在名稱相同的 RssFeed，則跳過處理。

（2）如果存在 Feed 相同，且 Link（內容連結）相同的 RssFeedEntry，則跳過處理。

存在性檢查是必要的，但在一些個別場景下仍然很難保證資料的唯一性。而細心的讀者可能發現了，我們在 RssFeed、RssFeedEntry 實體中都定義了對應的唯一性索引，實際上這才是避免產生重複記錄的關鍵。

5. 計時器

最後一步是為 RSS 資料的載入過程增加一個入口。使用計時器不失為一個好辦法，而且 SpringBoot 附帶了支持計時器的功能。

透過 Java Config 方式開啟排程器功能,程式如下:

```
@EnableScheduling
@Configuration
public class ScheduleConfig {
}
```

隨後,增加一個計時器任務,程式如下:

```
@Component
public class RssJob {

    public static final long FIX_INTERVAL = 30 * 60 * 1000L;
    public static final long INIT_DELAY = 5 * 1000L;

    @Autowired
    private RssFeedManager feedManager;

    /**
     * 定時排程掃描
     */
    @Scheduled(initialDelay = INIT_DELAY, fixedDelay = FIX_INTERVAL)
    public void onFixDelay() {
        feedManager.loadFeeds();
    }
}
```

我們將計時器的執行設定在每半個小時執行一次,對 RSS 來源的更新頻率來說,這已經完全足夠了。

最後一步,啟動 ServiceRssBoot 程式,可以看到詳細的日誌,如下:

```
[scheduling-1] INFO  .. start to load feed 'CN-Beta' from https://rss.cnbeta.com/
[scheduling-1] INFO  .. load feed 'CN-Beta' finished, title: cnBeta.COM RSS
訂閱, type: rss_2.0, entryCount: 100
[scheduling-1] INFO  .. feed 'CN-Beta' saved
[scheduling-1] INFO  .. feed entry 'CN-Beta' [[圖]白宮將公佈2021年度預算案:
核能預算增至12億美金]@https://www.cnbeta.com/articles/tech/941991.htm saved
[scheduling-1] INFO  .. feed entry 'CN-Beta' [研究稱擁有樂觀的伴侶可能有助預
防阿爾茨海默病]@https://www.cnbeta.com/articles/science/941989.htm saved
[scheduling-1] INFO  .. feed entry 'CN-Beta' [報告:行動裝置將網路流量推向新高
```

度]@https://www.cnbeta.com/articles/tech/941987.htm saved
[scheduling-1] INFO .. feed entry 'CN-Beta' [Windows 7使用者遭遇無法關機的
bug 這裡有臨時解決方案]@https://www.cnbeta.com/articles/tech/941985.htm saved
[scheduling-1] INFO .. feed entry 'CN-Beta' [微軟再談VR：希望它發展壯大 將來
能無腦支持]@https://hot.cnbeta.com/articles/game/941983.htm saved
[scheduling-1] INFO .. feed entry 'CN-Beta' [三星將向受疫情影響的中國供應商
提供21億美金援助]@https://www.cnbeta.com/articles/tech/941981.htm saved
[scheduling-1] INFO .. feed entry 'CN-Beta' [預言帝格蘭瑟姆：化學污染最終導致
只有富人能生孩子]@https://www.cnbeta.com/articles/tech/941979.htm saved

6. 關於 HTTPS 證書問題

我們注意到，一些 RSS 網站使用了 HTTPS 協定，而非 HTTP 協定。在
執行 RSS 來源擷取時可能會遇到證書不受信任的問題，尤其是抓取一些
使用了自簽章憑證的網站。實際上這也是一些爬蟲程式時常遇到的問題。

為了解決這個問題，我們需要對證書採取信任處理，具體程式如下：

```java
public class RssFeedLoader {
    ...

static{
        //設定預設的SSLSocketFactory、HostnameVerifier實例
        HttpsURLConnection.setDefaultHostnameVerifier(noopHostnameVerifier());
        HttpsURLConnection.setDefaultSSLSocketFactory(sslSocketFactory());
    }

    private static SSLSocketFactory sslSocketFactory() {
        try {
            SSLContext sslcontext = SSLContext.getInstance("TLS");

            sslcontext.init(null, new TrustManager[] {
                    new X509TrustManager() {
                        @Override
                        public X509Certificate[] getAcceptedIssuers() {
                            return null;
                        }
                        @Override
                        public void checkClientTrusted(X509Certificate[]
 certs, String authType) {
```

```
                          }
                          @Override
                          public void checkServerTrusted(X509Certificate[]
certs, String authType) {
                          }
                      }
          }, new SecureRandom());
          return sslcontext.getSocketFactory();
      } catch (Exception e) {
          throw new RuntimeException(e);
      }
  }

  private static HostnameVerifier noopHostnameVerifier() {
      return new HostnameVerifier() {
          @Override
          public boolean verify(final String s, final SSLSession sslSession) {
              return true;
          }
      };
  }
```

10.3 發佈 RssFeed

接下來，應該為我們的 RSS 網站增加發佈功能了。有了前面資料儲存的
準備工作，內容發佈已經變得非常簡單。

內容的項目來自於 RssFeedEntry 集合，增加以下方法：

```
public interface RssFeedEntryRepository extends MongoRepository<RssFeedEntry,
String> {

    Page<RssFeedEntry> findByOrderByPublishedDateDesc(Pageable pageable);

    ...
```

RSS 具有時效性，網站最新發佈的內容會排列在前面。因此這裡實現的
是按 PublishedDate 進行降冪排列。

除此之外，還應該為服務層的 RssFeedManager 增加一個查詢入口，程式如下：

```
@Service
public class RssFeedManager{

    /**
     * 獲取最近的項目
     *
     * @param limit
     * @return
     */
    public List<RssFeedEntry> listRecentEntries(int limit) {
        Assert.isTrue(limit > 0, "limit must be larger than zero");
        Page<RssFeedEntry> feedEntries = feedEntryRepository.
findByOrderByPublishedDateDesc(PageRequest.of(0, limit));
        return feedEntries.getContent();
    }
    ...
```

在 Web 分層的程式架構中，盡可能避免跨層呼叫有助長期的程式維護工作。剩下的工作，則交給了 Controller 層。新建 RssController 類別用於提供 RSS 介面，程式如下：

```
@Controller
@Slf4j
public class RssController {

    private static final int DEFAULT_PUBLISH_SIZE = 20;

    private static final String FEED_TYPE = "rss_2.0";

    private static final String FEED_TITLE = "MongoDB.RSS";

    private static final String FEED_LINK = "http://www.mongorss.com/feed";

    private static final String FEED_DESC = "Basic Aggregation";

    private static final String FEED_ENTRY_CONTENT_TYPE = "text/html";

    @Autowired
    private RssFeedManager feedManager;
```

```
@GetMapping(value = "/rss", produces = MediaType.TEXT_XML_VALUE)
@ResponseBody
public String rss() {

    //執行查詢
    List<RssFeedEntry> feedEntries = feedManager.listRecentEntries
(DEFAULT_PUBLISH_SIZE);

    //執行轉換
    SyndFeed outputFeed = new SyndFeedImpl();
    outputFeed.setFeedType(FEED_TYPE);
    outputFeed.setTitle(FEED_TITLE);
    outputFeed.setLink(FEED_LINK);
    outputFeed.setDescription(FEED_DESC);

    List<SyndEntry> outputEntries = new ArrayList<>();
    for (RssFeedEntry feedEntry : feedEntries) {
        SyndEntry outputEntry = new SyndEntryImpl();
        outputEntry.setTitle(feedEntry.getTitle());
        outputEntry.setLink(feedEntry.getLink());
        outputEntry.setAuthor(feedEntry.getAuthor());
        outputEntry.setPublishedDate(feedEntry.getPublishedDate().toDate());

        SyndContent description = new SyndContentImpl();
        description.setType(FEED_ENTRY_CONTENT_TYPE);
        description.setValue(feedEntry.getDescription());
        outputEntry.setDescription(description);

        //分類
        List<SyndCategory> categories = feedEntry.getCategories().
stream().map(c -> {
            SyndCategory category = new SyndCategoryImpl();
            category.setName(c);
            return category;
        }).collect(Collectors.toList());

        outputEntry.setCategories(categories);

        outputEntries.add(outputEntry);
    }

    outputFeed.setEntries(outputEntries);
```

```
            SyndFeedOutput syndFeedOutput = new SyndFeedOutput();
            try {
                String feedXmlContent = syndFeedOutput.outputString(outputFeed);

                return feedXmlContent;
            } catch (FeedException e) {
                log.error("error occurs.", e);
                return "ERROR";
            }
        }
    }
```

需要注意的一些細節如下：

- RSS 使用 HTTP GET 請求獲取內容，返回的回應 ContentType 設定為 text/xml。
- 使用 @ResponseBody 描述返回的字串，作為回應內容體。

重新開機程式，存取 http://localhost:9001/rss ，可以看到聚合的 RSS，如圖 10-2 所示。


```
▼<rss xmlns:dc="http://purl.org/dc/elements/1.1/" version="2.0">
  ▼<channel>
      <title>MongoDB.RSS</title>
      <link>http://www.mongorss.com/feed</link>
      <description>Basic Aggregation</description>
    ▼<item>
      ▼<title>
          创投日报 「弈小象」获北塔资本百万级天使轮融资，「蘑菇物联」完成B轮融资，
        </title>
        <link>http://36kr.com/p/5291450.html?ktm_source=feed</link>
      ▶<description>...</description>
        <category>内容</category>
        <pubDate>Tue, 11 Feb 2020 11:18:27 GMT</pubDate>
        <guid>http://36kr.com/p/5291450.html?ktm_source=feed</guid>
        <dc:creator>Zhudy</dc:creator>
        <dc:date>2020-02-11T11:18:27Z</dc:date>
      </item>
    ▼<item>
        <title>40分钟出结果 香港科技大学研制出新冠病毒便携式检测设备</title>
        <link>https://www.cnbeta.com/articles/tech/942229.htm</link>
      ▶<description>...</description>
        <pubDate>Tue, 11 Feb 2020 11:17:29 GMT</pubDate>
        <guid>https://www.cnbeta.com/articles/tech/942229.htm</guid>
        <dc:creator>ugmbbc</dc:creator>
        <dc:date>2020-02-11T11:17:29Z</dc:date>
      </item>
    ▼<item>
        <title>《巫师》系列原声带上架，游戏原声播放器：Steam启动！</title>
        <link>https://www.gcores.com/articles/119980</link>
      ▼<description>
```


圖 10-2 聚合 RSS 內容（編按：本圖為簡體中文介面）

10.4 統計功能

在 RssFeed 實體的定義中，我們還增加了 entryCount 欄位用於記錄 RSS 來源的存量項目數。為了盡可能即時地更新該資訊，可以選擇在 Feed 載入成功之後進行統計。利用聚合框架可以輕鬆地實現這點。

接下來，除了介紹 Spring Data MongoDB 中的聚合操作，我們還應該關注以下兩個方面的問題：

- 如何實現項目（RssFeedEntry）的統計功能。
- 如何高效率地儲存統計結果。

1. 實現統計

首先，在 RssFeedEntryRepository 介面中增加對應的方法，程式如下：

```
public interface RssFeedEntryRepository extends MongoRepository<RssFeedEntry,
String> {

    @Aggregation("{ $group : { _id : $feedName, value : { $sum : 1 } } }")
    AggregationResults<NameValue> statCounter();

    ..
```

@Aggregation 註釋設定了詳細的聚合操作的 BSON 文件，具體內容為根據 feedName 欄位進行分組統計。返回結果是一個 AggregationResults 物件，透過泛型可限定用於接收聚合操作結果的 POJO 類型。

NameValue 的定義如下：

```
@Data
public class NameValue {

    @Id
    private String name;
    private Integer value;
}
```

@Aggregation 是 Spring-Data-MongoDB 2.2 版本之後提供的註釋。如果所用的版本不支援，則可以使用更加靈活的 Aggregation API。

2. 儲存結果

在獲得對項目數量的分組結果之後，此時應該對 RssFeed 資訊進行更新。最簡單的想法可能是對存量的 RssFeed 一個一個執行 save 方法，這看起來並沒有太多問題。然而，如果 RssFeed 數量較多則會執行多次 save 方法，而且，save 方法實際會保存整個實體物件。出於效率考慮，這裡將嘗試使用接近原生 API 的 update 操作來實現。

由於是非標準化的方法，需要使用自訂介面，程式如下：

```
public interface RssFeedRepositoryCustom {

    void saveStats(List<NameValue> nameValueList);
}
```

需要記得讓 RssFeedRepository 也繼承該介面，程式如下：

```
public interface RssFeedRepository extends MongoRepository<RssFeed, String>,
RssFeedRepositoryCustom {

    List<RssFeed> findByNameIn(List<String> names);
    ...
}
```

之後，創建 RssFeedRepositoryImpl 類別，用於實現介面，程式如下：

```
public class RssFeedRepositoryImpl implements RssFeedRepositoryCustom {

    @Autowired
    private MongoTemplate template;

    @Override
    public void saveStats(List<NameValue> nameValueList) {

        //構造無序 Bulk 物件
        BulkOperations bulkOperations = template.bulkOps(BulkOperations.
BulkMode.UNORDERED, RssFeed.class);
```

```
        nameValueList.forEach(nv -> {
            Query query = new Query();
            query.addCriteria(Criteria.where(RssFeed.COL_NAME).is(nv.
getName()));

            Update update = new Update();
            update.set(RssFeed.COL_ENTRY_COUNT, nv.getValue());

            bulkOperations.updateOne(query, update);
        });

        bulkOperations.execute();
    }
}
```

RssFeedManager 是 Feed 載入過程的入口，有必要在結束處理時加入統計操作，程式如下：

```
@Service
public class RssFeedManager {

    ...

    public void loadFeeds() {
        ...

        //結束處理，更新統計
        updateStat();
    }

    private void updateStat() {
        AggregationResults<NameValue> statResults = feedEntryRepository.
statCounter();
        List<NameValue> nameValues = statResults.getMappedResults();

        log.info("update feed stats: {}", JsonUtil.toPrettyJson(nameValues));

        feedRepository.saveStats(nameValues);
    }

    ...
```

為了便於查看效果,這裡增加了對應的日誌記錄。在正常完成統計後。
輸出效果如下:

```
INFO - update feed stats: [ {
  "name" : "今日話題-雪球",
  "value" : 82
}, {
  "name" : "CN-Beta",
  "value" : 207
}, {
  "name" : "36氪",
  "value" : 40
}, {
  "name" : "煎蛋網",
  "value" : 14
}, {
  "name" : "產品100",
  "value" : 26
}, {
  "name" : "機核網路",
  "value" : 38
}, {
  "name" : "異次元軟體",
  "value" : 60
}, {
  "name" : "少數派",
  "value" : 24
} ]
```

10.5 開發門戶介面

10.5.1 前端元件

在 service-rss 專案中,我們將開發出完整的前端介面來呈現內容。為此,
筆者選取了目前流行的前端框架作為基礎。

1. Vue.js（見圖 10-3）

圖 10-3 Vue.js

Vue.js 是 JavaScript 前端框架，由 Google 前工程師尤雨溪所開發。該框架的初衷是為了簡化單頁前端應用的開發。相對 Angular.js 來說，Vue.js 提供了更簡潔、更易於了解的 API，使得我們能夠快速上手並使用。該框架於 2015 年 10 月發佈 1.0 版本，至今在 GitHub 上已經獲得超過 15 萬的關注數，是最受歡迎的開放原始碼專案之一。

Vue.js 有什麼優勢：

- 基於 MVVM，極佳地解決了資料雙向綁定的問題。
- 支援輕量化範本、元件化、指令等特性，使得開發更加高效。
- 社區活躍度高，有龐大的開發者群眾以及配套的元件。

圖 10-4 描述了 Vue.js 的基本工作原理。

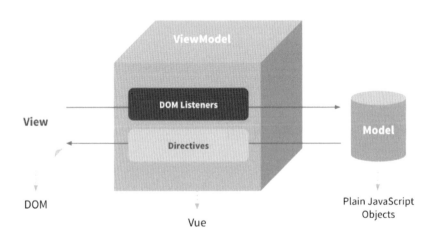

圖 10-4 MVVM 模型

所謂 MVVM 模型，就是 Model+View+ViewModel 的簡稱。

- View 是 HTML 視圖範本。
- Model 是資料模型，包含資料的處理方法（比如增加、刪除、修改、查詢）。
- ViewModel 是業務邏輯層，包含一切視覺化業務邏輯，比如表單按鈕提交、自訂事件的註冊、資料變化監控等。

其中，ViewModel 是實現資料雙向綁定的關鍵。一方面，其透過監聽 DOM 的手段獲得視圖層的變化；另一方面，資料的變化也會以 Observer（觀察者模式）方式通知到 ViewModel，最終由 ViewModel 實現視圖、資料模型之間的雙向聯動。

2. Bootstrap（見圖 **10-5**）

圖 10-5　Bootstrap

Bootstrap 是 Twitter 開發團隊開放原始碼的前端框架，該專案流行至今已久，主要提供了一套優雅的 HTML 和 CSS 規範。

Bootstrap 專案的誕生是程式設計師的福音，因為它不需要進行大量的頁面樣式設計就能獲得一個震撼且美觀的前端介面。該專案一直是 GitHub 上的熱點，目前使用最廣的版本是 Bootstrap 3.x，其在 2018 年 1 月推出了 Bootstrap 4.x 版本（基於 ES6 開發）。

Bootstrap 的特點：

- 好用的響應式佈局，讓一個網站可以相容不同解析度的裝置（PC、手機、平板）。
- 提供了豐富的元件，如選單、對話方塊、面板等，開箱即用。

- 樣式上乘，類似於 Twitter 前端的 UI 風格，符合主流審美。
- 生態鏈完整，因為平台推廣合格，有大量的應用受眾者。

10.5.2 RSS 門戶應用

在前面的章節中，我們已經完成了 RSS 內容的擷取和入庫工作。接下來的門戶介面將包括以下功能：

- 提供 RSS 內容項目的羅列，支援按 RSS 來源進行篩選。
- 支援查看 RSS 內容的詳情。
- 提供 RSS 訂閱入口。

目標呈現的效果如圖 10-6 所示。

圖 10-6 RSS 項目首頁（編按：本圖為簡體中文介面）

1. 基礎程式

整個門戶採用單頁面方式實現，一開始我們需要引入 Vue.js、Bootstrap 框架。在 HTML 頁面頭部增加以下內容：

```
<!-- 引入 bootstrap CSS -->
<link rel="stylesheet" href="https://cdn.bootcss.com/twitter-bootstrap/4.3.1/
css/bootstrap.min.css"></link>
<!-- 引入 bootstrap JS -->
<script src="https://cdn.bootcss.com/jquery/3.3.1/jquery.min.js"></script>
```

```
<script src="https://cdn.bootcss.com/popper.js/1.14.7/umd/popper.min.js">
</script>
<script src="https://cdn.bootcss.com/twitter-bootstrap/4.3.1/js/bootstrap.
min.js"></script>

<!-- 引入 vue core 框架 -->
<script src="https://cdn.bootcss.com/vue/2.6.10/vue.min.js"></script>
<!-- 引入 vue resource (http功能) -->
<script src="https://cdn.staticfile.org/vue-resource/1.5.1/vue-resource.min.
js"></script>
```

內容佈局的框架如下：

```
<body>
<div class="container mt-4" style="width: 960px;" id="app" v-cloak="">
    <div class="row">
        <!-- 內容區域 -->
        <div class="col-8">

            ...

        </div>
        <!-- 側邊欄 -->
        <div class="col-4">

            ...

        </div>
    </div>

    </div>
</div>

<script type="text/javascript" th:src="@{/static/index.js}"></script>
</body>
```

- 整體佈局比例為 8　4，分為內容區域、側邊欄，class="container" 表示整個容器 div 採用置中對齊。
- 在容器 div 的尾端引入了 index.js，這是實現本頁面互動的指令檔。瀏覽器將在載入完容器 div 之後執行指令稿。
- 容器 div 指定了 DOM 元素 id="app"。此外，增加了一個 v-cloak 標記，這用來解決「介面閃動」的問題。

如果網路較慢，在 Vue.js 沒有完成模組載入時瀏覽器可能會直接呈現出範本程式。此時在容器中增加 v-cloak 標記，同時指定帶此標記的元素為不可見，程式如下：

```
<style>
  [v-cloak] {
    display: none;
  }
</style>
```

當 Vue.js 完成模組解析後，將自動清除該標記，此時便可以呈現出解析後的功能介面。

接下來，需要在 index.js 中對 Vue 模組物件進行宣告，程式如下：

```
window.vm = new Vue({
  el: '#app',
  data: {
    //feeds來源
    feeds: [],
    //項目資料
    entryList: [],
    //載入狀態
    isloading: false,
    //當前選中Feed
    currentFeed: null,
    //當前選中項目
    currentEntry: null,
    //分頁資料
    pager:{
      page: 1,
      size: 10,
      pageCount: 0,
      totalCount: 0,
    }
  },
  ...
```

其中，el 屬性指向了 id="app" 的容器 div，而 data 則是資料模型的部分。

- feeds：當前可選的 Feed 來源列表。

- entryList：指當前顯示的 RSS 項目清單。
- isloading：用於描述是否處於載入中的狀態。
- currentFeed：描述當前選中的 Feed 來源物件。
- currentEntry：描述當前選中（呈現詳情）的 RSS 項目實體。
- pager：是用於繪製分頁元件的物件。

基於此，整個頁面將劃分為 3 個模組：Feed 列表區、項目列表區、項目詳情區。

2. Feed 列表區

位於側邊欄的部分是 Feed 清單區。除此之外，我們還在頂部增加了一個 RSS 訂閱的超連結，用於指向 RSS 內容發佈的介面，如圖 10-7 所示。

圖 10-7 Feed 列表區（編按：本圖為簡體中文介面）

（1）互動流程
- Feed 來源資料完成載入後，需要自動補充「全部」的選項。
- 點擊 Feed 列表區的某一項，會切換選中狀態，同時觸發項目清單區域的載入。

（2）關鍵程式

Feed 清單區的頁面範本如下：

```
<!-- 側邊欄 -->
<div class="col-4">
    <div class="pb-2">
        <a class="btn" href="/rss" target="_blank" role="button">訂閱本站 >>
</a>
    </div>

    <ul class="list-group">
        <template v-for="feed in feeds">
            <a href="#" class="list-group-item list-group-item-action"
                v-bind:class="{ active: currentFeed == feed }"
                v-on:click="switchFeed(feed)">
                { { feed.isall? feed.name: feed.name + "(" + feed.entryCount
+ ")" } }
            </a>
        </template>
    </ul>

</div>
```

在 Vue 模組初始化完成時，需要向後台請求 Feed 清單進行繪製，實現程
式如下：

```
window.vue = new Vue({
    ...
    //創建物件時，初始化
    created: function() {
        this.$http.post('/feeds',{},{emulateJSON:true}).then(function(res){
            var respFeeds = res.body;
            var iFeeds = [];
            iFeeds.push({name: "全部", isall: true});
            if(respFeeds){
                iFeeds = iFeeds.concat(respFeeds);
            }
            this.feeds = iFeeds;
            this.currentFeed = iFeeds[0];

            console.log(this.feeds);
```

```
    },function(res){
      console.log("error" + res.status);
    });
  }
  ...
```

點擊 Feed 清單項，將觸發 switchFeed 函數進行切換，實現程式如下：

```
window.vue = new Vue({
  ...
  methods: {
    switchFeed: function(feed){
      if(this.isloading){
        return;
      }
      if(this.currentFeed != feed){
       //切換 currentFeed 物件
        this.currentFeed = feed;
        //重置頁碼
        this.pager.page = 1;
      }
    }
  ...
```

由於 currentFeed 發生了變更，為了觸發項目資料的動態載入，應該對 currentFeed 屬性進行監聽，程式如下：

```
vm.$watch("currentFeed", function(newVal, oldVal){
  this.loadData();
}, {deep: true});
```

3. 項目列表區

項目列表區展現了當前選中 Feed 分類下的項目資訊，包括標題、來源、發佈日期，如圖 10-8 所示。

（1）互動流程

- 動態展示清單內容，支援「載入中」、「載入完成」兩種狀態。
- 點擊清單項，彈出 RSS 詳情對話方塊。
- 支援分頁，根據返回的資料結果展示分頁元件，同時呈現整體記錄數。

圖 10-8 項目列表區（編按：本圖為簡體中文介面）

（2）關鍵程式

透過 v-if/else 指令，可以實現清單資料在不同載入狀態的動態切換，範本程式如下：

```
<!-- 內容區域 -->
<div class="col-8">

    <!--載入中-->
    <div v-if="isloading == true">
        <div class="spinner-border m-5" role="status">
            <span class="sr-only">Loading...</span>
        </div>
    </div>
    <!--載入完畢-->
    <div v-else="">
        <div class="list-group" style="min-height:500px">
            <!--展示列表-->
            <template v-for="entry in entryList">
                <div class="list-group-item" style="border: 0;">
                    <h5><a v-on:click.prevent="showInfo(entry)" style=
```

```
"cursor:pointer">{ { entry.title? entry.title: "無題" } }</a></h5>
                    <p class="mb-0">
                        <small>來源：{ { entry.feedName } }</small> 
                        <small>發佈於：{ { entry.publishedDate} }</small>
                    </p>
                </div>
            </template>
        </div>
        ...

    </div>
</div>
```

在執行資料載入時，先將 isloading 設定為 true，當資料載入完成後再設定為 false，同時回填 entryList 屬性。具體實現程式如下：

```
window.vue = new Vue({
  ...
  methods: {

    loadData: function(){
      this.isloading = true;
      var that = this;

      var params = {
          feed: this.currentFeed.isall? '': this.currentFeed.name,
          page: this.pager.page,
          size: this.pager.size
      };
      this.$http.post('/entries',params,{emulateJSON:true}).then(function(res){

          that.isloading = false;
          console.log(res.body);

          //項目列表
          this.entryList = res.body.list;

          //項目數量
          this.pager.totalCount = res.body.totalCount;

        //分頁數量
          this.pager.pageCount = Math.floor((this.pager.totalCount - 1)/
```

```
this.pager.size) + 1;
        },function(res){
            console.log("error" + res.status);
      });

    },
```

可以看到，其中除了項目列表資料，對分頁資料也進行了計算及設定值，分頁範本實現程式如下：

```html
<!-- 內容區域 -->
<div class="col-8">

    <!--載入完畢-->
    <div v-else="">
      <!-- 項目列表 -->
        ...

        <!-- 分頁元件 -->
        <div class="pt-5"></div>
        <nav class="float-left" v-if="pager != null" aria-label="Page
navigation">
            <ul class="pagination">

                <!-- 首頁 -->
                <li v-if="pager.pageCount > 0 && 1 != pager.page " class=
"page-item">
                    <a class="page-link" href="#" v-on:click.prevent=
"switchPage(1)">
                        <span>&laquo;</span>
                    </a>
                </li>

                <template v-for="n in pagerGroup">
                    <li class="page-item" v-bind:class="pager.page == n?
'active': ''">
                        <a class="page-link" href="#" v-on:click.prevent=
"switchPage(n)">{ { n } }</a>
                    </li>
                </template>

                <!-- 末頁 -->
```

```
                    <li v-if="pager.pageCount > 0 && pager.pageCount != pager.
page" class="page-item">
                        <a class="page-link" href="#" v-on:click.prevent=
"switchPage(pager.pageCount)">
                            <span>&raquo;</span>
                        </a>
                    </li>
            </ul>
        </nav>

        <div class="float-right pt-1">
            <small>總數：</small>
            <span class="badge badge-primary">{ { pager.totalCount } }</span>
        </div>
        <div class="clearfix"></div>
    </div>
</div>
```

頁面中使用了一個 "pageGroup" 屬性，在一開始的模型定義中並不存在，
而這是一個「計算屬性」。為什麼需要這個屬性？因為一旦項目資料非常
多，會導致頁碼非常多，很難想像在一個頁碼展示 500 個數字會是什麼
情況。因此，有必要對頁碼進行分組展示，每次只展示最多 8 個頁碼，
即分組大小 =8。這裡的 pageGroup 屬性是根據當前資料項目總數、分頁
大小以及分組大小計算出來的頁碼列表，程式如下：

```
window.vue = new Vue({
  ...
  computed: {
    pagerGroup: function(){
        var current = this.pager.page;
        var pageCount = this.pager.pageCount;

        var groupSize = 8;
        var pageList = [ current ];

        var left = current -1;
        var right = current +1;

        while (pageList.length < groupSize) {
```

```
        if(left > 0){
            pageList.push(left--);
        }

        if (pageList.length < groupSize && right <= pageCount) {
            pageList.push(right++);
        }

        if(left <= 0 && right > pageCount) {
            break;
        }
    }

    //頁碼排序
    pageList.sort(function(a,b){ return a-b });
    return pageList;
    }
},
```

最後，在每個頁碼上點擊，都將觸發 switchPage 方法，從而重新載入資料，程式如下：

```
window.vue = new Vue({
  ...
  methods: {
    switchPage: function(page){
        if(this.isloading){
          return;
        }
        this.pager.page = page;
        this.loadData();
    },
```

4. 項目詳情區

點擊項目列表區的標題，可彈出項目詳情對話方塊，這裡會展示更多的屬性，如圖 10-9 所示。

圖 10-9 項目詳情區（編按：本圖為簡體中文介面）

（1）互動流程

■ 展示當前選中（點擊）的 RSS 項目資訊，包括作者、簡介、分類標籤等。

■ 點擊標題，可打開原始連結頁面。

（2）關鍵程式

點擊項目清單項，觸發 showInfo 方法以彈出對話方塊，程式如下：

```
window.vue = new Vue({
  ...
  methods: {
    //展示詳情
    showInfo: function(entry){
        this.currentEntry = entry;
        $('#myModal').modal('show')
    }
  }
}
```

模態對話方塊基於 Bootstrap 實現，範本程式如下：

```
<!-- 模態對話方塊 -->
<div class="modal fade" id="myModal" tabindex="-1" role="dialog">
    <div class="modal-dialog" role="document">
        <div class="modal-content">
```

```
            <div class="modal-header">
                <h5 class="modal-title">來源：{ { currentEntry? currentEntry.
feedName: "~"} }</h5>
                <button type="button" class="close" data-dismiss="modal"
aria-label="Close">
                    <span aria-hidden="true">&times;</span>
                </button>
            </div>
            <div class="modal-body">
                <div v-if="currentEntry==null">
                    暫無
                </div>
                <div v-else="">
                    <div class="row pb-4 border-bottom">
                        <div class="col-12">
                            <h5>
                                <a v-bind:href="currentEntry.link" class=
"text-dark" target="_blank">{ {currentEntry.title} }</a>
                            </h5>
                            <p></p>
                            <h6>作者：{ { currentEntry.author } }</h6>
                            <h6>發佈時間：{ { currentEntry.publishedDate } }</h6>
                            <p style="max-height:50px; overflow:hidden">
                                <template v-for="category in currentEntry.
categories">
                                    <span class="badge badge-pill badge-
secondary">{ { category } }</span> 
                                </template>
                            </p>
                        </div>
                    </div>

                    <div class="row mt-4 mb-2">
                        <div class="col-12
                            style="max-width: 99%; height: 220px; font-size:
14px; line-height: 2em; overflow: auto; text-overflow: ellipsis;"
                            v-html="currentEntry.description">
                        </div>
                    </div>
                </div>
            </div>
        </div>
```

```
        </div>
    </div>
```

10.5.3 實現後台介面

在整個門戶介面的互動流程中，只涉及兩個後台介面，包括：

■ 獲取 Feed 清單介面。

■ 獲取項目清單介面。

持久層部分已經在前面實現過，我們只需要在 RssFeedManager 類別中實現操作的封裝，程式如下：

```
@Service
public class RssFeedManager {

    ...

    /**
     * 獲取 Feed 列表
     *
     * @return
     */
    public List<RssFeed> listFeeds() {
        return feedRepository.findAll();
    }

    /**
     * 根據分頁獲取項目
     *
     * @param feedName
     * @param pageRequest
     * @return
     */
    public Page<RssFeedEntry> listPageEntries(String feedName, PageRequest
pageRequest) {
        Asserts.notNull(pageRequest, "pageRequest required.");

        Page<RssFeedEntry> feedEntries;
        if (StringUtils.isEmpty(feedName)) {
```

```
            feedEntries = feedEntryRepository.findByOrderByPublishedDateDesc(
pageRequest);
        } else {
            feedEntries = feedEntryRepository.findByFeedNameOrderByPublished
DateDesc(feedName, pageRequest);
        }
        return feedEntries;
    }
    ...
```

接下來，增加 FeedController 類別，提供首頁跳躍和查詢介面的實現，程式如下：

```
@Controller
public class FeedController {

    public static final int PAGE_SIZE = 10;

    @Autowired
    private RssFeedManager feedManager;

    @GetMapping("/")
    public String index() {
        return "index";
    }

    @ResponseBody
    @PostMapping("/feeds")
    public List<FeedInfo> feeds() {
        //查詢 Feed 列表
        List<RssFeed> feedList = feedManager.listFeeds();

        //DTO 轉換
        return feedList.stream().map(feed -> {
            return FeedInfo.builder()
                    .name(feed.getName())
                    .description(feed.getDescription())
                    .type(feed.getType())
                    .publishedDate(feed.getPublishedDate())
                    .title(feed.getTitle())
                    .entryCount(feed.getEntryCount())
                    .build();
```

```
        }).collect(Collectors.toList());
    }

    @ResponseBody
    @PostMapping("/entries")
    public PageResult<FeedEntryInfo> entries(@RequestParam(value = "feed",
            required = false) String feed,
            @RequestParam(value = "page", required = false) Integer page,
            @RequestParam(value = "size", required = false) Integer size) {


        if (page == null || page <= 0) {
            page = 1;
        }
        if (size == null || size <= 0) {
            size = PAGE_SIZE;
        }
        PageRequest pageRequest = PageRequest.of(page - 1, size);

        //查詢項目列表
        Page<RssFeedEntry> entries = feedManager.listPageEntries(feed,
pageRequest);
        //DTO 轉換
        List<FeedEntryInfo> entryInfos = entries.stream().map(e -> {
            return FeedEntryInfo.builder()
                    .feedName(e.getFeedName())
                    .title(e.getTitle())
                    .link(e.getLink())
                    .categories(e.getCategories())
                    .author(e.getAuthor())
                    .description(e.getDescription())
                    .publishedDate(e.getPublishedDate())
                    .build();
        }).collect(Collectors.toList());
        return PageResult.of(entries.getTotalElements(), entryInfos);
    }

}
```

至此，一切準備完畢，可以啟動 ServiceRssBoot 程式，在瀏覽器中打開：
http://localhost:9001/，開始體驗本次所架設的 RSS 門戶吧！

10.6 打包應用程式

10.6.1 使用 spring-boot-maven-plugin 外掛程式

為了在環境中發佈 ServiceRss 專案，還需要實現 SpringBoot 應用程式的打包。這個工作可以利用 spring-boot-maven-plugin 外掛程式來完成，預設情況下該外掛程式會將 SpringBoot 應用打包成一個獨立的可執行 jar 套件，而且不需要做任何複雜的設定。

首先在 pom.xml 檔案中增加對外掛程式的依賴，程式如下：

```
<build>
    <plugins>
        <!-- build for springboot jar -->
        <plugin>
          <groupId>org.springframework.boot</groupId>
          <artifactId>spring-boot-maven-plugin</artifactId>
          <version>${spring-boot.version}</version>
          <executions>
            <execution>
              <goals>
                <goal>repackage</goal>
              </goals>
            </execution>
          </executions>
        </plugin>
      ...
    </plugins>
</build>
```

然後，執行 Maven 外掛程式打包命令：

```
mvn clean package
```

成功之後，會發現生成了 service-rss-1.0-SNAPSHOT.jar，可直接執行該 jar 套件的啟動程式：

```
java -jar service-rss-1.0-SNAPSHOT.jar
```

如果希望以某種 profile 啟動，則可以用以下程式指定：

```
java -jar service-rss-1.0-SNAPSHOT.jar --spring.profiles.active=prod
```

預設情況下，打包外掛程式會將類別路徑中的設定檔都增加到 jar 套件內，因此以這種方式打包啟動應用時，需要保證這些設定檔已經可以正常執行。

10.6.2 使用 assembly 外掛程式

使用 spring-boot-maven-plugin 的預設方式固然很美好，但其靈活性欠佳，在一些生產專案中發佈可能還會有其他需求，具體如下。

首先是設定，SpringBoot 的 Maven 外掛程式會將所有設定檔都增加到 jar 套件內，而某些設定可能與環境強相關，這些需要在部署時才能確定。比如應用通訊埠、安全證書或日誌設定等，這時我們希望在 jar 套件外部存放這些檔案。

其次是執行指令稿，在雲端服務器的虛擬機器環境中安裝應用，通常需要提供啟停指令稿，包括一些監控功能指令稿，這些需要作為專案打包的一部分。

最後，將應用程式發佈為 TGZ 或 ZIP 格式的壓縮檔會更加靈活，你可以增加更多的內容。

為了實現更靈活的打包方式，我們可以引入 maven-assembly-plugin 這個外掛程式，程式如下：

```
<build>
    <plugins>
        <!-- jar plugin -->
        <plugin>
            <groupId>org.apache.maven.plugins</groupId>
            <artifactId>maven-jar-plugin</artifactId>
            <version>3.2.0</version>
            <configuration>
                <archive>
```

```
                    <manifestEntries>
                        <Class-Path>./config/</Class-Path>
                    </manifestEntries>
                </archive>
            </configuration>
        </plugin>
        <!-- build for springboot jar -->
        <plugin>
            <groupId>org.springframework.boot</groupId>
            <artifactId>spring-boot-maven-plugin</artifactId>
            <version>${spring-boot.version}</version>
            <configuration>
                <mainClass>org.hscoder.mongoapps.springcloud.rss.
ServiceRssBoot</mainClass>
            </configuration>
            <executions>
                <execution>
                    <goals>
                        <goal>repackage</goal>
                    </goals>
                </execution>
            </executions>
        </plugin>
        <!-- build for application package -->
        <plugin>
            <groupId>org.apache.maven.plugins</groupId>
            <artifactId>maven-assembly-plugin</artifactId>
            <version>3.2.0</version>
            <executions>
                <execution>
                    <id>bundle</id>
                    <phase>package</phase>
                    <goals>
                        <goal>single</goal>
                    </goals>
                    <configuration>
                        <descriptors>
                            <descriptor>${basedir}/src/main/build/assembly.
xml</descriptor>
                        </descriptors>
                    </configuration>
                </execution>
```

```
            </executions>
        </plugin>
    </plugins>
</build>
```

這裡提供了一個完整的案例，其打包過程如下。

（1）maven-jar-plugin：首先將應用程式打包成 jar 套件，然後將 ./config/ 目錄增加到 jar 套件的執行類別路徑中。最終生成的 jar 套件內，也會發現 manifest 檔案存在該設定。將 ./config/ 目錄作為 jar 套件的類別路徑，即實現了從 jar 套件外部讀取設定的功能。

（2）spring-boot-maven-plugin：將生成的 jar 套件進行重新打包（repackage），這個過程會根據 SpringBoot 應用的佈局來生成對應的目錄結構，最終輸出可執行的 jar 套件。mainClass 選項用來指定 SpringBoot 程式的啟動類別，這是可選的，但如果程式中存在多個 main 入口類別，則需要加上這個設定。

（3）maven-assembly-plugin：開始工作，該外掛程式會根據 /src/main/ build/assembly.xml 這個設定來完成最終的套裝程式建構。maven-plugin 會綁定到 Maven 的某個生命週期階段執行，而上述幾個外掛程式都綁定到了打包階段，執行次序則是由宣告的先後順序決定的。因此，請務必保證正確的設定順序。

❏ 套裝程式構造

assembly.xml 檔案的定義如下：

```
<assembly xmlns="http://maven.apache.org/plugins/maven-assembly-plugin/
assembly/1.1.2"
        xmlns:xsi="http://www.w3.org/2001/XMLSchema-instance"
        xsi:schemaLocation="http://maven.apache.org/plugins/maven-assembly-
plugin/assembly/1.1.2 http://maven.apache.org/xsd/assembly-1.1.2.xsd">
    <id>bundle</id>
    <formats>
        <format>tar.gz</format>
```

```xml
    </formats>
    <includeBaseDirectory>false</includeBaseDirectory>

    <fileSets>
        <!-- config files -->
        <fileSet>
            <directory>${basedir}/src/main/resources</directory>
            <includes>
                <include>application*.properties</include>
                <include>log4j2.xml</include>
            </includes>
            <fileMode>0644</fileMode>
            <outputDirectory>/config</outputDirectory>
        </fileSet>
        <!-- scripts -->
        <fileSet>
            <directory>${basedir}/src/main/build/bin</directory>
            <includes>
                <include>*.sh</include>
            </includes>
            <fileMode>0755</fileMode>
            <outputDirectory>/</outputDirectory>
            <lineEnding>unix</lineEnding>
        </fileSet>
        <!-- executable jar -->
        <fileSet>
            <directory>${project.build.directory}</directory>
            <outputDirectory>/</outputDirectory>
            <includes>
                <include>${project.artifactId}-${project.version}.jar</include>
            </includes>
            <fileMode>0755</fileMode>
        </fileSet>
    </fileSets>

</assembly>
```

可以看到，除了可執行的 jar 檔案，套裝程式還增加了對應的指令稿和設
定檔。

- 啟動指令稿。檔案路徑為 /src/main/build/bin/start.sh，程式如下：

```
nohup java -jar service-rss-1.0-SNAPSHOT.jar --spring.config.location=./
config/application.properties > console.log 2>&1 &
tail -n100 -f console.log
```

- 停止指令稿。檔案路徑為 /src/main/build/bin/stop.sh，程式如下：

```
kill `cat application.pid`
rm application.pid
```

- 設 定 檔（ 輸 出 到 ./config/ 目 錄 ）。 包 括 /src/main/resources/application.
properties/src/main/resources/log4j2.xml。

執行打包命令，輸出如下：

```
> mvn clean package
[INFO] --- maven-assembly-plugin:3.2.0:single (bundle) @ service-rss ---
[INFO] Reading assembly descriptor: src/main/build/assembly.xml
[INFO] Building tar: target\service-rss-1.0-SNAPSHOT-bundle.tar.gz
[INFO] -------------------------------------------------------------------
[INFO] BUILD SUCCESS
```

查看生成的壓縮檔，目錄結構如圖 10-10 所示。

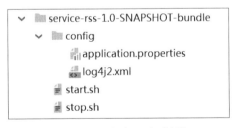

圖 10-10 打包目錄結構

使用外部的設定檔，可以方便我們對環境中的應用設定進行修改。然而，
在微服務架構中，更多的選擇是採用 Docker 容器部署，而非傳統的虛擬
機器部署方式。這樣一來，我們將很難對容器內的設定檔進行更改，最
終，我們需要將可變的業務設定託管到統一的設定中心平台。

Chapter

11

性能基準

▦ 11.1 性能基準

11.1.1 了解基準測試

基準測試（benchmarking）是用於評估系統性能的常用手段，其對系統容量規劃及成本評估具有重要意義。一般來說基準測試需要在一種相對確定的系統組態和環境（包括工作負載）中展開測試，在此過程中對產生的結果進行收集、分析以及評估，並以此建立可度量的參考標準。基準測試方法需要滿足 3 個基本原則。

- 可重複性，指測試過程可以反覆進行，對於同樣過程產生的結果應該是穩定的，不會受到時間、地點、執行者的影響。
- 可度量性，指測試產生的結果可以進行量化，一次基準測試的結果通常會涉及多種資料指標。
- 可比較性，可基於不同的系統組態或環境條件進行多組測試，比較每次測試的結果，為系統最佳化和規劃工作提供評估參考。

在當前流行的 Web 架構中，資料庫一直處於非常關鍵的位置，這與大多數 Web 應用屬於 I/O 密集型應用有關。同時，在許多性能最佳化實踐中，可以發現資料庫往往最容易成為性能的瓶頸。由此可見，提前對資料庫進行基準測試這項工作就變得非常重要了。

透過對業務資料庫開展基準測試，我們可以從以下幾個方面獲得受益。

（1）應用層最佳化，對於不同的資料庫設計模式（schema），是選擇內嵌還是拆表，可能導致較大的性能差異。透過基準測試可以辨識一些問題，並幫助我們確定最佳模式。

（2）資料庫最佳化，對系統的某些特定設定進行最佳化之後，或是採用不同的資料庫版本、硬體環境進行比較測試，以此論證系統最佳化所帶來的成本縮減。

（3）容量規劃，基於業務需求（包含讀寫比例、資料集的大小等）和現有的資料庫設定規格進行基準負載測試，建立資料庫性能基準線，為系統在未來的容量發展規劃提供可信的依據。

11.1.2 輸送量、併發數、回應時間

在一組資料庫基準測試中，我們需要關注以下 3 個指標。

（1）回應時間：用戶端從發出請求開始，到返回回應所需要的時長。回應時間的指標包含平均回應時間、最短回應時間、最長回應時間，以及時間百分比指標（如 p50/p75/p95）。

（2）輸送量（TPS/QPS）：資料庫每秒處理的交易數。一個交易對一次請求回應的過程。

（3）併發數：同一時間點請求伺服器的使用者數，一般是透過建立併發連接或執行緒進行模擬。

在伺服器沒有達到瓶頸的情況下，這 3 個指標的關係如下：

$$輸送量 = 併發數 / 回應時間$$

在假設每個交易的回應時間相對穩定的情況下，增加一定的併發數（執行緒），通常可以達到更高的輸送量。而反過來，在併發數一定的條件下，交易的回應時間越長，輸送量就會越小，即每秒鐘能完成的交易更少了。

除此之外，在壓測過程中同樣需要對系統資源用量、回應錯誤率等指標進行觀察及收集，並以此確定系統所能承受的最大壓力。一般的測試方法是，透過逐步加大系統的併發數，觀察系統性能指標的變化以及反趨點的出現，如圖 11-1 所示。

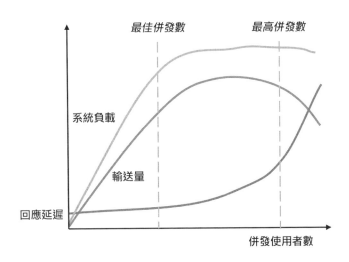

圖 11-1 輸送量、併發數、延遲的關係

圖 11-1 中說明了這幾項指標的一些關係。在併發數達到一定的數量後，系統的輸送量開始呈現平穩的趨勢，當壓力持續增大並超過系統負荷之後，輸送量反而會下降，此時通常也伴隨著回應時間的延長而明顯增大。

11.2 WiredTiger 讀寫模型

11.2.1 讀取快取

理想情況下，MongoDB 可以提供近似記憶體式的讀寫性能。WiredTiger引擎實現了資料的二級快取，第一層是作業系統的頁面快取，第二層則是引擎提供的內部快取，如圖 11-2 所示。

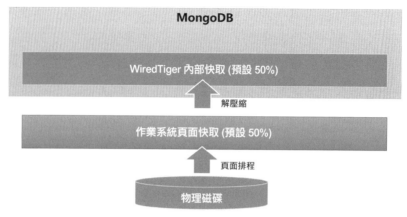

圖 11-2　WiredTiger 讀取資料

讀取資料時的流程如下：

■ 資料庫發起 Buffer I/O 讀取操作，由作業系統將磁碟資料頁載入到檔案系統的頁快取區。

■ 引擎層讀取頁快取區的資料，進行解壓後存放到內部快取區。

■ 在記憶體中完成匹配查詢，將結果返回給應用。

可以看出，如果資料已經被儲存在內部快取中，MongoDB 則可以發揮最佳的讀取性能。稍差的情況是內部快取中找不到，但資料仍然被儲存在作業系統的頁快取中，此時需要花費一些資料解壓縮的負擔。直接從磁碟載入資料的性能是最差的，因此 MongoDB 為了盡可能保證業務查詢的「熱資料」能快速被存取，其內部快取的預設大小達到了記憶體的一半，該值由 wiredTigerCacheSize 參數指定，其預設的計算公式如下：

$$wiredTigerCacheSize = Math.max((RAM - 1GB),256MB)$$

11.2.2　寫入緩衝

當資料發生寫入時，MongoDB 並不會立即持久化到磁碟上，而是先在記憶體中記錄這些變更，之後透過 CheckPoint 機制將變化的資料寫入磁碟。為什麼要這麼處理？主要有以下兩個原因。

- 如果每次寫入都觸發一次磁碟 I/O，那麼負擔太大，而且回應延遲會比較大。
- 多個變更的寫入可以盡可能進行 I/O 合併，降低資源負荷。

所以，緩衝寫入不失為一種好辦法。但是，資料一旦被延遲持久化，就避不開另外一個問題：可用性。

MongoDB 單機下保證資料可用性的機制包括以下兩個部分。

（1）CheckPoint（檢查點）機制：快照（snapshot）描述了某一時刻（point-in-time）資料在記憶體中的一致性視圖，而這種資料的一致性是 WiredTiger 透過 MVCC（多版本併發控制）實現的。當建立 CheckPoint 時，WiredTiger 會在記憶體中建立所有資料的一致性快照，並將該快照覆蓋的所有資料變化一併進行持久化（fsync）。成功之後，記憶體中資料的修改才得以真正保存。 預設情況下，MongoDB 每 60s 建立一次 CheckPoint，在檢查點寫入過程中，上一個檢查點仍然是可用的。這樣可以保證一旦出錯，MongoDB 仍然能恢復到上一個檢查點。

（2）Journal 日誌：Journal 是一種預寫入式日誌（write ahead log）機制，主要用來彌補 CheckPoint 機制的不足。如果開啟了 Journal 日誌，那麼 WiredTiger 會將每個寫入操作的 redo 日誌寫入 Journal 緩衝區，該緩衝區會頻繁地將日誌持久化到磁碟上。預設情況下，Journal 緩衝區每 100ms 執行一次持久化。此外，Journal 日誌達到 100MB，或是應用程式指定 journal:true，寫入操作都會觸發日誌的持久化。一旦 MongoDB 發生當機，重新啟動程式時會先恢復到上一個檢查點，然後根據 Journal 日誌恢復增量的變化。由於 Journal 日誌持久化的間隔非常短，資料能得到更高的保障，如果按照當前版本的預設設定，則其在斷電情況下最多會遺失 100ms 的寫入資料。

結合 CheckPoint 和 Journal 日誌，資料寫入的內部流程如圖 11-3 所示。

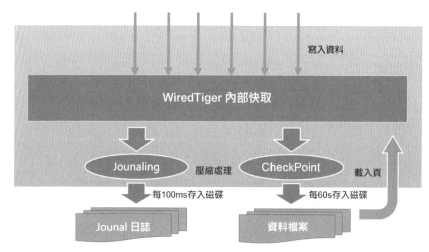

圖 11-3　WiredTiger 寫入資料

圖 11-3 用文字描述為：

- 應用向 MongoDB 寫入資料（插入、修改或刪除）。
- 資料庫從內部快取中獲取目前記錄所在的頁塊，如果不存在則會從磁碟中載入（Buffer I/O）。
- WiredTiger 開始執行寫入交易，修改的資料寫入頁塊的更新記錄表，此時原來的記錄仍然保持不變。
- 如果開啟了 Journal 日誌，則在寫入資料的同時會寫入一筆 Journal 日誌（Redo Log）。該日誌在最長不超過 100ms 之後寫入磁碟。
- 資料庫每隔 60s 執行一次 CheckPoint 操作，此時記憶體中的修改會真正刷入磁碟。

Journal 日誌的刷新週期可以透過參數 storage.journal.commitIntervalMs 指定，MongoDB 3.4 及以下版本的預設值是 50ms，而 3.6 版本之後調整到了 100ms。由於 Journal 日誌採用的是順序 I/O 寫入操作，頻繁地寫入對磁碟的影響並不是很大。CheckPoint 的刷新週期可以調整 storage. syncPeriodSecs 參數（預設值 60s），在 MongoDB 3.4 及以下版本中，當 Journal 日誌達到 2GB 時同樣會觸發 CheckPoint 行為。如果應用存在大量隨機寫入，則 CheckPoint 可能會造成磁碟 I/O 的抖動。在磁碟性能不足的情況下，問題會更加顯著，此時適當縮短 CheckPoint 週期可以讓寫入平滑一些。

11.2.3 快取頁管理

需要明確的是，WiredTiger 仍然使用 Page（頁）作為資料存取的單元。其中，記憶體和磁碟中的頁結構是不同的，Block Manager 被用於處理這些差異。

頁塊在記憶體中以類 B+ 樹的結構進行組織，中間節點用於存放 key，而葉子節點則存放 key 和 value，如圖 11-4 所示。

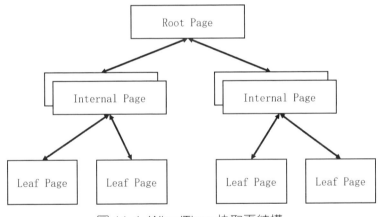

圖 11-4 WiredTiger 快取頁結構

與傳統 B+ 樹結構稍微不同的是，葉子節點（Leaf Page）透過父級指標（Parent Pointer）來實現範圍遍歷操作（避免併發寫入產生 DeadLock）。當讀取資料時，會先透過 B+ 樹索引找到對應的葉節點頁面，而在頁內則使用二分尋找來尋找記錄。

當葉節點產生資料寫入時，這些更新記錄會被寫入節點的一塊獨立區域，此時該節點被標記為髒頁，如圖 11-5 所示。

11-7

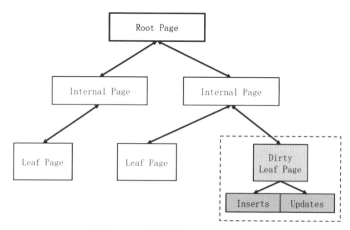

圖 11-5 髒頁（Dirty Page）

其中，Inserts 和 Updates 是單獨的跳躍表（skiplist）結構，分別存放插入和修改操作，這裡的刪除操作也被認為是一種修改（狀態變更為刪除）。所以，如果存在修改，則讀取時還會從跳躍表中做合併尋找。

到了前面所提到的 CheckPoint 時刻，引擎會透過 Block Manager 發起 Reconciliation 過程（Reconciliation 用於將記憶體分頁轉為磁碟頁上的格式）。此時，CheckPoint 執行緒會遍歷記憶體中的全部頁並找到所有的髒頁進行持久化，為了不阻塞讀取，使用的是 Copy-On-Write 方式，如圖 11-6 所示。

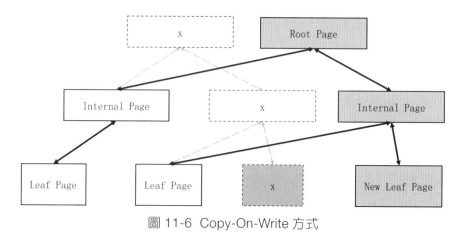

圖 11-6 Copy-On-Write 方式

可以看到，對於髒頁的處理並不是就地更新，而是為需要變更的頁塊生成新的節點（包括其父級節點），而且每次都會產生一個新的根節點（Root Page）。當持久化工作完成後，由這個新的根節點接管操作，淘汰不用的節點。

在整個 Reconciliation 過程中，BlockManager 需要將記憶體中的頁塊轉為磁碟上的頁，而記憶體分頁要比磁碟上的頁大一些，具體如下。

（1）memory_page_max：內部快取頁大小的最大值，預設是 5MB。

（2）internal_page_max：磁碟中間頁大小的最大值，預設是 4KB。

（3）leaf_page_max：磁碟葉節點頁大小的最大值，預設是 32KB。

（4）allocation_size：磁碟檔案的儲存單元，預設是 4KB，internal_page_max、leaf_page_ max 必須是它的整數倍。

其中，memory_page_max 的設定值會影響寫入延遲。這個值如果太小，則會導致頻繁地分裂和淘汰（阻塞寫入），如果太大則會導致每次產生阻塞的時間變長。internal_page_max 儲存的是 B+ 樹的索引，因此它會影響樹的深度。除此之外，在需要大量掃描磁碟記錄的場景中 leaf_page_max 需要加大，可減少 I/O 次數，而在特別關注讀寫延遲的場景中則需要適當減小。allocation_size 則需要與作業系統的頁快取大小對齊，以達到最好的效率。

實際上，除了 CheckPoint，一些其他條件也會觸發 Reconciliation，例如：

（1）快取中的頁超過了最大值（存在大量的修改），產生分裂，此時會觸發 evict 命令並持久化。

（2）快取中的無效資料比例達到了一定閾值，觸發快取淘汰（evict）。

❑ 快取淘汰策略

WiredTiger 基於 LRU 演算法來實現快取的淘汰，常態下會由後台的 evict 執行緒來負責淘汰頁面。如果記憶體非常緊張，那麼使用者執行緒也會加入快取淘汰的工作中，此時表現出讀寫入請求有一定阻塞。目前有 4 個可設定的參數來控制 WiredTiger 儲存引擎的 eviction 策略，見表 11-1。

表 11-1 快取淘汰的閾值設定

參數	預設值	含義
eviction_target	80	當 cache used 超過 eviction_target 時，後台 evict 執行緒開始淘汰 Clean Page
eviction_trigger	95	當 cache used 超過 eviction_trigger 時，使用者執行緒也開始淘汰 Clean Page
eviction_dirty_target	5	當 cache dirty 超過 eviction_dirty_target 時，後台 evict 執行緒開始淘汰 Dirty Page
eviction_dirty_trigger	20	當 cache dirty 超過 eviction_dirty_trigger 時，使用者執行緒也開始淘汰 Dirty Page

11.2.4 資料壓縮

預設情況下，WiredTiger 會對集合資料和索引使用壓縮演算法，當頁面被寫入磁碟時執行壓縮，而從磁碟中讀取快取時對頁面進行解壓。其中，對集合採用的是區塊壓縮（block compression）演算法（預設選擇 Snappy），而索引則會使用字首壓縮（prefix compression）演算法。內部快取和磁碟中的資料具有不同的格式。

（1）磁碟中的資料和檔案系統的快取是一致的，這些都是經過壓縮的。檔案系統快取是作業系統層的機制，這是為了減少磁碟 I/O 而做出的最佳化。

（2）集合資料在內部快取中是未經過壓縮的（方便直接讀寫），而在磁碟和頁快取中則保持壓縮的格式。

（3）索引在磁碟和頁面快取中均保持字首壓縮的形態，其在內部快取中是另外一種結構，但同樣利用了字首壓縮演算法。

此外，持久化的 Journal 日誌也會採用 Snappy 壓縮演算法。對於資料壓縮演算法，MongoDB 也提供了一些可調整的選項。

（1）storage.wiredTiger.collectionConfig.blockCompressor：用於指定集合資料的壓縮演算法，選項如下。

- None，不啟用壓縮。
- Snappy，預設的壓縮演算法，由 Google 開放原始碼的一款強大而穩定的壓縮演算法，最高可達 30% 以下的壓縮比，具有不錯的對比值。
- Zlib，相比 Snappy 來說壓縮率更好，但需要消耗更多的 CPU。
- Zstd，由 Facebook 提供的新型高速壓縮演算法，能以較低的 CPU 消耗實現更高的壓縮比。該演算法於 MongoDB 4.2 版本開始支持。

（2）storage.wiredTiger.indexConfig.prefixCompression：用於指定是否啟用索引字首壓縮（key prefix compression），預設是 true。字首壓縮對於 CPU 的消耗很小，平均可達到近 50% 的壓縮率。

11.2.5 小結

整體來說，WiredTiger 採用的大多是以空間換時間的做法。如果了解了這個想法，就能明白為什麼 MongoDB 需要佔用這麼多記憶體了。足夠的快取空間和 Copy-On-Write 機制讓資料的讀寫能在記憶體中高效率地完成。為了最大限度提升併發能力，記憶體中採用了和磁碟檔案截然不同的鬆散的頁面結構，主要還是為了實現無鎖化（lock-free）。那麼，是不是快取越大越好呢？ 並非如此，快取進一步加大會導致作業系統的剩餘可用記憶體變小，除了 OS 處理程序，MongoDB 連接執行緒，以及一些記憶體排序和管理性操作（創建索引、資料備份）都需要消耗額外的記憶體。而且內部快取增大之後，記憶體中允許駐留的無效資料也會更多，這會導致磁碟的 I/O 抖動問題更加明顯。因此應用時使用預設值已經足夠，建議只有在充分了解快取機制，並經過利弊權衡之後再考慮調整。

11.3 性能監控工具

11.3.1 mongostat

mongostat 是 MongoDB 附帶的監控工具，其可以提供資料庫節點或整個叢集當前的狀態視圖。該功能的設計非常類似於 Linux 系統中的 vmstat 命令，可以呈現出即時的狀態變化。不同的是，mongostat 所監視的物件是資料庫處理程序。

mongostat 常用於查看當前的 QPS/ 記憶體使用 / 連接數，以及多個分片的壓力分佈。命令如下：

```
./mongostat -h 127.0.0.1 --port 27017  -u admin -p admin@2016
--authenticationDatabase=admin --discover -n 300 2
```

1. 參數說明

- -h：指定監聽的主機，分片叢集模式下指定到一個 mongos 實例，也可以指定單一 mongod，或複本集的多個節點。
- --port：連線的通訊埠，如果不提供則預設為 27017。
- -u：連線用戶名，等於 -user。
- -p：連線密碼，等於 -password。
- --authenticationDatabase：身份驗證資料庫。
- --discover：啟用自動發現，可展示叢集中所有分片節點的狀態。
- -n 300 2：表示輸出 300 次，每次間隔 2s。也可以不指定 "-n 300"，此時會一直保持輸出。

2. 輸出範例（見圖 11-7）

	insert	query	update	delete	getmore	command	%dirty	%used	flushes	vsize	res	qr|qw	ar|aw	netIn	netOut	conn	set	repl	time
181.1.10.100	499	4886	2042	1612	237	756|0	3.8	80.1	0	28.5G	19.1G	3|0	1|1	4m	7m	5545	shard0	PRI	2019-03-06T11:48:17+08:00
181.1.10.101	201	0	231	90	0	67|0	0.3	80.1	0	27.4G	16.4G	0|0	1|0	91k	236k	121	shard0	SEC	2019-03-06T11:48:17+08:00
181.1.10.102	512	2912	1691	735	94	442|0	3.1	80.1	0	27.8G	18.9G	3|1	1|0	4m	6m	4681	shard1	PRI	2019-03-06T11:48:17+08:00
181.1.10.103	167	0	168	90	0	13|0	0.4	80.1	0	28.5G	18.1G	0|0	0|0	110k	13k	153	shard1	SEC	2019-03-06T11:48:17+08:00

圖 11-7 mongostat 命令

3. 指標說明（見表 **11-2**）

表 11-2 mongostat 輸出指標

指 標 名	說　明
inserts	每秒插入數
query	每秒查詢數
update	每秒更新數
delete	每秒刪除數
getmore	每秒 getmore 數
command	每秒命令數，涵蓋了內部的一些操作
%dirty	WiredTiger 快取中無效資料百分比
%used	WiredTiger 正在使用的快取百分比
flushes	WiredTiger 執行 CheckPoint 的次數
vsize	虛擬記憶體使用量
res	實體記憶體使用量
qrqw	用戶端讀寫等待佇列數量，高併發時，一般佇列值會升高
araw	用戶端讀寫活躍個數
netIn	網路接收資料量
netOut	網路發送資料量
conn	當前連接數
set	所屬複本集名稱
repl	複製節點狀態（主節點 / 二級節點……）
time	時間戳記

mongostat 需要關注的指標主要有以下幾個。

- 插入、刪除、修改、查詢的速率是否產生較大波動，是否超出預期。
- -qrqw、araw：佇列是否較高，若長時間大於 0 則說明此時讀寫速度較慢。
- -conn：連接數是否太多。
- -dirty：百分比是否較高，若持續高於 10% 則說明磁碟 I/O 存在瓶頸。
- -netIn、netOut：是否超過網路頻寬閾值。
- -repl：狀態是否異常，如 PRI、SEC、RTR 為正常，若出現 REC 等異常值則需要修復。

4. 使用互動式模式

mongostat 一般採用捲動式輸出，即每一個間隔後的狀態資料會被追加到主控台中。從 MongoDB 3.4 開始增加了 --interactive 選項，用來實現非捲動式的監視，非常方便。

前面的命令可以調整為如下所示：

```
./mongostat -h 127.0.0.1 --port 27017  -u admin -p admin@2016
--authenticationDatabase=admin --discover --interactive 2
```

mongostat 採用 Go 語言實現，其內部使用了 db.serverStatus 命令，要求執行使用者需具備 clusterMonitor 角色許可權。

11.3.2 mongotop

mongotop 命令可用於查看資料庫的熱點表，透過觀察 mongotop 的輸出，可以判定是哪些集合佔用了大部分讀寫時間。

1. 命令參考

```
./mongotop --port 27017  -u admin -p admin@2016 --authenticationDatabase=admin
```

mongotop 與 mongostat 的實現原理類似，同樣需要 clusterMonitor 角色許可權。預設情況下，mongotop 會持續地每秒輸出當前的熱點表，如下所示：

```
ns              totalread write2019-03-20T15:22:36+08:00
mydb.articles  406ms266ms140ms
mydb.tags      250ms242ms8ms
mydb.users     180ms   180ms0ms

ns              totalread write2019-03-20T15:22:37+08:00
mydb.articles  582ms380ms202ms
mydb.tags      342ms242ms100ms
mydb.users     67ms 67ms 0ms
```

2. 指標說明（見表 **11-3**）

表 11-3 mongotop 輸出指標

指 標 名	說　　明
ns	集合名稱空間
total	花費在該集合上的時長
read	花費在該集合上的讀取操作時長
write	花費在該集合上的寫入操作時長

mongotop 通常需要關注的因素主要包括：

- 熱點表操作耗費時長是否過高。這裡的時長是在一定的時間間隔內的統計值，它代表某個集合讀寫操作所耗費的時間總量。在業務高峰期時，核心表的讀寫操作一般比平時高一些，透過 mongotop 的輸出可以對業務尖峰做出一些判斷。
- 是否存在非預期的熱點表。一些慢操作導致的性能問題可以從 mongotop 的結果中表現出來。

mongotop 的統計週期、輸出總量都是可以設定的，程式如下：

```
./mongotop --port 27017  -u admin -p admin@2016 --authenticationDatabase=
admin -n 100 2
```

這樣就表示最多輸出 100 次，每次間隔時間為 2s。

11.3.3 Profiler 模組

Profiler 模組可以用來記錄、分析 MongoDB 的詳細操作日誌。預設情況下該功能是關閉的，對某個業務資料庫開啟 Profiler 模組之後，符合條件的慢操作日誌會被寫入該資料庫的 system.profile 集合中。

Profiler 的設計很像程式的日誌功能，其提供了幾種偵錯等級，見表 11-4。

表 11-4 Profiler 等級

級　別	說　明
0	日誌關閉，無任何輸出
1	部分開啟，僅符合條件（時長大於 slowms）的操作日誌會被記錄
2	日誌全開，所有的操作日誌都被記錄

對當前的資料庫開啟 Profiler 模組，程式如下：

```
> db.setProfilingLevel(2)
```

將 level 設定為 2，此時所有的操作會被記錄下來。檢查是否生效可以用 db.getProfilingStatus() 命令，程式如下：

```
> db.getProfilingStatus()
{
    "was" : 2,
    "slowms" : 10000,
    "sampleRate" : 1.0
}
```

其中，slowms 是慢操作的閾值，單位是毫秒；sampleRate 表示日誌隨機取樣的比例，1.0 則表示滿足條件的全部輸出。

如果希望只記錄時長超過 500ms 的操作，則可以將 level 設定為 1，程式如下：

```
> db.setProfilingLevel(1,500)
```

還可以進一步設定隨機取樣的比例，程式如下：

```
> db.setProfilingLevel( 1, {slowms: 500, sampleRate: 0.5} )
```

1. 查看操作日誌

開啟 Profiler 模組之後，可以透過 system.profile 集合查看最近發生的操作日誌，程式如下：

```
> db.system.profile.find().limit(5).sort( { ts : -1 } ).pretty()

[
```

```
{
  "op" : "query",
  "ns" : "test.foo",
  "command" : {
      "find" : "foo",
      "filter" : { "a" : { "$ge" : 55 } },
      "$db" : "test"
  },
  "cursorid" : 42129063750,
  "keysExamined" : 59,
  "docsExamined" : 59,
  "numYield" : 2,
  "nreturned" : 59,
  "queryHash" : "393889DD",
  "planCacheKey" : "674981GI",
  "locks" : {
      ...
  },
  "storage" : {
      "data" : {
          "bytesRead" : NumberLong(11256),
          "timeReadingMicros" : NumberLong(21)
      }
  },
  "responseLength" : 905665,
  "millis" : 892,
  "planSummary" : "IXSCAN { a: 1, _id: -1 }",
  "execStats" : {
      "stage" : "FETCH",
      "nReturned" : 59,
      "executionTimeMillisEstimate" : 0,
      ...
      }
  },
  "ts" : ISODate("2019-01-14T16:57:33.450Z"),
  ...
  }
  ...
]
```

這裡需要關注的一些欄位主要如下所示。

- Op：操作類型，描述增加、刪除、修改、查詢。
- Ns：名稱空間，格式為 {db}.{collection}。
- Command：原始的命令文件。
- Cursorid：游標 ID。
- numYield yield：運算元，大於 0 表示等待鎖或是磁碟 I/O 操作。
- nreturned：返回項目數。
- keysExamined：掃描索引項目數，如果比 nreturned 大出很多，則說明查詢效率不高。
- docsExamined：掃描文件項目數，如果比 nreturned 大出很多，則說明查詢效率不高。
- locks：鎖佔用的情況。
- storage：儲存引擎層的執行資訊。
- responseLength：回應資料大小（位元組數），一次性查詢太多的資料會影響性能，可以使用 limit、batchSize 進行一些限制。
- millis：命令執行的時長，單位是毫秒。
- planSummary：查詢計畫的概要，如 IXSCAN 表示使用了索引掃描。
- execStats：執行過程統計資訊。
- ts：命令執行的時間點。

根據這些欄位，可以執行一些不同維度的查詢。比如查看執行時長最大的 10 筆操作記錄，程式如下：

```
> db.system.profile.find().limit(10).sort( { millis : -1 } ).pretty()
```

查看某個集合中的 update 操作日誌，程式如下：

```
> db.system.profile.find( { op: 'query', ns: 'mydb.foo' } ).pretty()
```

2. 注意事項

- system.profile 是一個 1MB 的固定大小的集合，隨著記錄日誌的增多，一些舊的記錄會被循環覆蓋。

■ 在線上開啟 Profiler 模組需要非常謹慎，這是因為其對 MongoDB 的性能影響比較大。建議隨選部分開啟，同時 slowms 的值不要設定太低。

■ sampleRate 的預設值是 1.0，該欄位可以控制記錄日誌的命令數比例，但只有在 MongoDB 4.0 版本之後才支持。

■ Profiler 模組的設定是記憶體級的，重新啟動伺服器後會自動恢復預設狀態。

11.3.4　db.currentOp

Profiler 模組所記錄的日誌都是已經發生的事情，db.currentOp 命令則與此相反，它可以用來查看資料庫當前正在執行的一些操作。想像一下，當資料庫系統的 CPU 發生驟增時，我們最想做的無非是快速找到問題的根源，這時 db.currentOp 就派上用場了。

db.currentOp 讀取的是當前資料庫的命令快照，該命令可以返回許多有用的資訊，比如：

■ 操作的執行時期長，快速發現耗時漫長的低效掃描操作。

■ 執行計畫資訊，用於判斷是否命中了索引，或存在鎖衝突的情況。

■ 操作 ID、時間、用戶端等資訊，方便定位出產生慢操作的源頭。

我們先看看 currentOp 的一段輸出，程式如下：

```
> db.currentOP()
{
  "inprog" : [
    {
      "type" : "op",
      "host" : "DDL_MONGODB:27017",
      "desc" : "conn14",
      "connectionId" : 14,
      "client" : "127.0.0.1:56450",
      "appName" : "MongoDB Shell",
      "clientMetadata" : {
          "application" : {
```

```
                        "name" : "MongoDB Shell"
                    },
                    "driver" : {
                        "name" : "MongoDB Internal Client",
                        "version" : "4.0.5-17-gd808df2233"
                    },
                    "os" : {
                        "type" : "Windows",
                        "name" : "Microsoft Windows 8",
                        "architecture" : "x86_64",
                        "version" : "6.2 (build 9200)"
                    }
                },
                "active" : true,
                "currentOpTime" : "2019-12-05T09:58:18.003+0800",
                "opid" : 4001,
                "lsid" : {
                    "id" : UUID("13ddbeb8-add7-42b0-ab64-65e567d4204b"),
                    "uid" : { "$binary" : "47DEQpj8HBSa+/TImW+5JCeuQeRkm5NMpJWZG3hSuFU=",
"$type" : "00" }
                },
                "secs_running" : NumberLong(0),
                "microsecs_running" : NumberLong(186070),
                "op" : "update",
                "ns" : "test.items",
                "command" : {
                    "q" : {
                        "value" : {
                            "$gt" : 59.3239102627353
                        }
                    },
                    "u" : {
                        "$inc" : {
                            "value" : 82.796922111784
                        }
                    },
                    "multi" : true,
                    "upsert" : false
                },
                "planSummary" : "COLLSCAN",
                "numYields" : 120,
                "locks" : {
```

```
            "ParallelBatchWriterMode" : "r",
            "ReplicationStateTransition" : "w",
            "Global" : "w",
            "Database" : "w",
            "Collection" : "w"
        },
    "waitingForLock" : false,
    "lockStats" : {
        "ParallelBatchWriterMode" : {
            "acquireCount" : {
                "r" : NumberLong(121)
            }
        },
        "ReplicationStateTransition" : {
            "acquireCount" : {
                "w" : NumberLong(121)
            }
        },
        "Global" : {
            "acquireCount" : {
                "w" : NumberLong(121)
            }
        },
        "Database" : {
            "acquireCount" : {
                "w" : NumberLong(121)
            }
        },
        "Collection" : {
            "acquireCount" : {
                "w" : NumberLong(121)
            }
        },
        "Mutex" : {
            "acquireCount" : {
                "r" : NumberLong(15171)
            }
        }
    },
    "waitingForFlowControl" : false,
    "flowControlStats" : {
        "acquireCount" : NumberLong(121)
```

```
        }
    },
```

返回結果欄位中包含了 inprog 陣列，其中包含執行中的操作列表。對範例操作的解讀如下。

（1）從 ns、op 欄位獲知，當前進行的操作正在對 test.items 集合執行 update 命令。

（2）command 欄位顯示了其原始資訊。其中，command.q 和 command.u 分別展示了 update 的查詢準則和更新操作。

（3）"planSummary" : "COLLSCAN" 說明情況並不樂觀，update 沒有利用索引而是正在全資料表掃描。

（4）microsecs_running: NumberLong(186070) 表示操作執行了 186ms，注意這裡的單位是微秒。

下一步的最佳化方向可以是為 value 欄位加上索引。當然，如果待更新的資料集非常大，一定要避免大範圍的 update 操作，通常的做法是將其切分成多個小量的操作，達到更加可控的目的。

細心的你可能會注意到 "opid" : 4001 這個欄位，它表示當前操作在資料庫處理程序中的唯一編號。如果已經發現該操作正在導致資料庫系統回應緩慢，則可以考慮將其「殺」死，程式如下：

```
> db.killOp(4001)
```

db.currentOp 預設輸出當前系統中全部活躍的操作，由於返回的結果較多，我們可以指定一些過濾條件，比如下面幾個。

■ 查看等待鎖的增加、刪除、修改、查詢操作，程式如下：

```
> db.currentOp(
    {
      "waitingForLock" : true,
      $or: [
        { "op" : { "$in" : [ "insert", "update", "remove" ] } },
        { "query.findandmodify": { $exists: true } }
```

```
    ]
  }
)
```

■ 查看執行時間超過 1s 的操作：

```
> db.currentOp(
  {
    "secs_running" : { "$gt" : 1 }
  }
)
```

■ 查看 test 資料庫中的操作，程式如下：

```
> db.currentOp(
  {
    "ns" : /^test\./
  }
)
```

1. currentOp 命令輸出說明

currentOp.type：操作類型，可以是 op、idleSession、idleCursor 的一種，一般的操作資訊以 op 表示。其為 MongoDB 4.2 版本新增功能。

■ currentOp.host：主機的名稱。

■ currentOp.desc：連接描述，包含 connectionId。

■ currentOp.connectionId：用戶端連接的識別符號。

■ currentOp.client：用戶端主機和通訊埠。

■ currentOp.appName：應用名稱，一般是描述用戶端類型。

■ currentOp.clientMetadata：關於用戶端的附加資訊，可以包含驅動的版本。

■ currentOp.currentOpTime：操作的開始時間。MongoDB 3.6 版本新增功能。

■ currentOp.lsid：階段識別符號。MongoDB 3.6 版本新增功能。

■ currentOp.opid：操作的標示編號。

■ currentOp.active：操作是否活躍。如果是空閒狀態則為 false。

■ currentOp.secs_running：操作持續時間（以秒為單位）。

- currentOp.microsecs_running：操作持續時間（以微秒為單位）。
- currentOp.op：標識操作類型的字串。可能的值是："none"、"update"、"insert"、"query"、"command"、"getmore"、"remove"、"killcursors"。 其中，command 操作包括大多數命令，如 createIndexes 和 findAndModify。
- currentOp.ns：操作目標的集合命名空間。
- currentOp.command：操作的完整命令物件的文件。如果文件大小超過 1KB，則會使用一種 $truncate 形式表示。

其中，find 操作的命令範例如下：

```
"command" : {
 "find" : "items",
 "filter" : {
   "sku" : 1403978
 },
 ...
 "$db" : "test"
}
```

getMore 操作的命令範例如下：

```
"command" : {  "getMore" : NumberLong("80336119321"),  "collection" : "items",
 "$db" : "test" }
```

這裡，getMore 的值對應了游標 ID。

- currentOp.planSummary：查詢計畫的概要資訊。
- currentOp.locks：當前操作持有鎖的類型和模式。
- currentOp.waitingForLock：是否正在等待鎖。
- currentOp.numYields：當前操作執行 yield（讓步）的次數。一些鎖互斥或磁碟 I/O 讀取都會導致該值大於 0。
- currentOp.lockStats：當前操作持有鎖的統計。
- currentOp.lockStats.acquireCount：操作以指定模式獲取鎖的次數。
- currentOp.lockStats.acquireWaitCount：操作獲取鎖等待的次數，等待是因為鎖處於衝突模式。acquireWaitCount 小於或等於 acquireCount。

- currentOp.lockStats.timeAcquiringMicros：操作為了獲取鎖所花費的累積時間（以微秒為單位）。timeAcquiringMicros 除以 acquireWaitCount 可估算出平均鎖等待時間。
- currentOp.lockStats.deadlockCount：在等待鎖獲取時，操作遇到鎖死的次數。

2. 注意事項

- db.currentOp 返回的是資料庫命令的暫態狀態，因此，如果資料庫壓力不大，則通常只會返回極少的結果。
- 如果啟用了複本集，那麼 currentOp 還會返回一些複製的內部操作（針對 local.oplog. rs），需要做一些篩選。
- db.currentOp 的結果是一個 BSON 文件，如果大小超過 16MB，則會被壓縮。可以使用聚合操作 $currentOp 獲得完整的結果。

▓ 11.4 使用 YCSB 測試 MongoDB 性能

11.4.1 YCSB 簡介

YCSB（Yahoo ！ Cloud Serving Benchmark）是雅虎提供的用於雲端服務基準壓測的框架。一開始是其內部使用的測試工具，隨著專案開放原始碼之後越來越多的特性被加入，目前已經覆蓋了絕大多數 NoSQL 資料庫產品，如 Cassandra、MongoDB、HBase、Redis 等。YCSB 幾乎已經成為開放原始碼中介軟體的基準測試必備工具，許多 NoSQL 資料庫的性能資料評測也透過該工具來生成。

YCSB 是 Java 編寫的工具，主要能幫助我們完成：

- 初始化一個測試資料集；
- 基於資料集完成增加、刪除、修改、查詢的基準性能壓測。

圖 11-8 是 YCSB 的執行架構。

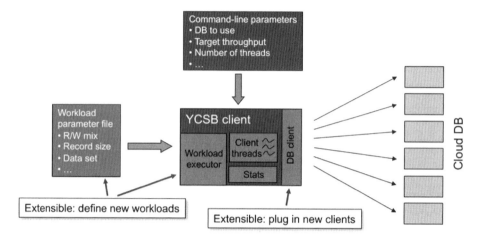

圖 11-8　YCSB 架構

其核心實現分為兩個部分：

（1）DB 連接層，用於支援各種不同的資料庫用戶端，並將具體資料庫驅動的 API 轉為 YCSB 的 API。

（2）核心負載執行層，用於載入工作負載設定，並執行具體的操作邏輯。

❑ 工作負載

工作負載（workload）主要用於指定讀寫的比例、併發執行緒、運算元等。下載到的 YCSB 套裝程式一般會內建幾個常用的工作負載，分別代表不同的壓測負載類型，見表 11-5。

表 11-5　不同的工作負載

檔案	描　述
workloada	混合了 50% 的讀取和 50% 的寫
workloadb	Read mostly workload，混合了 95% 的讀取和 5% 的寫
workloadc	Read only，100% 唯讀
workloadd	Read latest workload，插入資料，接著就讀取這些新插入的資料

檔案	描　述
workloade	Short ranges，短範圍掃描，不同於隨機讀取，每個測試執行緒都會去掃描一段資料
workloadf	Read-modiy-write，讀取改寫，用戶端讀出一個記錄，修改它並將被修改的記錄返回

舉例來說，工作負載定義了以下設定：

```
recordcount=1000
operationcount=1000
workload=com.yahoo.ycsb.workloads.CoreWorkload

readallfields=true

readproportion=0.5
updateproportion=0.5
scanproportion=0
insertproportion=0

requestdistribution=zipfian
```

參數說明如下。

（1）recordcount：資料集的總記錄數。

（2）operationcount：操作總數，也就是取樣（sample）的數量。

（3）workload：負載處理類別，預設是 com.yahoo.ycsb.workloads.
　　　CoreWorkload。

（4）readallfields：是否讀取全部欄位，預設為 true。

（5）readproportion：讀取操作的比例。

（6）updateproportion：更新操作的比例。

（7）scanproportion：範圍掃描（scan）操作的比例。

（8）insertproportion：插入操作的比例。

（9）requestdistribution：請求的分佈方式，決定操作選擇什麼樣的記錄。

常用的請求分佈方式主要有 3 種。

■ 均勻分佈（uniform）：連續性隨機的選擇方式。

- 齊夫分佈（zipfian）：一種常用的離散冪律。
- 機率分佈：用於表述現實世界中的長尾模型。
- 最近分佈（latest）：優先使用最近記錄的方式。

11.4.2 執行壓力測試

下面，我們即將對一個部署好的 MongoDB 單節點進行壓力測試。具體的伺服器環境設定如下。

（1）CPU：Intel(R) Xeon(R) Gold.6266C@3.00GHz 8 core

（2）Memory：32 GB

（3）OS：CentOS Linux release 7.6.1810 (Core)

（4）Disk：300GB SSD

1. 安裝 ycsb-mongodb

YCSB 全量的安裝套件非常龐大，其中內建了大量的中介軟體用戶端。我們只需要下載支持 MongoDB 的 ycsb-mongodb-binding 轉換套件即可：

```
> wget https://github.com/brianfrankcooper/YCSB/releases/download/0.15.0/
ycsb-mongodb-binding-0.15.0.tar.gz
> tar -xzvf ycsb-mongodb-binding-0.15.0.tar.gz
> cd ycsb-mongodb-binding-0.15.0
```

執行 ls -lh，可以看到 ycsb-mongodb 的目錄如下：

```
> ls -lh
drwxr-xr-x 2 root root   4.0K Dec  7 15:01 bin
drwxr-xr-x 2 root root   4.0K Dec  7 15:01 lib
-rw-r--r-- 1  502 games  12K May 20  2018 LICENSE.txt
-rw-r--r-- 1  502 games  615 May 20  2018 NOTICE.txt
-rw-r--r-- 1  502 games  5.6K May 20  2018 README.md
drwxr-xr-x 2  502 games  4.0K Jul  7  2018 workloads
```

其中，bin 目錄存放了啟動測試的命令，工作負載則用於存放壓力測試的負載設定檔。YCSB 是由 Java 語言實現的，需事先確保測試環境已經安裝了 JRE 執行環境。

2. 創建使用者角色

透過 Mongo 用戶端連線 MongoDB 伺服器，執行下面的命令：

```
db = db.getSiblingDB('ycsb')
db.(createUser{user:'ycsb',pwd:'Ycsb123', roles:[],
passwordDigestor:'server'})
db.grantRolesToUser("ycsb", [{role:'dbOwner',db:'ycsb'}])
```

這裡創建了一個 YCSB 資料庫、一個名稱相同的資料庫使用者，用於性能測試。

3. 設定負載策略

編輯 workloads/mongodb.load 檔案，內容如下：

```
recordcount=10000000
operationcount=20000000

workload=com.yahoo.ycsb.workloads.CoreWorkload
readallfields=true

readproportion=0.5
updateproportion=0.35
scanproportion=0
insertproportion=0.15
requestdistribution=zipfian

threadcount=50

mongodb.url=mongodb://ycsb:Ycsb123@localhost:27017/ycsb
```

說明：

（1）負載中使用了 1000 萬筆記錄資料，測試的樣本運算元為 2000 萬次。

（2）資料庫的讀寫比例：50% 讀取操作，35% 更新操作，15% 插入操作。

（3）threadcount 表示啟動的預設併發執行緒數，為 50 個。

（4）mongodb.url 指定了 MongoDB 的連接 URL，其中 URL 附帶了用戶名和密碼。

4. 載入資料

執行 ycsb load 命令進行資料載入，程式如下：

```
./bin/ycsb load mongodb -s -P workloads/mongodb.load > load.result
```

這裡的 -s 表示列印狀態，指定該選項後，每隔 10s 主控台會輸出中間的資訊以方便偵錯。-P 則指定了具體的負載檔案。

資料載入工作完成後，日誌輸出如下：

```
[OVERALL], RunTime(ms), 113816
[OVERALL], Throughput(ops/sec), 87861.10915864202
...
[CLEANUP], Operations, 50
[CLEANUP], AverageLatency(us), 53.16
[CLEANUP], MinLatency(us), 0
[CLEANUP], MaxLatency(us), 2617
[CLEANUP], 95thPercentileLatency(us), 5
[CLEANUP], 99thPercentileLatency(us), 2617
[INSERT], Operations, 10000000
[INSERT], AverageLatency(us), 564.1686039
[INSERT], MinLatency(us), 128
[INSERT], MaxLatency(us), 4677631
[INSERT], 95thPercentileLatency(us), 815
[INSERT], 99thPercentileLatency(us), 1778
[INSERT], Return=OK, 10000000
```

預設情況下，YCSB 會向 usertable 集合寫入 1000 萬筆記錄。

5. 執行壓測

執行 ycsb run 命令啟動壓力測試，程式如下：

```
./bin/ycsb run mongodb -s -threads 32 -P workloads/mongodb.load > run.result
```

這裡使用 –threads 指定併發的執行緒數為 32，命令列參數會覆蓋設定檔中的 threadcount 設定。

整個測試過程需要耗費一些時間，結束後輸出的結果如下：

```
[OVERALL], RunTime(ms), 700957
[OVERALL], Throughput(ops/sec), 28532.420676303966
```

```
[TOTAL_GCS_PS_Scavenge], Count, 3852
[TOTAL_GC_TIME_PS_Scavenge], Time(ms), 3902
[TOTAL_GC_TIME_%_PS_Scavenge], Time(%), 0.5566675273946904
[TOTAL_GCS_PS_MarkSweep], Count, 0
[TOTAL_GC_TIME_PS_MarkSweep], Time(ms), 0
[TOTAL_GC_TIME_%_PS_MarkSweep], Time(%), 0.0
[TOTAL_GCs], Count, 3852
[TOTAL_GC_TIME], Time(ms), 3902
[TOTAL_GC_TIME_%], Time(%), 0.5566675273946904

[READ], Operations, 10001205
[READ], AverageLatency(us), 685.3893675812064
[READ], MinLatency(us), 155
[READ], MaxLatency(us), 2705407
[READ], 95thPercentileLatency(us), 1042
[READ], 99thPercentileLatency(us), 2355
[READ], Return=OK, 10001205

[CLEANUP], Operations, 32
[CLEANUP], AverageLatency(us), 489.21875
[CLEANUP], MinLatency(us), 0
[CLEANUP], MaxLatency(us), 15623
[CLEANUP], 95thPercentileLatency(us), 2
[CLEANUP], 99thPercentileLatency(us), 15623

[UPDATE], Operations, 7000070
[UPDATE], AverageLatency(us), 1696.0490195098048
[UPDATE], MinLatency(us), 174
[UPDATE], MaxLatency(us), 4698111
[UPDATE], 95thPercentileLatency(us), 4923
[UPDATE], 99thPercentileLatency(us), 10855
[UPDATE], Return=OK, 7000070

[INSERT], Operations, 2998725
[INSERT], AverageLatency(us), 1201.5272430783082
[INSERT], MinLatency(us), 162
[INSERT], MaxLatency(us), 2885631
[INSERT], 95thPercentileLatency(us), 4069
[INSERT], 99thPercentileLatency(us), 10079
[INSERT], Return=OK, 2998725
```

從 Throughput 的輸出值可獲知，本次壓力測試的平均輸送量為 28532 ops/sec。除此之外，還可以看到 read、insert、update 幾種操作的平均延遲分別如下：

```
avg(read)=685.39us avg(update)=1696.05us avg(insert)=1201.53us
```

在執行測試過程中，還可以啟動 mongostat 來同步觀察 MongoDB 伺服器的壓力情況，程式如下：

```
> /opt/local/mongodb/bin/mongostat --port 27080  -u admin -p admin@2016
--authenticationDatabase=admin 3

           host insert query update delete getmore command dirty  used flushes
vsize   res  qrw   arw net_in net_out conn                time
localhost:27080    1788  6025   4136    *0       0     8|0 20.3% 69.7%
0 14.5G 12.8G 0|0  3|23  4.85m   8.05m   37 Apr 16 23:16:14.527
localhost:27080     592  1930   1397    *0       0     7|0 20.3% 69.6%
0 14.5G 12.8G 0|0  2|30  1.60m   2.62m   37 Apr 16 23:16:17.528
localhost:27080    3351 10898   7692    *0       0     8|0 20.3% 69.3%
0 14.5G 12.8G 0|0  1|31  8.98m   14.5m   37 Apr 16 23:16:20.526
localhost:27080    5727 19124  13398    *0       0     7|0 20.3% 68.8%
0 14.5G 12.8G 0|0  3|19  15.5m   25.5m   37 Apr 16 23:16:23.526
localhost:27080    5048 16534  11612    *0       0     8|0 20.3% 68.3%
0 14.5G 12.8G 0|0  4|19  13.6m   22.0m   37 Apr 16 23:16:26.524
localhost:27080    3647 12166   8587    *0       0     8|0 20.3% 68.1%
0 14.5G 12.8G 0|0  2|19  9.90m   16.2m   37 Apr 16 23:16:29.527
localhost:27080    1800  6057   4145    *0       0     8|0 20.2% 68.0%
0 14.5G 12.8G 0|2  9|14  4.87m   8.09m   37 Apr 16 23:16:32.527
localhost:27080     378  1231    843    *0       0     8|0 20.3% 68.0%
0 14.5G 12.8G 6|0  3|23  1.01m   1.68m   37 Apr 16 23:16:35.526
localhost:27080    4365 14599  10096    *0       0     7|0 20.3% 67.8%
0 14.5G 12.8G 0|5  2|7  11.8m   19.4m   37 Apr 16 23:16:38.528
localhost:27080    5675 18696  13175    *0       0     8|0 20.3% 67.5%
0 14.5G 12.7G 1|1  3|13  15.3m   24.9m   37 Apr 16 23:16:41.524
```

不難發現，在高強度的寫入壓力之下，無效資料的比例達到了 20% 以上，WiredTiger 持續處於寫入硬碟的狀態，此時磁碟會非常繁忙。Res 一列表示 MongoDB 使用的實體記憶體。在我們的使用案例設計中，1000 萬筆資料僅佔用了不到 13GB 的記憶體，此時 WiredTiger 快取使用率只有 70% 左右，這也表示幾乎所有的讀取都是命中快取的。

一般來説當資料集更大時（超過記憶體大小），MongoDB 的讀取性能可能會產生一定程度的下降。

6. 多組測試比較

接下來，分別使用不同的執行緒數對 MongoDB 進行壓測，得到結果如圖 11-9 所示。

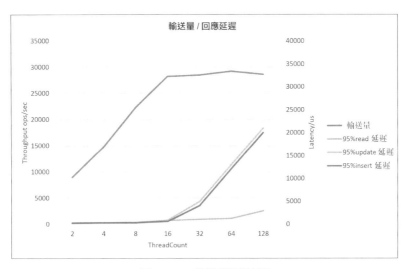

圖 11-9 多組測試結果

從多組的測試結果看，當執行緒數達到 16 時，MongoDB 伺服器的輸送量不再明顯提升，而隨著執行緒數繼續增大，響應延遲也產生了大幅度的增加。 由此可以判斷在併發數大約為 16 時系統達到最佳的性能。

需要注意的是，不同的測試場景、環境設定對於性能測試結果的影響是非常大的。實際上，在合理使用的前提下，MongoDB 能表現出很高的性能。

11.4.3 生成時序指標序列

YCSB 在一次壓測使用案例過程中，可以指定輸出一系列時序的指標值，這可以用來觀察壓測時詳細的輸送量、延遲的變化。使用下面的命令：

```
./bin/ycsb run mongodb -s -P workloads/mongodb.load \
    -p measurementtype=timeseries -p timeseries.granularity=2000 > run.result
```

這裡使用 -p 定義了兩個參數：

（1）measurementtype=timeseries 表示輸出時間序列（聚合線圖）的結果資料。

（2）timeseries.granularity=2000 表示時間序列每隔 2s 打一次點。

最後，可以使用 Excel 將生成的結果集資料繪製為圖表，如圖 11-10 和圖 11-11 所示。

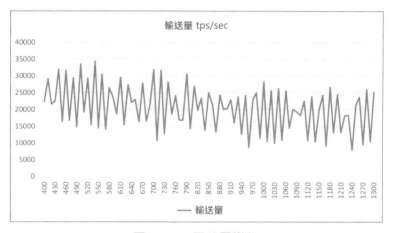

圖 11-10　吞吐量變化

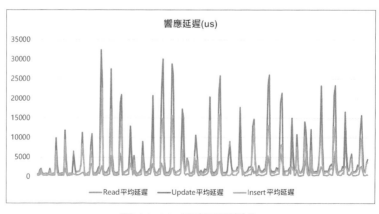

圖 11-11　回應延遲變化

▥ **11.5 使用 nmon 監視伺服器性能**

nmon 是一款非常小巧好用的 Linux 工具，可以對 CPU、磁碟、記憶體等多個資源指標進行即時監控。在資料庫壓測過程中，可以先使用 nmon 對伺服器的資源壓力情況進行收集，最後將結果輸出為報表作為性能分析的依據。下面介紹使用方法。

1. 下載 nmon

從 nmon 的首頁中找到對應的程式版本，進行下載即可。

2. 啟動監控

在啟動 MongoDB 壓測之前，執行下面的命令，啟動監控程序：

```
> chmod +x nmon
> nohup ./nmon -s 5 -c 10000 -F result.nmon &
```

- -s 5 表示每隔 5s 進行一次資料獲取。
- -c 10000 表示執行擷取的次數，這個值儘量設定得大一些，保證監控到性能壓測的全過程。
- -F result.nmon 表示將結果輸出到 result.nmon 檔案。

3. 停止監控

性能壓測結束後，停止監控程序，程式如下：

```
> pkill nmon
```

4. 生成圖表

最後得到的 result.nmon 是一個格式化的文字檔，可以使用 nmon-analyser（一個 Excel 指令稿工具）打開進行分析，如圖 11-12 所示。

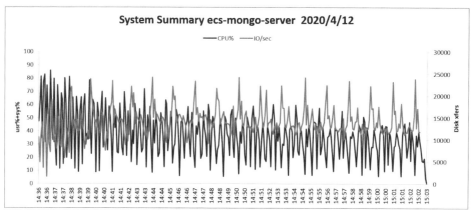

圖 11-12　CPU、I/O 使用率

從 YCSB 壓測的資料模型上看，主要的壓力在於高併發的寫入（update 和 insert)。伺服器的監視圖表也說明了這種情況，CPU 使用率大約在 60% 左右，而 iops 則屢次接近磁碟的極限輸送量值。與此同時，MongoDB 資料所在磁碟的使用率也持續在 80% 以上，如圖 11-13 所示。

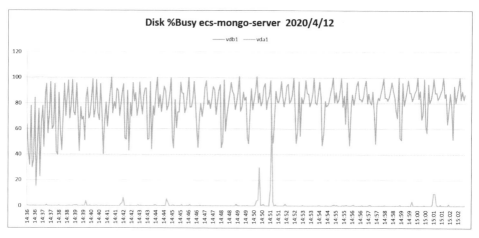

圖 11-13　磁碟使用率

Chapter

12

合理使用索引

12.1 索引檢索原理

直到今天，索引仍然是資料庫性能最佳化中頗為關鍵的一項技術。在前面的章節中，我們也介紹了 MongoDB 所支援的各種索引分類以及基本操作。然而，僅有這些可能還不夠，在日常開發中，或許你也經常會遇到這樣的問題：

■ 什麼時候應該使用索引呢？

■ 怎麼創建索引才是最高效的，有沒有可遵循的一些原則呢？

■ 索引是如何提升性能的，索引是不是越多越好呢？

本章將為大家介紹資料庫索引的一些原理性細節及最佳化要點，同時也將嘗試解答上述問題。

1. 全資料表掃描帶來的問題

在沒有任何索引輔助的情況下，資料庫尋找資料只能透過遍歷所有文件，並逐一過濾，直到資料尋找完成。

這整個過程稱之為全資料表掃描，如圖 12-1 所示。

全資料表掃描是線性尋找的方式，其時間複雜度為 O(n)。比如圖 12-1 中的集合有 1 億筆資料，那麼查詢其中的某筆資料則可能要進行 1 億次掃描。當然，這只是最壞的情況，但全資料表掃描的效率確實是非常低下的，尤其是在遇到資料量大的時候，一個查詢可能要花費幾十秒甚至幾分鐘的時間，這對即時性要求較高的業務系統來說可能是致命的。

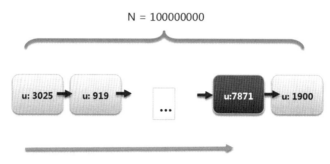

圖 12-1　全資料表掃描

可以想像一下，在坐擁億級使用者的新浪微博上，當所有人打開自己的微博首頁時至少要等待 1 分鐘以上，而原因竟然是資料庫需要對使用者表進行全資料表掃描以找到對應的使用者記錄。這會是怎樣的一種體驗！

全資料表掃描除了查詢效率低下，其在整個掃描的過程中，還會載入大量的磁碟資料到記憶體中，導致 MongoDB 用於提供快速查詢的「熱資料快取」被大量換出，進而又影響到了整體的性能及穩定性。

2.　B+ 樹索引

既然全資料表掃描的問題在於掃描的項目太多，那麼索引的最佳化就在於如何縮短檢索資料所需要經過的路徑。

從 MongoDB 3.2 版本開始，其採用 WiredTiger 作為預設的引擎，在索引和集合的檢索上則借鏡了 B+ 樹的結構。我們可借由該結構對一些查詢做出簡單的預測，並進一步評估其效率的優劣。值得一提的是，幾乎所有的 SQL 資料庫都支援 B+ 樹索引，因此這應該是一個好消息，大部分基於 SQL 資料庫的索引最佳化技巧在 MongoDB 上仍然是可行的。B+ 樹的結構如圖 12-2 所示。

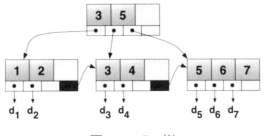

圖 12-2 B+ 樹

B+ 樹索引是一個 *m* 階平衡樹的結構,其查詢複雜度 =O（Log*m n*），其中,*m* 是節點最大的分支數量,*n* 是整體的節點數。以 1 億的表為例,轉換成平衡樹結構（*m* 階）之後,假設 *m*=10,那麼整個樹只有 8 層,一次檢索只需要經過 8 次節點掃描就可以完成,相比全資料表掃描的方式,效率能得到指數等級的提升。

除了資料庫,還有我們所熟知的檔案系統也採用了 B+ 樹這種檢索結構。

3. B+ 樹、B- 樹、雜湊表

談到 B+ 樹,不免又會提到 B- 樹（也稱二元樹）索引結構。在早期版本中,MongoDB 預設使用 MMapV1 儲存引擎,其中的索引就是一個 B- 樹的結構。而 B+ 樹是基於 B- 樹發展而來的,兩者在機制上有些類似,相比之下 B+ 樹的優點在於:

（1）B+ 樹只在葉子節點上存放資料（或指標結構）,其索引節點佔用的空間更小。假設一次磁碟讀取的資料量是固定的,那麼 B+ 樹將明顯減少磁碟 I/O 的次數。

（2）B+ 樹每一次檢索的掃描次數是恒定的（*m* 階樹 =*m* 次）,在性能表現上更加穩定。

另一種常見的索引結構是雜湊表,這同樣是非常高效的資料查詢結構,但雜湊表的問題在於:

（1）由於雜湊演算法的局限性，只能支持相等檢索，無法支援範圍檢索。

（2）不支援索引的排序。

（3）無法實現索引的「字首匹配」查詢。

因此，雜湊表只有在「有限」的場景中使用，MongoDB 也支援雜湊索引。

4. 二級索引

二級索引也叫非聚簇索引，另一個相對的概念叫聚簇索引（clustered index），這兩者的區別如下。

- 聚簇索引的葉子節點儲存了真正的資料記錄。
- 二級索引（非聚簇索引）的葉子節點僅存放了索引值以及指向資料記錄的指標（或主鍵）。

因此，二級索引在檢索資料的過程中往往需要更多的尋找次數，其中第二次尋找真正資料記錄的過程也常常被稱為「回表」。在 MongoDB 集合中，除了 _id 之外的其他索引都是二級索引。基於二級索引的檢索過程如圖 12-3 所示。

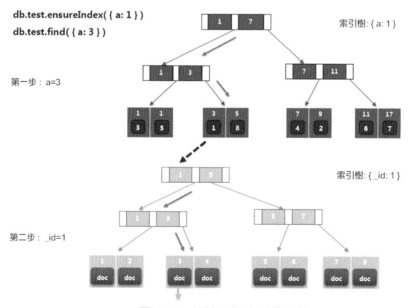

圖 12-3 基於二級索引的尋找

12.2 索引檢索範例

對應用程式開發來說，幾乎有超過一半的資料庫性能問題都來自索引的打開方式不對。

這不是聳人聽聞，在筆者所經歷過的開發最佳化、線上問題維護過程中，索引缺失或是索引不當等問題佔據了大多數。而這些問題大多歸根於對索引內部檢索過程的不甚了解。既然我們已經大致了解了 B+ 樹索引的結構，本節將提供一些常見的查詢範例，並展示不同的查詢準則在 B+ 樹索引上是如何完成的。

1. 前提

我們假設在 db.test 集合中寫入了少量記錄，同時也為欄位 a 建立了索引，程式如下：

```
db.test.ensureIndex({ a: 1})
```

下面是幾種常見的檢索。

2. 相等檢索

查詢敘述：

```
db.test.find( { a : 3 } )
```

檢索過程如圖 12-4 所示。

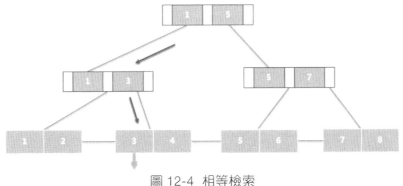

圖 12-4 相等檢索

3. 範圍查詢

查詢敘述：

```
db.test.find( { a : { lt: 6} } )
```

檢索過程如圖 12-5 所示。

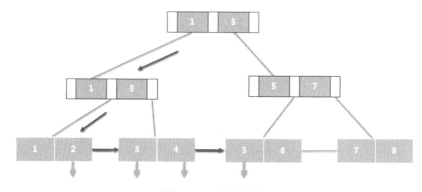

圖 12-5 範圍查詢

4. 分頁查詢

查詢敘述：

```
db.test.find( { a : { lt: 6} } ).skip(2).limit(1)
```

檢索過程如圖 12-6 所示。

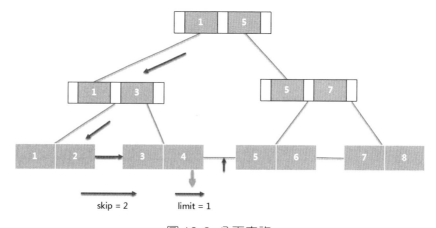

圖 12-6 分頁查詢

5. 排序的分頁查詢

查詢敘述：

```
db.test.find( { a : { lt: 6} } ).sort({ a: -1 }).skip(2).limit(1)
```

檢索過程如圖 12-7 所示。

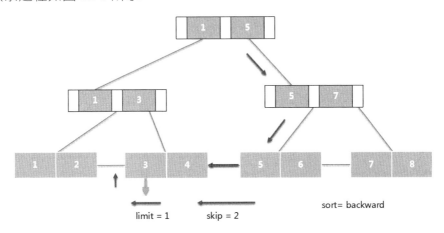

圖 12-7 排序的分頁查詢

6. $ne 查詢

查詢敘述：

```
db.test.find( { a : { $ne : 3 }).limit(5)
```

檢索過程如圖 12-8 所示。

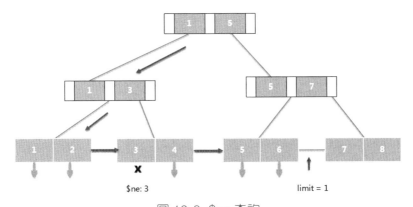

圖 12-8 $ne 查詢

注意：

not/$nin 這類的查詢準則可能導致大範圍的掃描。

7. 複合索引查詢

對於複合式的索引，需要注意索引的欄位順序會影響排序。這裡假設 a、b 欄位作為複合索引的欄位，程式如下：

```
db.test.ensureIndex( {a:1, b:1} )
```

查詢敘述：

```
db.test.find( { a : 5 } ).sort( { b: -1 } ) .limit(1)
```

檢索過程如圖 12-9 所示。

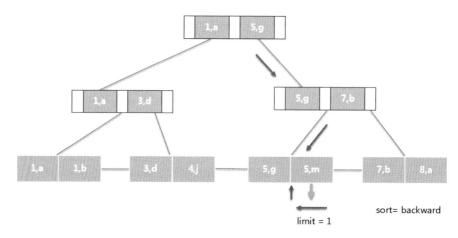

圖 12-9 複合索引查詢

▓ 12.3 覆蓋索引

覆蓋索引並不是一種索引,而是指一種查詢最佳化的行為。

我們知道,在一棵二級索引的 B+ 樹上,索引的值存在於樹的葉子節點上。因此,如果我們希望查詢的欄位被包含在索引中,則直接尋找二級索引樹就可以獲得,而不需要再次透過 _id 索引尋找出原始的文件。

相比「非覆蓋式」的尋找,覆蓋索引的這種行為可以減少一次對最終文件資料的檢索操作(該操作也被稱為回表)。大部分情況下,二級索引樹常駐在記憶體中,覆蓋索引式的查詢可以保證一次檢索行為僅發生在記憶體中,即避免了對磁碟的 I/O 操作,這對於性能的提升有顯著的效果。

或許,覆蓋索引一詞的命名可能不是很恰當,如若改為索引覆蓋,或「覆蓋式的索引尋找」應該更容易了解。接下來看一個例子,程式如下:

```
> db.names.find()
{
    "_id" : ObjectId("5dc6cd6037de23d001df1c39"),
    "name" : "dmJ9UGyhV9"
}
{
    "_id" : ObjectId("5dc6cd6037de23d001df1c3a"),
    "name" : "PAzyv3KT31"
}
{
    "_id" : ObjectId("5dc6cd6037de23d001df1c3b"),
    "name" : "eAfHfe2FNO"
}
```

db.names 集合中只有兩個欄位,除 _id 之外,還有一個由隨機字串組成的 name 欄位。首先給集合增加一個索引,程式如下:

```
> db.names.ensureIndex( { name : 1 } )
```

然後，嘗試根據某個關鍵字進行名稱檢索，程式如下：

```
> db.getCollection('names').find({ name: /db/}, {name: 1, _id: 0})
{
    "name" : "2Z5K6dbw2l"
}
{
    "name" : "5zaZVhW7db"
}
{
    "name" : "8RLRe7EdbQ"
}
```

上述查詢使用了覆蓋索引查詢，其中，{ name: 1, _id: 0 } 有著關鍵的作用。其用於告知資料庫僅返回 name 欄位。_id: 0 是必須提供的，否則資料庫會將 _id 欄位也一併返回，這樣會導致使用覆蓋索引行為故障。

可能你會關注的另外一個問題是，怎麼判斷查詢使用了覆蓋索引呢？對上面的查詢敘述執行 explain 命令，結果如下：

```
> db.getCollection('names').find({ name: /db/}, {name: 1, _id: 0}).explain()
...

"winningPlan" : {
    "stage" : "PROJECTION",
    "inputStage" : {
        "stage" : "IXSCAN",
        "filter" : {
            "name" : {
                "$regex" : "db"
            }
        },
        "keyPattern" : {
            "name" : 1.0
        },
        "indexName" : "name_1",
        "isMultiKey" : false,
        "multiKeyPaths" : {
            "name" : []
        }
        "direction" : "forward",
```

```
        "indexBounds" : {
            "name" : [
                "[\"\", {})",
                "[/db/, /db/]"
            ]
        }
    }
}
```

在整個查詢計畫中可以清楚地看到，覆蓋索引查詢的計畫只有兩個階段：

- IXSCAN，索引掃描階段。
- PROJECTION，投射階段，即提取對應的 name 欄位。

這裡並不存在最終文件的獲取階段，即 FETCH 操作，因此可以判定查詢獲得了覆蓋索引最佳化。

當然，IXSCAN 階段還有一個正則匹配的篩檢程式（filter）操作，也就是說，儘管檢索操作在 name_1 索引上就能完成，但仍然需要遍歷掃描整個索引樹，以找到包含 "db" 關鍵字的項目。

如果我們使用字首式的匹配規則，則可以得到進一步最佳化，程式如下：

```
> db.getCollection('names').find({ name: /^db/}, {name: 1, _id: 0}).explain()
...

"winningPlan" : {
    "stage" : "PROJECTION",
    "inputStage" : {
        "stage" : "IXSCAN",
        "keyPattern" : {
            "name" : 1.0
        },
        "indexName" : "name_1",
        "isMultiKey" : false,
        "multiKeyPaths" : {
            "name" : []
        },
        "direction" : "forward",
        "indexBounds" : {
            "name" : [
```

```
                "[\"db\", \"dc\")",
                "[/^db/, /^db/]"
            ]
        }
      }
   }
```

改為字首式匹配之後，篩檢程式操作被消除了。此時的查詢可以充分利用 B+ 樹的有序性，僅對有限的項目進行掃描即可返回結果。

最終，在使用覆蓋索引時需要記住下面兩點：

（1）覆蓋索引的前提是二級索引，並且檢索條件、返回欄位都必須嚴格被索引覆蓋到。

（2）對於巢狀結構的陣列欄位，無法使用覆蓋索引查詢。

12.4 查詢計畫

如果有多個索引可以同時匹配當前的查詢準則，那麼 MongoDB 就會在它們之中做出選擇。又或，整個查詢過程並沒有索引的介入而執行了全資料表掃描。

一個查詢具體如何被執行的過程稱為查詢計畫。透過 explain 命令我們可以清楚地看到查詢計畫的許多細節。這包括我們所關心的一些問題：

- 查詢是否使用了索引。
- 索引命中的情況是不是最佳的。
- 查詢是否需要掃描大量的記錄。

12.4.1 查詢計畫組成

MongoDB 採用自底向上的方式來構造查詢計畫，每一個查詢計畫（query plan）都會被分解為許多個有層次的階段（stage）。有意思的是，整個查詢計畫最終會呈現出一顆多叉樹的形狀，如圖 12-10 所示。

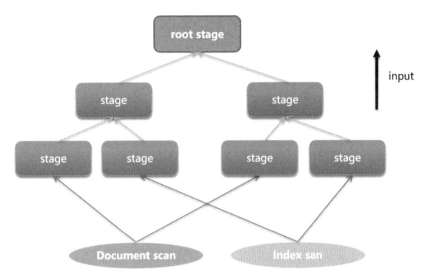

圖 12-10 查詢計畫的分層結構

一個查詢計畫會以根階段作為入口，往下可逐層分解為多個子階段。

整個計算過程是從下向上投遞的，每一個階段的計算結果都是其上層階段的輸入，每一個 階段都有自己的邏輯語義，比如，stage = IXSCAN 就表示一個索引的掃描階段，舉例如下：

```
{
  "winningPlan" : {
    "stage" : "FETCH",
    "inputStage" : {
      "stage" : "IXSCAN",
      "keyPattern" : {
          "a" : 5
      },
      "indexName" : "a_1",
      "isMultiKey" : false,
      "direction" : "forward",
      "indexBounds" : {"a" : ["[5.0, 5.0]"]}
    }
  }
}
```

這個計畫由兩個階段組成，子階段是 IXSCAN 表示二級索引尋找，父階段則是一個 FETCH 操作，其根據索引尋找的結果（葉子節點指標）執行最終文件的獲取操作，如圖 12-11 所示。

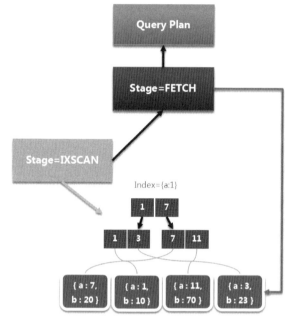

圖 12-11　查詢計畫過程

12.4.2　explain 命令

本書中有多處提到了 explain 命令，explain 命令除提供查詢計畫的資訊外，還可以模擬計畫的執行並提供更多的過程資訊。整體來說，explain 有 3 種執行模式。

- queryPlanner：預設的模式，僅進行查詢計畫分析，輸出計畫中的階段資訊。
- executionStats：執行模式，在查詢計畫分析後，將按照 winningPlan 執行查詢並統計過程資訊。
- allPlansExecution：全計畫執行模式，將執行所有計劃（包括 winningPlan 和 rejectPlans），並返回全部的過程統計資訊。

1. 結果詳情

explain 命令的輸出結果包含豐富的資訊，整體如下：

```
{
    "queryPlanner" : {
        "plannerVersion" : 1,
        "namespace" : "test.test",
        "indexFilterSet" : false,
        "parsedQuery" : {
            "a" : {
                "$eq" : 5.0
            }
        },
        "queryHash" : "4B53BE76",
        "planCacheKey" : "100FCEBA",
        "winningPlan" : {
            ...
        },
        "rejectedPlans" : [
            ...
        ]
    },
    "executionStats" : {
        "executionSuccess" : true,
        ...
        "executionStages" : {
            ...
        },
        "allPlansExecution" : [
            ...
        ]
    },
    ...

    "ok" : 1.0
}
```

- queryPlanner：描述查詢計畫。
- queryPlanner.namespace：描述當前的集合命名空間，格式為 {db}.{collection}。

- queryPlanner.indexFilterSet：是否設定了 indexFilter，indexFilter 可以決定查詢最佳化工具對於某個查詢將如何使用索引。
- queryPlanner.parsedQuery：解析後的查詢準則資訊。
- queryPlanner.queryHash：MongoDB 4.2 版本中新增，表示查詢模型的雜湊值。
- queryPlanner.planCacheKey：MongoDB 4.2 版本中新增，查詢計畫快取的 Key 值，由查詢模型、可用索引計算得出。
- queryPlanner.winningPlan：最佳計畫。
- queryPlanner.rejectPlans：拒絕的計畫列表。
- executionStats：執行過程統計，捕捉計畫在執行過程中的相關資訊，只有在 executionStats 或 allPlansExecution 模式下才會輸出。
- executionStats.executionStages：最佳計畫（winningPlan）執行時的過程資訊。
- executionStats.allPlansExecution：全部計畫的執行過程統計資訊，只有在 allPlansExecution 模式下才會輸出。

（1）winningPlan 範例如下（輸出欄位見表 12-1）。

```
"winningPlan" : {
    "stage" : "FETCH",
    "inputStage" : {
        "stage" : "IXSCAN",
        "keyPattern" : {"a" : 1.0},
        "indexName" : "a_1",
        "isMultiKey" : false,
        "multiKeyPaths" : {
            "a" : [] },
        "isUnique" : false,
        "isSparse" : false,
        "isPartial" : false,
        "indexVersion" : 2,
        "direction" : "forward",
        "indexBounds" : {
            "a" : ["[5.0, 5.0]"]
        }
    }
}
```

表 12-1　winningPlan 輸出欄位

屬　性	描　述
winningPlan.stage	最佳計畫的根階段，如 FETCH 表示獲取文件
winningPlan.filter	最佳計畫的篩檢程式，即查詢準則
winningPlan.inputStage	最佳計畫階段的子階段，如果存在多個子階段，則該欄位替換為 inputStages，並以陣列形式提供
winningPlan.inputStage.stage	子階段，此處是 IXSCAN，表示進行 index scanning
winningPlan.inputStage.keyPattern	掃描的索引模式
winningPlan.inputStage.indexName	選用索引名稱
winningPlan.inputStage.isMultiKey	是否是 Multikey，如果索引建立在陣列上則為 true
winningPlan.inputStage.isSparse	是否稀疏索引
winningPlan.inputStage.isPartial	是否條件索引
winningPlan.inputStage.direction	掃描的方向，與查詢的排序條件有關
winningPlan.inputStage.indexBounds	所掃描的索引範圍

（2）executionStats 範例如下（輸出欄位見表 12-2）。

```
"executionStats" : {
    "executionSuccess" : true,
    "nReturned" : 8,
    "executionTimeMillis" : 0,
    "totalKeysExamined" : 8,
    "totalDocsExamined" : 8,
    "executionStages" : {
        "stage" : "FETCH",
        "nReturned" : 8,
        "executionTimeMillisEstimate" : 0,
        "works" : 9,
        "advanced" : 8,
        "needTime" : 0,
        "needYield" : 0,
        "isEOF" : 1,
        "docsExamined" : 8,
        "inputStage" : {
            "stage" : "IXSCAN",
            "nReturned" : 8,
            "executionTimeMillisEstimate" : 0,
            "works" : 9,
```

```
    "advanced" : 8,
    "isEOF" : 1,
    "keyPattern" : {"a" : 1.0 },
    "indexName" : "a_1",
    "direction" : "forward",
   "keysExamined" : 8,
  }
...
```

表 12-2　executionStats 輸出欄位

屬　性	描　述
executionStats.executionSuccess	是否執行成功
executionStats.nReturned	返回項目數量
executionStats.executionTimeMilis	執行時間（ms）
executionStats.totalKeysExamined	索引檢測項目數量
executionStats.totalDocsExamined	文件檢測項目數量
executionStats.executionStages	執行時詳情，大部分欄位繼承於 winningPlan.inputStage
executionStats.executionStages.stage	執行時
executionStats.executionStages.nReturned	階段返回項目數量
executionStats.executionStages.executionTimeMillisEstimate	階段執行時間（ms）
executionStats.executionStages.docsExamined	階段的文件檢測項目
executionStats.executionStages.works	階段的工作單元數，一個階段的執行會拆解為多個工作單元，一個單元可以是一次索引 Key 的檢測，或是一個文件的投射（projection）處理等
executionStats.executionStages.advanced	階段的向上提交數量
executionStats.executionStages.needTime	階段中除向上提交（advanced）之外的內部處理次數，比如用於額外的重定位索引指標所需次數
executionStats.executionStages.needYield	階段中獲取鎖等待次數
executionStats.executionStages.isEOF	階段中是否到達流的結束位
executionStats.executionStages.inputStage	階段的子階段，如果存在多個子階段則替換為 inputStages

2. 結果分析

透過對階段的辨識，可以大致判斷出執行計畫做了什麼樣的操作，以及出現這些操作的背後原因。表 12-3 收集了一些典型的階段，可提供一些參考。

表 12-3 不同的階段類型

階 段	描 述
COLLSCAN	全資料表掃描
IXSCAN	索引掃描
FETCH	根據索引檢索結果獲取指定文件
PROJECTION	限定返回欄位
PROJECTION_SIMPLE	未使用覆蓋索引的 PROJECTION 階段，MongoDB 4.2 版本新增
PROJECTION_COVERED	使用覆蓋索引的 PROJECTION 階段，MongoDB 4.2 版本新增
SHARD_MERGE	將各個分片返回資料進行合併
SORT	在記憶體中進行排序
LIMIT	使用 limit 限制返回數
SKIP	使用 skip 進行跳過操作
IDHACK	使用 _id 進行查詢
SHARDING_FILTER	透過 mongos 對分片資料進行過濾
COUNT	計算
COUNT_SCAN	使用索引執行計算操作
RECORD_STORE_FAST_COUNT	利用儲存層快速計算，MongoDB 4.2 版本新增
SUBPLAN	使用 $or 運算符號查詢
TEXT	使用全文索引進行查詢
AND_SORT	使用索引正交（Index Intersection）

判斷一個執行計畫的好壞，除了辨識階段，還需要綜合其他一些因素考慮，主要如下。

- 有多少個結果被返回了。
- 索引以及文件的掃描數量。

- 是否使用了索引，索引是否能完全匹配，是否存在額外的 filter 動作。
- 是否使用了覆蓋索引最佳化。
- 是否存在記憶體排序。
- 整個查詢執行了多長時間。

▦ 12.5 實戰：查詢案例分析

前面的部分主要介紹了 MongoDB 的查詢計畫。接下來繼續看一些案例，這些例子主要用於說明在不同的查詢準則下，MongoDB 的執行計畫將做出何種選擇。透過這些演示，讀者可以更加熟練地掌握 MongoDB 的查詢分析最佳化工作。如果條件允許，筆者建議可以在環境中演練它們。

❑ 準備資料

執行下面的程式，向 practise 集合中寫入 100000 筆資料。

```
var collection = db.getCollection("practise")

var count = 100000;
var base = 10;
var items = [];
for(var i=1; i<=count; i++){

    var item = {};
    item.x=Math.round(Math.random() * base) ;
    item.y=Math.round(Math.random() * base) ;
    item.z=Math.round(Math.random() * base) ;
    item.did = "ITEM" + i;
    items.push(item);

    if(i%1000==0){
        collection.insertMany(items);
        print("insert", i);
        items = [];
    }
}
```

接著為該集合創建索引，程式如下：

```
//單鍵索引
db.practise.ensureIndex({name:1})
//組合索引
db.practise.ensureIndex({x:1, y:1, z:1})
```

現在，我們已經擁有了一個文件數量充足的集合，並且還分別創建了一個單鍵索引和組合式索引。

❑ 案例 1：全資料表掃描

動作陳述式：

```
> db.practise.find({ otherKey : "ITEM9"}).explain("executionStats")
{
    "queryPlanner" : {
        "winningPlan" : {
            "stage" : "COLLSCAN",
            "filter" : {
                "otherKey" : {
                    "$eq" : "ITEM9"
                }
            },
            "direction" : "forward"
        },
        "rejectedPlans" : []
    },
    "executionStats" : {
        "nReturned" : 0,
        "executionTimeMillis" : 73,
        "totalKeysExamined" : 0,
        "totalDocsExamined" : 100000

        ....
```

執行計畫如表 12-12 所示。

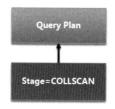

圖 12-12 全資料表掃描

說明：由於 otherKey 在集合中並不存在欄位或索引，因此該敘述會導致全資料表掃描，是比較低效的。

❑ 案例 2：單鍵索引命中

動作陳述式：

```
> db.practise.find({ name : "ITEM9"}).explain("executionStats")
{
    "queryPlanner" : {
        "winningPlan" : {
            "stage" : "FETCH",
            "inputStage" : {
                "stage" : "IXSCAN",
                "keyPattern" : {
                    "name" : 1.0
                },
                "indexName" : "name_1",
                "isMultiKey" : false,
                "direction" : "forward",
                "indexBounds" : {
                    "name" : [
                        "[\"ITEM9\", \"ITEM9\"]"
                    ]
                }
            }
        },
        "rejectedPlans" : []
    },
    "executionStats" : {
        "executionSuccess" : true,
        "nReturned" : 1,
        "executionTimeMillis" : 12,
```

```
        "totalKeysExamined" : 1,
        "totalDocsExamined" : 1,

        ...
```

執行計畫如圖 12-13 所示。

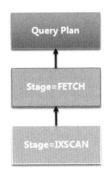

圖 12-13 單鍵索引命中

說明：name 欄位的匹配使用了 name_1 這個單鍵索引，查詢使用了 IXSCAN（索引掃描）+ FETCH 操作。其中，totalKeysExamined 與 totalDocsExamined 的值都非常小，可見效率是比較高的。

❏ 案例 3：覆蓋索引

動作陳述式：

```
> db.practise.find({ name: "ITEM9"}, {name:1, _id:0}).
explain("executionStats")
{
    "queryPlanner" : {
        "winningPlan" : {
            "stage" : "PROJECTION_COVERED",
            "transformBy" : {
                "_id" : 0.0,
                "name" : 1.0
            },
            "inputStage" : {
                "stage" : "IXSCAN",
                "keyPattern" : {
                    "name" : 1.0
```

```
    },
    "indexName" : "name_1",
    "isMultiKey" : false,
    "multiKeyPaths" : {
        "name" : []
    },
    "isUnique" : false,
    "isSparse" : false,
    "isPartial" : false,
    "indexVersion" : 2,
    "direction" : "forward",
    "indexBounds" : {
        "name" : [
            "[\"ITEM9\", \"ITEM9\"]"
        ]
...
```

執行計畫如圖 12-14 所示。

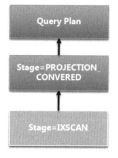

圖 12-14　覆蓋索引

說明：該查詢同樣使用了 name_1 索引，但由於僅返回 name 欄位而實現了覆蓋索引最佳化，PROJECTION_COVERED 表示使用了覆蓋索引方式的 PROJECTION（投射）操作。

❑ 案例 4：串列查詢 +skip/limit

動作陳述式：

```
> db.practise.find({ x : {$gt: 3} }).skip(10).limit(5).
explain("executionStats")
{
```

```
"queryPlanner" : {
    "winningPlan" : {
        "stage" : "LIMIT",
        "limitAmount" : 5,
        "inputStage" : {
            "stage" : "SKIP",
            "skipAmount" : 0,
            "inputStage" : {
                "stage" : "FETCH",
                "inputStage" : {
                    "stage" : "IXSCAN",
                    "keyPattern" : {
                        "x" : 1.0,
                        "y" : 1.0,
                        "z" : 1.0
                    },
                    "indexName" : "x_1_y_1_z_1",
        ...
    },
    "executionStats" : {
        "executionSuccess" : true,
        "nReturned" : 5,
        "executionTimeMillis" : 0,
        "totalKeysExamined" : 15,
        "totalDocsExamined" : 15,
        ...
```

執行計畫如圖 12-15 所示。

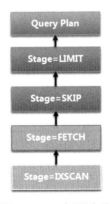

圖 12-15 串列查詢

說明：這是典型的串列查詢，x*1*y*1*z_1 索引可以匹配 x : {$gt: 3} 條件的檢索，查詢過程掃描的文件（totalDocsExamined）、索引數（totalKeysExamined）取決於 skip、limit 的設定值。

❑ 案例 5：記憶體排序

動作陳述式：

```
> db.practise.find({ x: 1 }).sort({ x1: 1 }).explain("executionStats")
{
    "queryPlanner" : {
        "winningPlan" : {
            "stage" : "SORT",
            "sortPattern" : {
                "x1" : 1.0
            },
            "inputStage" : {
                "stage" : "SORT_KEY_GENERATOR",
                "inputStage" : {
                    "stage" : "FETCH",
                    "inputStage" : {
                        "stage" : "IXSCAN",
                        "indexName" : "x_1_y_1_z_1",
                        "isMultiKey" : false,
                        "direction" : "forward",
                        "indexBounds" : {
                            ...
    },
    "executionStats" : {
        "executionSuccess" : true,
        "nReturned" : 10109,
        "executionTimeMillis" : 52,
        "totalKeysExamined" : 10109,
        "totalDocsExamined" : 10109,
        "executionStages" : {
            "stage" : "SORT",
            "nReturned" : 10109,
            "executionTimeMillisEstimate" : 7,
            "works" : 20221,
            "advanced" : 10109,
            "needTime" : 10111,
```

```
        "needYield" : 0,
        "saveState" : 157,
        "restoreState" : 157,
        "isEOF" : 1,
        "sortPattern" : {
            "x1" : 1.0
        },
        "memUsage" : 837925,
        "memLimit" : 33554432,
        "inputStage" : {
            "stage" : "SORT_KEY_GENERATOR",
            "nReturned" : 10109,
            "executionTimeMillisEstimate" : 0,
            "works" : 10111
...

            "inputStage" : {
                "stage" : "FETCH",
                "nReturned" : 10109,
    ...

                "inputStage" : {
                    "stage" : "IXSCAN",
                    "nReturned" : 10109,
                    "executionTimeMillisEstimate" : 0,
                ...
```

執行計畫如圖 12-16 所示。

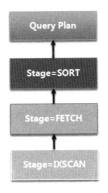

圖 12-16 記憶體排序

說明：組合索引可以覆蓋查詢準則 { x:1 }，但對於 { x1: 1 } 這樣的排序條件卻無能為力。

本查詢計畫顯示，IXSCAN 階段可以完成查詢準則的匹配，但滿足條件的文件會先被獲取（FETCH）到記憶體中，再進行一次排序（SORT）。排序的資料集大小取決於條件的設定，上述敘述會導致 10109 個文件進行記憶體排序。

executionStages 展示了排序階段的細節，memUsage 表示排序所使用的記憶體，memLimit 是排序記憶體的最大限制（32MB）。尤其需要注意的是，當記憶體排序超過最大值（32MB）時，查詢就會出錯。

❏ 案例 6：組合索引無法命中

動作陳述式：

```
> db.practise.find({ y: 1, z: 3}).explain("executionStats")
{
    "queryPlanner" : {
        "winningPlan" : {
            "stage" : "COLLSCAN",
            "filter" : {
                "$and" : [
                    {
                        "y" : {
                            "$eq" : 1.0
                        }
                    },
                    {
                        "z" : {
                            "$eq" : 3.0
                        }
                    }
                ]
            },
            "direction" : "forward"
        },
        "rejectedPlans" : []
    },
```

```
"executionStats" : {
    "executionSuccess" : true,
    "nReturned" : 1005,
    "executionTimeMillis" : 44,
    "totalKeysExamined" : 0,
    "totalDocsExamined" : 100000,
    ...
```

執行計畫如圖 12-17 所示。

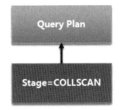

圖 12-17　組合索引無法命中

說明：查詢準則 { y: 1, z: 3} 無法滿足 x*1*y*1*z_1 的字首匹配原則，因此該查詢只能做全資料表掃描。

❏ 案例 7：組合索引排序命中

動作陳述式：

```
> db.practise.find({ x: 1 }).sort({ y: -1, z: -1 }).limit(5).
explain("executionStats")
{
    "queryPlanner" : {
        "winningPlan" : {
            "stage" : "LIMIT",
            "limitAmount" : 5,
            "inputStage" : {
                "stage" : "FETCH",
                "inputStage" : {
                    "stage" : "IXSCAN",
                    "indexName" : "x_1_y_1_z_1",
                    "direction" : "backward",
                    "indexBounds" : {
                        "x" : [
```

```
                          "[1.0, 1.0]"
                    ],
                    "y" : [
                          "[MaxKey, MinKey]"
                    ],
                    "z" : [
                          "[MaxKey, MinKey]"
                    ]
            ...
      },
      "executionStats" : {
          "executionSuccess" : true,
          "nReturned" : 5,
          "executionTimeMillis" : 0,
          "totalKeysExamined" : 5,
          "totalDocsExamined" : 5
          ...
```

執行計畫如圖 12-18 所示。

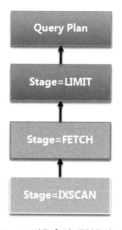

圖 12-18 組合索引排序命中

說明：查詢準則、排序都與 x1y1z_1 這個組合索引匹配，因此查詢只需要掃描很有限的幾個文件。由於 y、z 都使用了降冪，因此在當前的組合索引中，採用的掃描方向為 direction=backward。

❏ 案例 8：組合索引命中，記憶體排序

動作陳述式：

```
> db.practise.find({ x: 1 }).sort({ y: 1, z: -1 }).limit(5).
explain("executionStats")
{
    "queryPlanner" : {
        "winningPlan" : {
            "stage" : "FETCH",
            "inputStage" : {
                "stage" : "SORT",
                "sortPattern" : {
                    "y" : 1.0,
                    "z" : -1.0
                },
                "limitAmount" : 5,
                "inputStage" : {
                    "stage" : "SORT_KEY_GENERATOR",
                    "inputStage" : {
                        "stage" : "IXSCAN",
                        "keyPattern" : {
                            "x" : 1.0,
                            "y" : 1.0,
                            "z" : 1.0
                        },
                        "indexName" : "x_1_y_1_z_1",
                        "isMultiKey" : false,
                        "multiKeyPaths" : {
                            "x" : [],
                            "y" : [],
                            "z" : []
                        },
                        "isUnique" : false,
                        "isSparse" : false,
                        "isPartial" : false,
                        "indexVersion" : 2,
                        "direction" : "forward",
                        "indexBounds" : {
                ...
    },
    "executionStats" : {
        "executionSuccess" : true,
```

```
"nReturned" : 5,
"executionTimeMillis" : 10,
"totalKeysExamined" : 10109,
"totalDocsExamined" : 5,
"executionStages" : {
    "stage" : "FETCH",
    "nReturned" : 5,
    "advanced" : 5,
    "isEOF" : 1,
    "inputStage" : {
        "stage" : "SORT",
        "nReturned" : 5,
        "executionTimeMillisEstimate" : 0,
        "works" : 10116,
        "advanced" : 5,
        "needTime" : 10111
        "sortPattern" : {
            "y" : 1.0,
            "z" : -1.0
        },
        "memUsage" : 215,
        "memLimit" : 33554432,
        "limitAmount" : 5,
        "inputStage" : {
        ...
```

執行計畫如圖 12-19 所示。

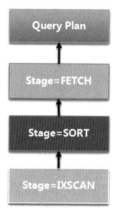

圖 12-19　組合索引命中，記憶體排序

說明：由於 { y: 1, z: -1 } 排序條件與組合索引的欄位順序不一致，因而產生了記憶體排序。如圖 12-19 所示，資料庫會先基於索引掃描（IXSCAN）的結果進行記憶體排序，而 SORT 階段透過 limitAmount 約束了返回項目數，最後進行文件的 FETCH 操作。因此一次查詢需要掃描 10 萬個索引項目（totalKeysExamined），而 FETCH 階段則僅需要獲取 5 個文件。

需要注意，這裡的**記憶體排序是基於索引而非文件的**，在 MongoDB 4.0 及以前版本中，對於這種查詢的排序仍然必須基於文件進行，也就是先執行 FETCH 再執行 SORT 階段，這樣會使全量文件都被載入到記憶體而導致更差的效率。可見 MongoDB 4.2 版本對索引查詢機制做了一些最佳化。

❏ 案例 9：組合索引命中，範圍 + 排序

動作陳述式：

```
> db.practise.find({ x: {$gt: 3} }).sort({ x: 1, y: 1, z: 1 }).explain
("executionStats")
{
    "queryPlanner" : {

        "winningPlan" : {
            "stage" : "FETCH",
            "inputStage" : {
                "stage" : "IXSCAN",
                "keyPattern" : {
                    "x" : 1.0,
                    "y" : 1.0,
                    "z" : 1.0
                },
                "indexName" : "x_1_y_1_z_1",
                "direction" : "forward",
                "indexBounds" : {
                    "x" : [
                        "(3.0, inf.0]"
                    ],
                    "y" : [
                        "[MinKey, MaxKey]"
```

```
                        ],
                        "z" : [
                            "[MinKey, MaxKey]"
                        ]
                ...
            }
```

執行計畫如圖 12-20 所示。

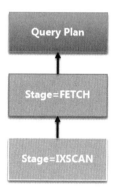

圖 12-20 組合索引命中，範圍 + 排序

說明：這裡的 x: {$gt: 3} 條件、{ x: 1, y: 1, z: 1 } 排序與組合索引是完全匹配的，因此可以高效完成。

❏ 案例 10：不合適的組合索引，範圍 + 排序

動作陳述式：

```
> db.practise.find({ x: {$gt: 3} }).sort({ y: 1, z: 1 }).explain
("executionStats")
{
    "queryPlanner" : {
        "winningPlan" : {
            "stage" : "FETCH",
            "inputStage" : {
                "stage" : "SORT",
                "sortPattern" : {
                    "y" : 1.0,
                    "z" : 1.0
                },
```

```
            "inputStage" : {
                "stage" : "SORT_KEY_GENERATOR",
                "inputStage" : {
                    "stage" : "IXSCAN",
                    "keyPattern" : {
                        "x" : 1.0,
                        "y" : 1.0,
                        "z" : 1.0
                    },
                    "indexName" : "x_1_y_1_z_1",
                    "isMultiKey" : false,
                    "multiKeyPaths" : {
                        "x" : [],
                        "y" : [],
                        "z" : []
                    },
                    "isUnique" : false,
                    "isSparse" : false,
                    "isPartial" : false,
                    "indexVersion" : 2,
                    "direction" : "forward",
                    "indexBounds" : {
                        "x" : [
                            "(3.0, inf.0]"
                        ],
                        "y" : [
                            "[MinKey, MaxKey]"
                        ],
                        "z" : [
                            "[MinKey, MaxKey]"
                        ]
            ...

    "executionStats" : {
        "executionSuccess" : true,
        "nReturned" : 64836,
        "executionTimeMillis" : 458,
        "totalKeysExamined" : 64836,
        "totalDocsExamined" : 64836
      ...
```

執行計畫如圖 12-21 所示。

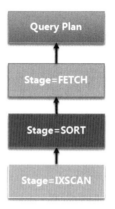

圖 12-21　組合索引順序不合適

說明：該查詢中由於 x 不是相等匹配，因此 { y:1, z:1 } 的排序無法利用組合索引的順序，此時產生了記憶體排序。最後的計算順序與案例 8 類似。

❏ **案例 11：合併排序**

動作陳述式：

```
> db.practise.find({ x: {$in: [1,2,3,4]} })
     .sort({y: 1}).limit(5).explain("executionStats")

{
    "queryPlanner" : {
        "winningPlan" : {
            "stage" : "LIMIT",
            "limitAmount" : 5,
            "inputStage" : {
                "stage" : "FETCH",
                "inputStage" : {
                    "stage" : "SORT_MERGE",
                    "sortPattern" : {
                        "y" : 1.0
                    },
                    "inputStages" : [
                        {"stage" : "IXSCAN"},
                        {"stage" : "IXSCAN",},
```

```
                        {"stage" : "IXSCAN",},
                        {"stage" : "IXSCAN",}
                    ]
            ...
    },
    "executionStats" : {
        "executionSuccess" : true,
        "nReturned" : 5,
        "executionTimeMillis" : 0,
        "totalKeysExamined" : 8,
        "totalDocsExamined" : 5
        ...
```

執行計畫如圖 12-22 所示。

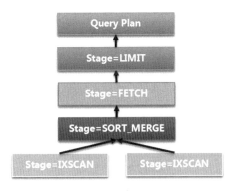

圖 12-22 合併排序

說明：與案例 10 不同，這裡的 x 使用了 $gt 運算符號將目標值鎖定在有限的許多個值上，資料庫會使用歸併排序（SORT_MERGE）的方式來保證結果的有序性，如圖 12-22 所示。最終，查詢過程只需要掃描 limit 對應的項目數。

❑ 案例 12：跨索引的合併排序

索引操作，程式如下：

```
db.practise.ensureIndex({ x: 1, z: 1})
db.practise.ensureIndex({ y: 1, z: 1})
```

動作陳述式：

```
> db.practise.find({ $or: [{x:1}, {y:1}] }).sort({z:1}).explain
("executionStats")
{
    "queryPlanner" : {
        "winningPlan" : {
            "stage" : "SUBPLAN",
            "inputStage" : {
                "stage" : "FETCH",
                "inputStage" : {
                    "stage" : "SORT_MERGE",
                    "sortPattern" : {
                        "z" : 1.0
                    },
                    "inputStages" : [
                        {
                            "stage" : "IXSCAN",
                            "indexName" : "x_1_z_1",
                            "isMultiKey" : false,
                            "direction" : "forward",
                        },
                        {
                            "stage" : "IXSCAN",
                            "keyPattern" : {
                                "y" : 1.0,
                                "z" : 1.0
                            },
                            "indexName" : "y_1_z_1",
                            "isMultiKey" : false,
                            "direction" : "forward"
                    ...
}
```

執行計畫如圖 12-23 所示。

說明：這個查詢有些特殊，為了應對 $or 運算符號和排序的需求，我們事先增加了、這兩個索引，目的是用於產生合併排序最佳化。從執行計畫上可以看到，$or 操作的根階段是 SUBPLAN，而一開始會在兩個索引中進行 IXSCAN 操作，隨即執行歸併（SORT_MERGE），執行 FETCH 操作後再向上遞交結果。

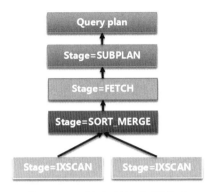

圖 12-23　跨索引的合併排序

合併排序是在記憶體中實現的，而且利用了多個索引樹，能提升查詢的效率。當然，如果本例中沒有預置的索引，就不具備合併排序的條件，此時查詢會退化為全資料表掃描加上記憶體排序的結果。

12.6　查詢快取原理

MongoDB 透過查詢計畫（query plan）來描述一個查詢敘述的執行過程。大部分的情況下，一個查詢操作可能對應多個不同的查詢計畫，舉例來說，對於 { x: 100, y: 100 } 這個條件，既可以選擇 { x: 1 } 索引，也可以選擇 { y: 1 } 索引，甚至是全資料表掃描計畫。但無論是哪一種方式，都會先經過內部的評分機制進行評估，最終選出一個最佳的執行方案。

那麼，查詢計畫的評估必然會產生一定的計算負擔。如果不進行快取，資料庫就無法應對高吞吐、高性能的場景。

為此，MongoDB 提供了 PlanCache 用以實現查詢計畫的快取能力，可以避免在一定條件內對同一個查詢模型進行重複性的分析、評估工作。而且，如果對某個查詢已經有了確定性的選擇，查詢最佳化工具會直接做出選擇，此時快取並不會啟用。舉例來說，對於已經存在 { a:1 } 索引的集合，在執行 find({ a: 100 }) 這樣的查詢時很可能並不會產生查詢計畫快取。

12.6.1　工作流程

查詢計畫快取的具體工作流程，如圖 12-24 所示。

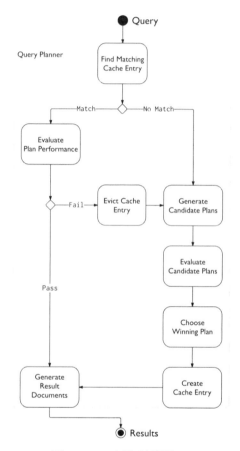

圖 12-24　查詢計畫快取

說明：

（1）查詢開始執行，判斷 PlanCache 中是否有對應的快取。

（2）如果沒有快取，則進入計畫生成階段，執行下列步驟。

- 分析查詢敘述與全部索引，產生候選計畫。
- 評估查詢計畫，包括對計畫的併發執行、取樣。
- 選擇最佳的計畫。

- 將計畫存入快取。
（3）如果存在快取，則觸發 replanning 機制，評估查詢性能，此時有以下兩種結果。
  - 查詢性能不及格，淘汰快取重新生成計畫。
  - 查詢性能及格，採納計畫。
（4）執行最終計畫，返回結果。

❑ **查詢模型**

查詢模型（query shape）是對於當前查詢場景的唯一性結構描述。查詢最佳化工具會首先將查詢請求解析為某個查詢模型，根據這個模型再進行計畫快取的查詢。查詢模型的組成包括以下 3 個部分。

- query：描述查詢準則的結構，該結構由條件的欄位、運算符號（述詞）以及條件的巢狀結構關係組成，並不包含查詢準則的具體值。
- projection：描述即將返回哪些欄位。
- sort：描述排序的規則。

12.6.2　案例

為了呈現查詢計畫快取，我們為集合創建了兩個索引：

```
> db.foo.ensureIndex( { x: 1 } )
> db.foo.ensureIndex( { y: 1 } )
```

接著，執行以下的查詢：

```
> db.foo.find( { x: { $lt: 10 }, y: { $gt: 54 } }, { x: 1, z: 1} ).sort( { z: -1} )
```

不難判斷，無論是使用索引 { x: 1 }，還是 { y: 1 }，都無法完美地匹配這次查詢。因此，MongoDB 會為當前的查詢評選出一個最佳的計畫並寫入 PlanCache。記住，沒有確定性選擇是產生計畫快取的關鍵。

對於 update 操作中的查詢，同樣可能觸發查詢計畫的評估，MongoDB 對此會一視同仁。如果你執行的是 explain 命令，那麼快取則一定不會被使用。使用 PlanQuery 的 listQueryShapes 方法可以展示當前已經快取的查詢模型，程式如下：

```
> db.foo.getPlanCache().listQueryShapes()
[
    {
        "query" : {
            "x" : {
                "$lt" : 10.0
            },
            "y" : {
                "$gt" : 54.0
            }
        },
        "sort" : {
            "z" : -1.0
        },
        "projection" : {
            "x" : 1.0,
            "z" : 1.0
        },
        "queryHash" : "0AFFAE3A"
    }
]
```

返回的結果是一個陣列，包含了剛剛的查詢模型，而且，query、sort、projection 這幾個欄位也正如我們預期的一樣。queryHash 是由查詢模型計算得出的穩定雜湊值，該欄位也會在 explain 的結果中出現。

需要注意的是，儘管 query 欄位呈現了查詢準則中具體的值，但在計算模型結構時這些條件值都會被忽略。也就是説，query={ x: { $lt: 10 }, y: { $gt: 55 } } 和 query={ x: { $lt: 100}, y: { $gt: 0 } } 在結構上仍然是相同的，最終的 queryHash 值也是一致的。

使用 PlanQuery 的 getPlansByQuery 方法可以查看針對某個查詢模型所產生的計畫快取，程式如下：

```
> db.foo.getPlanCache().getPlansByQuery(
    { x: { $lt: 10 }, y: { $gt: 54 } },
    { x: 1, z: 1},
    { z: -1 })
```

返回結果如下：

```
{
    "plans" : [
        {
            "details" : {
                "solution" : "(index-tagged expression tree: tree=Node\n---
Leaf (x_1, ), pos: 0, can combine? 1\n---Leaf \n)"
            },
            "reason" : {
                "score" : 1.32201780821918,
                "stats" : {
                    "stage" : "PROJECTION_SIMPLE",
                    "nReturned" : 47,
                    "executionTimeMillisEstimate" : 0,
                    "works" : 146,
                    "inputStage" : {
                        "stage" : "SORT",
                        "memUsage" : 2961,
                        "memLimit" : 33554432,
                        "inputStage" : {
                            "stage" : "SORT_KEY_GENERATOR",
                            "inputStage" : {
                                "stage" : "FETCH",
                                "docsExamined" : 96,
                                "inputStage" : {
                                    "stage" : "IXSCAN",
                        "indexName" : "x_1",
                                    "nReturned" : 96,
                                    "keysExamined" : 96,
                                    "seeks" : 1,
                        ...

        },
        {
            "details" : {
                "solution" : "(index-tagged expression tree: tree=Node\n---
```

```
Leaf \n---Leaf (y_1, ), pos: 0, can combine? 1\n)"
            },
        "reason" : {
            "score" : 1.0001,
            "stats" : {
                "stage" : "PROJECTION_SIMPLE",
                "nReturned" : 0,
                "executionTimeMillisEstimate" : 0,
                "works" : 146,
                "inputStage" : {
                    "stage" : "SORT",
                    "memUsage" : 756,
                    "memLimit" : 33554432,
                    "inputStage" : {
                        "stage" : "SORT_KEY_GENERATOR",
                        "inputStage" : {
                            "stage" : "FETCH"
                            "docsExamined" : 145
                            "inputStage" : {
                                "stage" : "IXSCAN",
                                "indexName" : "y_1",
                                "nReturned" : 145,
                                "keysExamined" : 145,
                                "seeks" : 1
                            ...
        }
    ],
    "timeOfCreation" : ISODate("2019-12-01T10:50:11.454Z"),
    "queryHash" : "0AFFAE3A",
    "planCacheKey" : "812935BC",
    "isActive" : false,
    "works" : NumberLong(146),
    "ok" : 1.0
}
```

上述結果中的 plans 為一個陣列，其中包含了當前查詢可能採取的多個計畫。reason.score 是指得分，得分越高的計畫被採納的機率越大，reason.stats 則是對這個計畫進行評估時的一些執行過程資訊，和 explain 命令的輸出基本一致。

12.6.3 內部原理

1. 查詢最佳化工具如何選擇最佳計畫？

最初，查詢最佳化工具需要根據現有的上下文產生一些候選計畫。如果同時存在多個候選計畫，那麼需要根據一種評分機制從這些計畫中選出一個最佳計畫，這就涉及計畫的評優（evaluate）過程，如圖 12-25 所示。

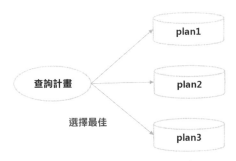

圖 12-25 選擇最佳的計畫

具體的機制如下。

首先，讓所有計劃都同時執行一定量的掃描任務，掃描任務在滿足以下條件時停止：

（1）掃描次數達到 numWorks 次，numWorks = Math.max(10000, 0.3 × collection.count)。

（2）返回結果達到 numResults 個，numResults = Math.min(101, query.getN(), query.getLimit())，其中 query.getN() 來自 getMore 命令，query.getLimit() 則只有限制了 limit 條件才會出現。這兩個參數只有存在時才會參與比較，否則 numResults 預設就是 101。

然後，為每個計畫的執行情況評分，計算分數的因數來自下面幾點：

（1）isEOF 是否為 true，如果出現 isEOE 則說明掃描的指標已經到達了尾端。如果計畫提前結束了，則掃描會獲得最大的機會。

（2）advance/workUnits (%)，如果返回的結果數佔掃描數的比例越大，則代資料表掃描效率越高。

是否存在以下低效率的階段？

PROJECTION+FETCH（非覆蓋索引查詢）、SORT（記憶體排序）、
AND_HASH | STAGE_AND_SORTED（索引正交階段）。

任意一種低效階段的存在都會導致候選計畫被扣分。

最後，根據所得分數進行排序，得分最高的計畫被評選為最佳計畫並寫入快取。

2. 如何保證已快取計畫的效率？

事實上，對於已經快取的計畫，MongoDB 仍會採用一種 replaining 的機制來保證其高效性。在返回快取的計畫之前，首先對該計畫進行掃描取樣，這次的取樣數相比之前的 numWorks 會擴大 10 倍。

（1）掃描過程中如果返回了 numResults 個項目，或到達了 EOF，則達到透過（pass）條件，此時仍然選用此計畫。

（2）如果超過取樣數之後仍未達到透過條件，則轉為失敗（fail）狀態，觸發 replain 過程，此時將重新評選計畫。

（3）如果掃描過程中出錯，則同樣會變成失敗狀態，此時也會觸發 replain 過程。

3. 如何清理計畫快取？

MongoDB 在發生以下一些情況時，可實現計畫快取的清除。

（1）執行了 PlanCache.clear 方法。

（2）創建、刪除索引或執行了集合的 drop 操作。

（3）將 MongoDB 處理程序重新啟動。

查詢快取功能屬於 MongoDB 的內部機制，官方文件並未對此提供特別詳細且公開的描述。如果讀者對此感興趣，可進一步參閱 MongoDB 原始程式碼。

▓ 12.7 強制命中

12.7.1 使用 hint 方法

在某些極少情況下,某些查詢產生的最終計畫可能並不是你想要的。事實上,想實現一個完美的查詢計畫是非常困難的,MongoDB 在查詢最佳化工具上做了很多合理性方面的努力,也提供了一些干預的手段。

hint 方法實現了對查詢計畫機制的干預,在查詢計畫中使用 hint 敘述可以讓 MongoDB 忽略查詢最佳化工具的結果,從而直接使用指定的索引。

比如下面的做法:

```
> db.test.find().hint({ name: 1}).explain()
```

該敘述將被強制使用 { name: 1 } 這個索引。如果沒有指定,則會使用全資料表掃描的方式。hint 方法的參數可以傳入索引的定義物件,也可以是索引的名稱,程式如下:

```
> db.test.find().hint("name_1")
```

如果所傳入的索引並不存在,則將得到錯誤訊息。

12.7.2 使用 IndexFilter 方法

IndexFilter 方法也可以於預查詢索引,程式如下:

```
> db.runCommand(
   {
      planCacheSetFilter: "test",
      query: { a: 3, b: 4 },
      indexes: [
         { b: 1 }
      ]
   }
)
```

執行 planCacheSetFilter 命令會在 test 集合中增加一個 IndexFilter 物件，該物件將自動連結到同時包含 a 欄位與 b 欄位的相等查詢，並啟動查詢最佳化工具使用 { b: 1} 這個索引。執行 planCacheListFilters 命令可以查看它的定義，程式如下：

```
> db.runCommand({ planCacheListFilters: "test" })
{
    "filters" : [
        {
            "query" : {
                "a" : 3.0,
                "b" : 4.0
            },
            "sort" : {},
            "projection" : {},
            "indexes" : [
                {
                    "b" : 1.0
                }
            ]
        }
    ],
    "ok" : 1.0
}
```

其中，查詢模型（query shape）會忽略查詢準則中具體的數值，因此下面的查詢是適用的：

```
db.test.find({ a: 99, b: -1 })
db.test.find({ a: 3, b: 10 })
```

對於連結了 IndexFilter 的查詢，在 explain 結果中的 indexFilterSet 欄位為 true，程式如下：

```
"queryPlanner" : {
        "plannerVersion" : 1,
        "namespace" : "test.test",
        "indexFilterSet" : true,
        "parsedQuery" : {
            "$and" : [
```

```
            {
                "a" : {
                    "$eq" : 1.0
                }
            },
            {
                "b" : {
                    "$eq" : 1.0
                }
            }
        ]
    },
    ...
```

在上述例子中，如果使用了非相等查詢（如 lt），或排序（sort）、投射
（projection）發生了變化，就會導致匹配故障。

IndexFilter 的優先順序高於 hint 方法，如果查詢最佳化工具發現了連結
的 IndexFilter，則一定會忽略 hint 敘述。但是，IndexFilter 並不能保證查
詢最佳化工具最終一定會選擇對應的索引，事實上最佳化器會將這些索
引與全資料表掃描方式一併進行評估，再抉擇出最終的結果。在最壞的
情況下，如果我們指定了不存在的索引，就會導致全資料表掃描。

IndexFilter 是記憶體態的，如果重新啟動了 MongoDB，則會自動故障。
另外，也可以使用 planCacheClearFilters 進行擦拭，程式如下：

```
> db.runCommand(
    {
        planCacheClearFilters: "test"
    }
)
```

注意，MongoDB 的查詢最佳化工具已經足夠強大，無論是 hint 還是
IndexFilter，都會改變預設的查詢最佳化行為。除非迫不得已，否則應該
儘量少用。

12.8 索引正交

1. 索引正交

在符合「字首匹配」的原則下，組合索引可以滿足一些不同的查詢模式。對於以下的索引：

```
{ x: 1, y: 1 }
```

可以極佳地滿足以下查詢：

```
db.test.find( { x: 100 } )
db.test.find( { x: 100, y: 9 } )
db.test.find( { x: { $gt: 10 }, y: { $lt: 3} } )
```

但是，對於以下的查詢卻無能為力：

```
db.test.find( { y: 5 } )
db.test.find().sort( { y: 1 } )
```

索引正交是一種特殊的檢索方式，它會利用多個索引來滿足當前的查詢。如果將上面的組合索引拆為以下兩個：

```
{ x: 1 }
{ y: 1 }
```

此時，利用索引正交的特點就可以同時滿足上述這些查詢。另一個問題是，如果查詢中存在排序會是什麼情形呢？

假設有以下索引：

```
{ x: 1, y: 1 }
{ z: 1 }
{ y: 1 }
```

對於下面的查詢仍然不適用：

```
db.test.find( { z: 3 } ).sort( { y: 1 } )
```

但是，如果稍微做一下調整，就可以使用索引正交：

```
db.test.find( { z: 3, x: 10 } ).sort( { y: 1 } )
```

這裡的關鍵點在於，需要先存在一個索引能同時覆蓋查詢和排序欄位，上面的這個查詢會先以 { x: 1, y: 1 } 為基礎，結合索引 { z: 1 } 進行正交計算。

如果查詢使用了索引正交，則其 explain 結果會表示為 "AND_SORT" 或 "AND_HASH" 類型。

2. 一些限制

（1）在索引正交的實現上，MongoDB 規定最多只能使用兩個索引。

（2）在大多數情況下，查詢最佳化工具很可能並不會選擇索引正交作為最佳計畫。這其中的原因來自一些可變的因素。舉例來說，假設大部分的文件資料都可以透過記憶體獲取，那麼查詢最佳化工具很容易會認為，比起索引正交來說，直接在記憶體中獲取文件進行過濾計算的負擔要小得多。

12.9 使用 MongoDB Compass

對於查詢分析最佳化，除了使用 explain 方法，還可以使用一些 GUI 工具。

MongoDB Compass 是 MongoDB 官方提供的 GUI 工具，可以用於資料管理、查詢最佳化等，如圖 12-26 所示。

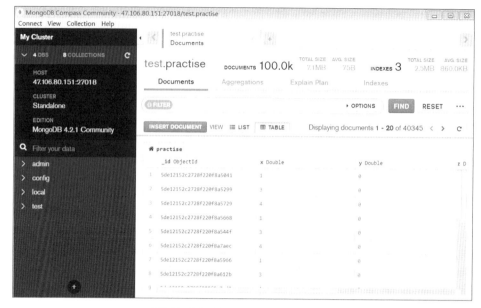

圖 12-26　MongoDB Compass

MongoDB Compass 分為社區版、企業版等多個不同分支，不同的版本具備的功能也有些差別。整體來説，MongoDB Compass 主要提供了以下功能：

- 資料管理，如一般的 CRUD 操作。
- 表結構分析，可查看各欄位的設定值分佈，需要企業版才支援。
- 即時的伺服器監控，需要企業版才支援。
- 幫助創建管道（pipeline）化的聚合操作。
- 使 explain 結果視覺化，輔助查詢分析最佳化。

❏ 使用方法

（1）下載安裝 Compass 社區版本。

（2）打開 Compass，選擇集合並切換到 Explain Plan 視圖。

（3）將輸入框中的 OPTIONS 展開，在 FILTER 處輸入 { x: {$in: [1,2,3,4]} }，在 SORT 處輸入 { y: 1 }。

（4）點擊 "EXPLAIN" 按鈕，可看到詳細的圖形化的執行計畫，如圖
12-27 所示。

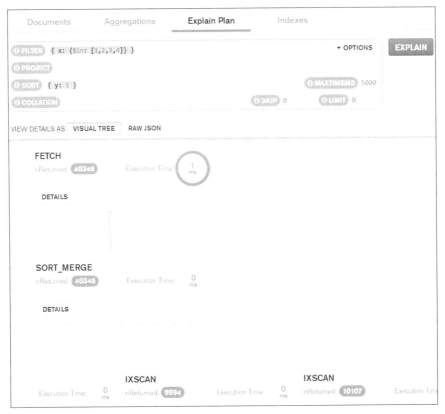

圖 12-27 使用 MongoDB Compass 分析查詢計畫

▓ **12.10 最佳化原則**

1. 在適當的時機使用索引

記住一點，索引的作用在於提高查詢效率。當返回結果集只是全部文件
的一小部分時，增加合適的索引才能獲得不錯的對比值。當然，你可以
自己設定結果集的比例，例如 15%~20%。

2. 使用字首匹配

對於模糊匹配的查詢，儘量使用字首匹配。比如搜索名稱時使用 /^keyword/ 要明顯優於 /keyword/。後者很可能需要對整個索引樹進行遍歷。

3. 避免低效的運算符號

ne、not 不利於索引命中。相反，這些運算符號會導致大範圍掃描，建議避免這些操作。除此之外，exist 也無法利用索引最佳化，同樣需要避免。

4. 使用覆蓋索引最佳化

建議只返回需要的欄位，同時，利用覆蓋索引來提升性能。

5. 高基數優先原則

基數（cardinality）是指某個欄位擁有的唯一值的數量。以使用者資訊為例，基數高的欄位為使用者身份證字號、手機號碼等，基數低的欄位為性別等。一個欄位的基數越高，越有利於快速檢索。這是因為高基數的索引能迅速將檢索範圍圈定到一個比較小的結果集上，如果基數太小則會產生許多排除性的工作。比如想要查詢「1990 年 10 月 13 日出生的女性」，如果使用性別（gender）這個索引進行尋找，將只能將結果集範圍縮小 50% 左右。

一般來說，唯一索引的數量是最高的（基數等於文件的數量），建議優先為基數高的欄位建立索引，另外，組合索引上也應儘量將基數高的欄位放在前面。

6. 控制索引的數量

索引並不是越多越好，相反，過多的索引會帶來一些問題：

- 多餘索引會先佔記憶體空間，導致常用的索引被擠兌，影響查詢性能。
- 寫入操作性能降低，一次文件寫入會觸發多個索引的更新，增加了系統 I/O 負擔。需要謹慎地對整個文件進行保存。如果使用了

SpringDataMongo 這樣的 ORM 框架，開發者往往會使用 save 命令保存整個文件，此時將觸發集合中所有索引的更新。如果能在 update 操作中明確指定需要更新的欄位，那麼影響則會減少一些。也就是說，只有當索引中的欄位被 update 指定時才會觸發更新。

■ 不利於查詢計畫最佳化，太多的索引會增加查詢計畫評估的難度，在極端情況下可能會產生「索引跳變」。

7. 避免設計過長的陣列索引

陣列索引是多值的，在儲存時需要使用更多的空間。如果索引的陣列長度特別長，或陣列的增長不受控制，則可能導致索引空間急劇膨脹。

8. 避免創建重複的索引

組合索引具有「字首覆蓋」的特點，應避免存在已經被覆蓋的索引。例如：

```
> db.test.ensureIndex( { x:1, y:1, z:1 } )
> db.test.ensureIndex( { x:1, y:1 } )
> db.test.ensureIndex( { x:1 } )
```

{ x:1, y:1, z:1 } 同時具備 { x:1 } 索引和 { x:1, y:1 } 索引的功能，因此後面兩個索引可以去掉。

如果使用了雜湊分片，則可能會獲得該分片鍵上的雜湊索引。 如果應用上只需要對該欄位進行單一查詢，那麼該索引已經完全可以滿足。不要對分片鍵創建重複的索引。

9. 刪除無用的索引

對環境中的資料庫例行檢查，及時刪除不使用的索引。

10.避免深度分頁

避免使用 skip 命令實現超大集合的分頁，該命令會消耗 CPU 資源，當跳躍到深度頁面時回應會非常緩慢。

11. 避免一次性返回大量結果集

對於較大的集合，應避免直接使用 find 命令進行全表查詢；當返回的結果集很大時，使用 limit 方法限制合理的返回項目數，比如一次批次查詢不超過 1000 筆。這個約束還要考慮結合當前系統所能承受的性能壓力，一般在高併發、高即時性的場景下，這個值通常要設定得更小。

無論何時，都應該對結果集的大小保持警惕。如果對此不加控制，則很可能導致應用程式出現 OOM 錯誤。

12. 謹防記憶體排序

對於存在排序需求的查詢，在缺失索引，或組合索引的排序方向不匹配的情況下，會產生記憶體排序。記憶體排序需要更多的臨時記憶體，影響資源佔用。此外，MongoDB 對於排序的記憶體使用有 32MB 的限制，超過該閾值會產生失敗。

13. 避免大量的掃描

避免全資料表掃描或大範圍的記錄掃描，透過 explain 結果中的 totalKeysExamined、totalDocsExamined 可獲知當前的掃描次數。避免涉及大範圍掃描的計算操作。

14. 為索引預留足夠的記憶體

為了保證性能，最好保證索引能被載入記憶體中。當記憶體不足時，索引需要從磁碟中載入，這會導致昂貴的 I/O 操作。一種例外的情況是遞增式的索引，即索引的值呈現出遞增的特點，而且應用上也只關心最近產生的一部分資料。 舉例來說，系統日誌可以按照日期建立索引，而通常我們也只關心最近幾天產生的日誌，此時記憶體中則可以僅保留「被關心」的部分資料。

Chapter

13

併發最佳化

13.1 MongoDB 的鎖模式

1. MongoDB 的鎖設計

MongoDB 的高性能表現離不開它的多粒度鎖機制。多粒度主要可以針對不同層級的資料庫物件進行加鎖，透過避免全域性的互斥來提升併發能力。從整個資料庫層面看，MongoDB 的併發鎖的分層機制如圖 13-1 所示。

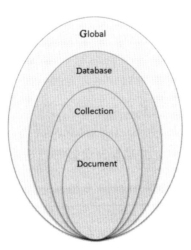

圖 13-1 鎖的分層機制

從上往下是一個逐步細分的關係，分別為 Global（全域）、Database（資料庫）、Collection（集合）、Document（文件）。需要說明的是，MongoDB 只定義了前面三種等級的鎖，對於文件級的鎖則是由 WiredTiger 引擎實現的，其內部使用了 MVCC 樂觀鎖的方式來實現併發控制。因此，並不是所有引擎的實現都支援文件級的鎖，如早期的 MMAPV1 引擎並不支援這樣的特性。

除此之外，針對不同的讀寫方式，資料庫將鎖類型分為以下幾種。

- 讀取鎖（R），代表共用鎖（S）。
- 寫入鎖（W），代表排它鎖（X）。
- 意向讀取鎖（r），代表意向的共用鎖（IS）。
- 意向寫入鎖（w），代表意向的排它鎖（IX）。

這幾種鎖類型的相容情況見表 13-1。

表 13-1 鎖互斥

	IS	IX	S	X
IS	yes	yes	yes	no
IX	yes	yes	no	no
S	yes	no	yes	no
X	no	no	no	no

其中，讀寫鎖一般比較容易了解，但意向鎖卻具有更為重要的意義。它描述的是一種中間狀態（非真正的互斥）。對於某一層資源進行鎖定時，都需要對其更高層次的資源增加意向鎖。而且，意向鎖之間不是互斥的，這樣可以保證在高層次資源上盡可能不會出現鎖爭用的情況。

比如，更新 users 集合中的某一筆使用者記錄（id=1）時，需要經過以下流程：

（1）對 Global 增加意向寫入鎖（IX）。

（2）對 Database 增加意向寫入鎖（IX）。

（3）對 Collection 增加意向寫入鎖（IX）。

（4）對 users (id=1) 記錄執行更新（樂觀鎖）。

可見，有了意向鎖這層定義，不同使用者文件的寫入操作便不會產生互斥了（同一集合的意向寫入鎖可以存在多個）。那麼不增加意向鎖是不是也可以呢？答案是不行的，例如我們想要執行一些全域操作，如 renameCollection，此時需要對 Collection 增加寫入鎖。而為了保證資料的一致性，任何對於該 Collection 內的文件讀寫都應該等待該操作完成，此時就需要透過意向鎖來實現這種併發控制了。

當資料庫物件產生鎖衝突時，被阻塞的請求會被寫入佇列。例如由於某個物件存在寫入鎖（X），之後獲取鎖的請求需要進行排隊，如下：

$$IS \rightarrow IS \rightarrow X \rightarrow X \rightarrow S \rightarrow IS$$

如果以先進先出（FIFO）佇列的想法來考慮，那麼當寫入鎖被釋放後，前面的兩個 IS 請求應該得到授權。但為了提高輸送量，MongoDB 會將所有的 IS、S 請求都授予，然後授予 X，這樣做的目的在於盡可能地減少整體的等待時間。

一些常見操作對應的鎖見表 13-2。

表 13-2 常見操作對應的鎖

操　作	Database	Collection
查詢資料	r（Intent Shared）	r（Intent Shared）
刪除資料	W（Intent Exclusive）	W（Intent Exclusive）
更新資料	W（Intent Exclusive）	W（Intent Exclusive）
執行 Aggregation	R（Intent Shared）	R（Intent Shared）
Map-reduce	W（Exclusive）和 R（Shared）	W（Intent Exclusive）和 r（Intent Shared）
Create an index（Foreground）	W（Exclusive）	
Create an index（Background）	W（Intent Exclusive）	w（Intent Exclusive）
List collections	R（Intent Shared）（4.0 版本更新）	

2. 查看鎖的狀態

我們可以透過 db.currentOp 命令查看鎖的狀態,程式如下:

```
> db.currentOp()

...

locks: {

    "Global" : {
        "acquireCount" : {
            "w" : NumberLong(1)
        }
    },
    "Database" : {
        "acquireCount" : {
            "w" : NumberLong(1)
        }
    },
    "Collection" : {
        "acquireCount" : {
            "w" : NumberLong(1)
        }
    },
    "Mutex" : {
        "acquireCount" : {
            "r" : NumberLong(1)
        }
    }
}

...
```

上述程式中,返回的 locks 子文件描述了當前操作對每一種鎖的獲得情況,其中 xxx.acquireCount 表示獲得的次數。如果一個操作範圍很大,如使用 updateMany 更新大量文件時,則往往可以看到比較高的鎖獲得數量。這是因為 MongoDB 對於這種長操作會拆分為大量的小交易(updateOne),因而會呈現出多次獲取鎖的情況。另外,寫入衝突(write conflict)可能會導致重試,此時也會產生多次重複的鎖操作。

3. 鎖的讓步

在某些情況下，讀寫操作會讓出它們所持有的鎖（Yield），這個操作是在資料庫內部發生的。

對於一些長時間執行的讀寫操作，如查詢、更新及刪除，有很大的機率會產生這種讓步行為。對於 updateMany 這樣的操作，MongoDB 同樣會在每次更新文件的間隙中讓渡出鎖。我們知道，WiredTiger 已經達到了文件等級的細粒度併發控制，對於集合及以上等級的意向鎖也不會影響併發，那為什麼還需要進行讓渡呢？原因如下。

- 避免長時間執行的儲存性交易，因為這些會給記憶體造成較大的壓力。
- 作為中斷回應點（interruption point），以便可以殺死長時間執行的操作。
- 允許一些關鍵的排它性操作得到執行，例如索引 / 集合的創建、刪除。

▓ 13.2 MVCC

在併發場景下，用於保證一致性的做法一般有兩種：

- 使用互斥鎖。
- 基於 MVCC（Multi Version Concurrency Control）的多版本併發控制。

其中，MVCC 是目前資料庫中使用最廣泛的一種經典機制，包括 MongoDB、MySQL、PostGreSQL 等流行資料庫都在使用。我們可以將 MVCC 看成行級鎖的一種妥協，它在許多情況下避免了使用鎖，同時可以提供更小的負擔。相比互斥鎖來説，MVCC 允許存在資料的多份複製，可以使讀取操作和寫入操作同時進行，很大程度上提升了併發能力。

不同資料庫對 MVCC 的實現方式有些不同，MongoDB 對於文件的併發控制是由 WiredTiger 引擎實現的。其對於資料的每一次修改都會在記憶體中產生一個新的版本，並透過鏈結串列結構進行記錄，如圖 13-2 所示。

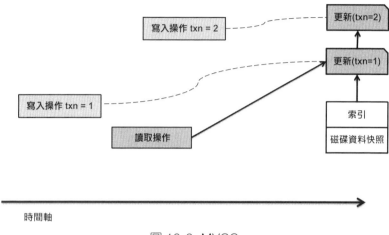

圖 13-2 MVCC

從圖 13-2 中可以看到，文件的更新是一種 copy on write 的方式，每一次修改都會被附加到鏈結串列的頭部。存取資料的執行緒會自動檢查是否存在更新的版本並獲取最近修改的備份。如果是刪除操作，則會寫入資料的 delete 標記，讀取時進行判別就可以了。在這種模式下，允許寫入執行緒在讀取執行緒執行讀取操作時併發地創建新版本，該過程是無鎖的。而只有在多個執行緒嘗試更新同一個記錄時才會產生寫入衝突（write confict），此時只會有一個更新操作成功，其他操作會在稍後進行重試，如圖 13-3 所示。

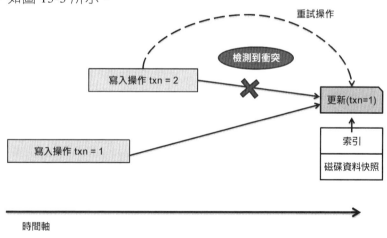

圖 13-3 寫入衝突

MongoDB 在寫入更新記錄時使用了基於 version 的樂觀鎖模式，當寫入衝突產生（嘗試更新失敗）時，WiredTiger 內部會產生 WT_ROLLBACK 結果，而 MongoDB 檢測到該狀態之後會拋出 WriteConflictException，最終由寫入的執行執行緒捕捉該異常，並在後續進行重試。

正如前面所説的，MongoDB 在一開始就實現了單文件的交易，用來保證文件寫入操作、oplog 以及 journal 日誌的原子性。但這種單文件交易仍然屬於內部機制，這是一種隱性的交易。而 MongoDB 4.0 版本之後支援的多文件交易則是顯性的交易，多文件交易提供了基於快照一致性的讀取能力，這同樣離不開 MVCC 。

如果將多文件交易考慮進來，那麼情況可能會複雜一些，比如在讀取時根據交易的序號來獲取在交易開啟之前已提交的版本（快照一致性），而非最近提交的版本。一些更多的細節可參閱後面的章節。

整體來説，MongoDB 的 MVCC 在實現上有以下特性。

- 在記憶體中存放文件的多個版本。
- 讀取資料行預設獲取到當前最新的提交。如果在多文件交易中，還可以使用 snapshot 等級讀取交易一致的版本。
- 寫入操作時只會追加新的版本，不會和讀取操作互斥。
- 對於同一個文件的併發更新會導致寫入衝突，由 MongoDB 內部自動進行重試。

13.3 原子性操作

在分散式系統中，有很大機率會出現併發讀寫的情況。為了保證業務資料的一致性狀態不遭受破壞，開發者通常需要對潛在的併發以及異常場景做出估量並採取適當的原子性保護。

幾乎所有主流的程式語言都提供了良好的併發框架支援，舉例來説，Java
中的 concurrent 套件就提供了全面的鎖特性實現。借由這些能力，我們很
容易在單處理程序應用中解決原子性方面的問題。但是，微服務架構讓
應用程式處理併發原子性問題變得更加複雜，關鍵就在於這些處理程序
內施加的本地鎖無法解決分散式的問題，如圖 13-4 所示。

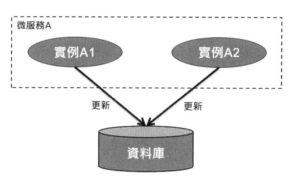

圖 13-4　分散式服務的併發更新

對 MongoDB 來説，更多的應用實踐傾向於利用單文件交易性來解決原子
性問題，當然，你也可以使用新版本中的多文件交易實現，但缺點是必
須接受多文件交易所帶來的性能損失。而關於 MongoDB 的文件級原子
性，儘管大多數人已經知道這一點，但在一些真實的專案案例中，仍然
可以發現各種考慮不周的情形。

下面，我們以案例來説明這種問題。

為了能了解網站上在售課程的受歡迎程度，我們增加了課程的關注功能，
即喜歡該課程的使用者可以透過點擊關注以獲得更新的通知。這樣，在
課程的資訊頁面上也可以清楚地看到關注人數。

為此，每個課程文件需要增加 favCount 欄位用來表示得到的關注數量，
程式如下：

```
@Data
public class Course {

    @Id
```

```
    private String id;
    private String courseName;

    //收藏數量
    private Integer favCount;

    ...
```

那麼,對於「加關注」這一邏輯功能,很容易寫出下面的程式:

```
@Autowired
private CourseRepository courseRepository;

public boolean incrFavCount(String courseId) {
    Assert.hasLength(courseId, "courseId required");

    Course course = courseRepository.findById(courseId).orElse(null);
    if (course == null) {
        return false;
    }

    //將收藏數加一
    course.setFavCount(course.getFavCount() + 1);
    return courseRepository.save(course) != null;
}
```

在 incrFavCount 這個方法中,實現了增加課程的收藏數這一邏輯,一般我們會在保存使用者收藏記錄之後呼叫該方法,以此更新關注後的人數。

上述程式其實存在兩個問題:

- courseRepository.save 是一個「萬金油方法」,它會保存更新後的 Course 物件。但是請注意,我們實際上只需要更新 favCount 這一個欄位,相對整個 Course 物件來說,選擇只更新一個整數欄位的負擔要小得多。
- 程式中使用了 "get and set" 這種非原子性的方式進行更新,並沒有考慮到併發的問題。假設有兩個使用者同時點擊了關注,那麼兩個執行緒同時讀取到同樣的值進行自動增加後,又寫入了一樣的結果,這樣就無法實現累加了。

更合理的方案是，使用 inc 運算符號進行更新，一方面可以只選擇更新
favCount 欄位。另一方面由於 inc 是有原子性保證的，因此多個使用者就
算同時點擊了關注，最終的 favCount 也會是累加的結果。

改善後的程式如下所示：

```
@Autowired
private MongoTemplate mongoTemplate;

public boolean incrFavCount(String courseId) {
    Assert.hasLength(courseId, "courseId required");

    Query query = new Query();
    query.addCriteria(Criteria.where("id").is(courseId));

    Update update = new Update();
    update.inc("favCount", 1);

    UpdateResult result = mongoTemplate.updateFirst(query, update,
Course.class);
    return result.getModifiedCount() > 0;
}
```

對於第一個問題所提到的 save 方法，建議在使用之前做一些必要的權
衡。save 是 SpringData 框架所提供的方法，它會根據所保存的物件是否
包含不可為空（null）ID 欄位來選擇執行 insert 還是 update 操作，但始
終是一個全量保存的動作。出於高性能方面的考慮，在更新物件時建議
只更新必要的部分。這是因為：

（1）如果毫無保留地使用全量保存的做法，則很容易造成頻寬的浪費。

（2）一旦集合中存在多個索引，文件的更新還會同時觸發多個索引的 I/O
　　　操作，這會增加寫入磁碟的壓力。

13.4 樂觀鎖

樂觀鎖（CAS）是避免併發衝突的優選模式，實現樂觀鎖的前提是文件的原子性更新。借助 MongoDB 的 CAS 模式，我們可以巧妙地解決許多併發性的問題。

13.4.1 電影院訂位的案例

在新電影上線之前，通常院方都會事先進行排片，透過後台系統做好電影的場次編排，包括放映時間、影廳資訊等。而顧客則透過影院的訂票系統來選擇場次座位，並最終確認下單。圖 13-5 是下單時選擇座位的頁面。

圖 13-5　電影院訂位頁面

如果使用 MongoDB 來設計影院的場次訂位功能，應該如何實現呢？可以先從場次的資訊入手，考慮以下的文件模型：

```
{
  id : ObjectId("5aed671c07ce9dc21a26238a"),
  movie : "勇敢者遊戲2(決戰叢林)",
  Office : "巨幕5號廳",
  showTime : "2019-09-30 12:30:00",
  seats: {

    "101": "N",
```

```
   "102": "N",
    "103": "Y:user01",
   "104": "Y:user01",

   ...

    "201": "N",
   "202": "Y:user05",

   ...
  }

}
```

這裡我們大膽使用了一種「預分配」的方式來設計該文件，一個場次的主要資訊如下。

- id：場次的 ID。
- movie：電影名稱。
- office：影廳名稱。
- showTime：播放時間。
- seats：座位表。

其中，seats 是一個內嵌的子文件，其每一個欄位的 key 就是影廳的座位號碼。如果影廳有 100 個座位，那麼 seats 將有對應的 100 個欄位。而且在一開始安排場次時，seats（座位表）就應該預先寫入了。每個座位號碼對應的預設值是 N，代表未被預訂的狀態，如果已經被預訂，則寫入新的值 Y:{ 預訂使用者 ID}。

接下來該考慮如何實現預訂功能了。顯而易見的是，save 方法在這裡是不可取的，因為當使用者 user01 預訂了某個座位時，只更新 seats 中座位號碼的值就可以了，而不需要讀取或保存整個文件。這裡我們可以使用 $set 運算符號來實現子文件中欄位的更新操作，程式實現如下：

```
@Autowired
private MongoTemplate mongoTemplate;
```

```
public boolean arrangeSeat(String userId, String movieStId, String seatNo) {
    Assert.hasLength(userId, "userId required");
    Assert.hasLength(movieStId, "movieStId required");
    Assert.hasLength(seatNo, "seatNo required");

    //指定子文件的座位號碼欄位
    String seatField = "seats." + seatNo;

    Query query = new Query();
    //條件1：匹配當前場次ID
    query.addCriteria(Criteria.where("id").is(movieStId));
    //條件2：座位號碼的值為N
    query.addCriteria(Criteria.where(seatField).is("N"));

    Update update = new Update();
    //更新座位號碼的值
    update.set("seats." + seatNo, "Y:" + userId);

    UpdateResult result = mongoTemplate.updateFirst(query, update,
MovieSt.class);
    return result.getModifiedCount() > 0;

}
```

你可能已經注意到了，執行更新的條件並不只有滿足場次 ID 一個，還包含了對於座位號碼現存值的判斷。也就是説只有**該場次中指定座位沒有被預訂時才會成功更新文件**。與此前的 "get and set" 方式相比，這樣的做法充分利用了文件級的原子性更新，最終保證同一個場次座位號碼只能被一個使用者成功預訂。

另外，為什麼 seats 中座位被預訂成功後需要寫入狀態 Y 和使用者 ID 呢？可以從以下兩個方面思考：

■ 預訂之後可能還需要生成憑票。如果恰好在預訂成功後程式發生了中斷，由於文件更新是原子性的，則可以保證預訂座位號碼中會同時寫入使用者 ID，此時根據這個記錄可以在後續進行補票處理。

■ 在查詢座位表的狀態時，可以同時知道當前使用者是否已經預訂了指定的某些座位，給予一定的提醒。

在本案例中，使用座位號碼（seatNo）的狀態（Y|N）作為更新的存取控制條件，這需要基於特定場景來進行設計。與此同時，由於座位號碼狀態可能存在反覆變更，我們很難對文件的真實變更進行追蹤。如果遇到一些更複雜的場景，則建議使用版本編號模式來實現樂觀鎖。

13.4.2 版本編號模式

版本編號模式是一種更加通用的 CAS 模式，其透過在文件中加入一個特殊的版本編號欄位實現。由於版本會不斷自動增加，因此可以保證不會出現狀態回溯問題。Spring Data Mongo 框架實現了基於版本編號的樂觀鎖模式，程式如下：

```
@Document
class Person {

  @Id String id;
  String firstname;
  String lastname;
  @Version Long version;
}
```

Person 文件中對於 version 屬性增加了 @Version 屬性，即表示該欄位將作為當前文件的中繼資料版本。

對於 Person 文件的 insert、update、delete 操作時都會加入版本編號的處理。框架會為我們自動檢測衝突，程式如下：

```
Person daenerys = template.insert(new Person("Daenerys"));

Person tmp = template.findOne(query(where("id").is(daenerys.getId())),
Person.class);

daenerys.setLastname("Targaryen");
template.save(daenerys);

template.save(tmp);
```

執行上述程式將發生：

（1）插入 Person 文件 daenerys，此時 version 被初始化為 0。

（2）根據 ID 將插入的文件查出，此時 tmp 物件中的 version 也是 0。

（3）修改 daenerys 文件，執行 save 方法，此時資料庫中的文件 version
　　 產生了自動增加變為 1。

（4）再次保存 tmp 物件（ID 和原文件相同），由於 tmp 物件中的 version
　　 仍然是 0，因此這一步將顯示出錯。

框架在檢測衝突時會拋出 OptimisticLockingFailureException 異常，此時
應用可以對該異常採取進一步的措施，例如重試或記錄相關日誌。

除了 save 方法，對於部分欄位更新可以使用 update 操作，該方法同樣能
從 @Version 註釋中受益。

還有一個讀者可能會關心的問題，則是 Spring Data Mongo 如何實現樂觀
鎖？

框架對於 @Version 註釋的欄位做了特殊處理，每當執行 update 操作時，
該欄位會自動增加。下面的程式清楚地展示了這點：

```
//執行更新時觸發
private void increaseVersionForUpdateIfNecessary(@Nullable
MongoPersistentEntity<?> persistentEntity, UpdateDefinition update) {

    //如果存在@Version註釋的屬性
  if (persistentEntity != null && persistentEntity.hasVersionProperty()) {
    String versionFieldName = persistentEntity.getRequiredVersionProperty().
getFieldName();

    if (!update.modifies(versionFieldName)) {
      //自動執行版本編號自動增加
      update.inc(versionFieldName);
    }
  }
}
```

上述程式取自 Spring Data Mongo 專案原始程式碼。

13.5 緩解行鎖競爭

儘管 MongoDB 實現了 MVCC 的文件級併發控制，但如果是對於單文件的更新，則仍然會遇到高併發的問題。

一個最典型的例子就是計數器，這種需求在大量應用中是很常見的。比如用計數器表示快取一段時間內的使用者瀏覽量，或是某網站的點擊量等。計數器文件的體積非常小，通常只有一個 key 和一個整數型 value，而且更容易被快取和快速讀取。但唯一的不足是它的更新會受到行鎖互斥的影響，從而導致性能的下降。

以物聯網應用系統為例，為了統計每一天裝置上報的資料總量，我們設計了以下集合：

```
> db.StatDailyUpData.find()
{
    "count" : 1983,
    "timestamp" : ISODate("2019-12-12T00:00:00.000Z")
},
{
    "count" : 887,
    "timestamp" : ISODate("2019-12-13T00:00:00.000Z")
},
{
    "count" : 2889,
    "timestamp" : ISODate("2019-12-14T00:00:00.000Z")
},
...
```

每個文件的 timestamp 欄位是一個 Date 型，用來標識具體的日期，設定值時需要自動對齊到當天的 0 點。count 欄位就是具體的數量，裝置的每一次資料上報都會觸發該欄位的更新，使用 inc 運算符號來保證它的原子性。具體更新的操作程式如下所示：

```
@Autowired
private MongoTemplate mongoTemplate;
```

```
    public boolean incrCount(int delta) {

        //日期取整數
        Date date = currentDaily();

        Query query = new Query();

        //條件：當前日期相同
        query.addCriteria(Criteria.where("timestamp").is(date));

        //更新：增加delta計量
        Update update = new Update();
        update.inc("count", delta);

        UpdateResult result = mongoTemplate.upsert(query, update,
StatDailyUpData.class);
        return result.getModifiedCount() > 0 || result.getMatchedCount() > 0;
    }

    private Date currentDaily() {
        Calendar calendar = Calendar.getInstance();
        calendar.set(Calendar.HOUR_OF_DAY, 0);
        calendar.set(Calendar.MINUTE, 0);
        calendar.set(Calendar.SECOND, 0);
        calendar.set(Calendar.MILLISECOND, 0);

        return new Date(calendar.getTimeInMillis());
    }
```

假設在當前系統中，裝置每分鐘上報一次資料，而整個系統的線上裝置達到 10 萬台，那麼當天所在的統計行每秒鐘將發生 1667 次更新。這種情況勢必會造成嚴重的寫入衝突，從系統監控中通常會表現為 CPU 使用率飆升。而且，利用 db.currentOp 也可以洞察到一些蛛絲馬跡，這通常會表現出 writeConflicts 的值比較高，程式如下：

```
{
    "type" : "op",
    "opid" : 1812656,
    "secs_running" : NumberLong(0),
    "microsecs_running" : NumberLong(22854),
```

```
    "op" : "update",
    "ns" : "test.items",
    "command" : {
        "q" : {
            "_id" : ObjectId("5de8629446dd57b60a2ae04d")
        },
        "u" : {
            "$set" : {
                "value" : 0.777280975748574
            }
        },
        "multi" : false,
        "upsert" : false
    },
    "writeConflicts" : NumberLong(11),
    "numYields" : 10,
    ...
},
```

1. 為什麼大量寫入衝突會導致 CPU 飆升

這是由 WiredTiger 的重試機制導致的，例如對一個文件同時執行 100 個
更新操作，會產生 100 個 MVCC 的版本，但只有一個會被成功保留，剩
餘的 99 個將被重試，接下來繼續更新，將又會剩下 98 個進行重試……
這個過程會持續到所有操作都成功。因此，對於 n 個併發更新會產生指
數級的提交任務。儘管 WiredTiger 在內部對於併發重試任務做了排隊方
面的最佳化，但對於應用程式源源不斷對單文件產生的併發寫入行為，
這個最佳化能取得的成效微乎其微。最終仍然避免不了產生大量的提
交，這些因素導致了 CPU 使用率高漲不下。

2. 最佳化

如果希望改善這種情形，則可以採用分槽的做法，比如將每天的單一計
數器拆分為 500 個槽位（slot），程式如下：

```
{
    "count" : 89,
    "slot" : 1,
```

```
     "timestamp" : ISODate("2019-12-12T00:00:00.000Z")
  },
  {
     "count" : 123,
   "slot" : 2,
     "timestamp" : ISODate("2019-12-12T00:00:00.000Z")
  },
  {
     "count" : 75,
   "slot" : 3,
     "timestamp" : ISODate("2019-12-12T00:00:00.000Z")
  },
  ...
```

每個 slot 的值都保持唯一，其設定值範圍從 1 至 500 一個一個遞增。在
每次更新時，則隨機選擇其中一個 slot 的值進行寫入，程式如下：

```
public boolean incrCountToSlot(int delta) {

    //日期取整數
    Date date = currentDaily();

    //隨機選擇一個slot值
    int slot = (int) Math.ceil(RANDOM.nextFloat() * SLOT_MAX);

    Query query = new Query();
    //條件1：日期相同
    query.addCriteria(Criteria.where("timestamp").is(date));
    //條件2：slot相同
    query.addCriteria(Criteria.where("slot").is(slot));

    //更新：增加delta計量
    Update update = new Update();
    update.inc("count", delta);

    UpdateResult result = mongoTemplate.upsert(query, update,
StatDailyUpData.class);
    return result.getModifiedCount() > 0 || result.getMatchedCount() > 0;
}
```

這樣，我們就將單一文件的寫入壓力分攤到了 500 個文件上，此時的行
鎖衝突會降低不少！但這樣的讀取方式需要做一些變動，即查詢一天的

計數器值需要對 500 個 slot 的值進行累計（$sum）計算。當然，如果查詢非常頻繁，還可以使用計時器將 slot 的值預先匯聚到整理表中讀取，進一步提高效率。

3. 舉一反三

將計數器進行分槽的做法只能緩解單點的鎖競爭，也就是將寫入點盡可能分攤得均勻一些，這並不影響整體的寫入壓力。如果資料庫無法承載當前的寫入輸送量，則只能尋求提升硬體性能或是進行分片處理。分槽寫入需要儲存更多的文件，同時資料的讀取變得更加困難。而最終，該方案也帶來了一定的複雜度。除了這裡提到的做法，計數器還可以參考下面的方法實現：

- 利用計時器對歷史資料進行統計，這可以借助聚合功能實現。缺點是需要犧牲一些即時性，而且系統也要確保有能力儲存大量歷史記錄。
- 使用快取記憶體伺服器，比如 Redis。相對來說，Redis 的計數器實現更加高效和便捷，這得益於其採用了單執行緒計算模式，在執行 incr 命令時並不存在多執行緒競爭的問題。

13.6 避免重複資料

某些重複性的資料會干擾系統的執行，嚴重的情況下還會導致一些難以修復的錯誤，所以應避免植入重複的業務資料。舉例來說，在影院訂票系統中，完成訂票環節之後還需要生成對應的票券，這個票券就是我們入場時需要進行檢查的憑證。訂票流程如圖 13-6 所示。

一般票券會包含對應的驗證碼，這通常是一個隨機生成的序號。除此之外，票券還會記錄電影的場

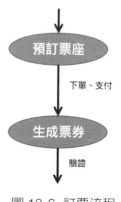

圖 13-6 訂票流程

次,即什麼電影、什麼時段、什麼影廳,包括座位號碼等資訊,程式如下:

```
@Document(collection = "ticket")
public class Ticket {

    @Id
    private String id;
    //場次ID
    private String movieSt;
    //使用者ID
    private String userId;
    //驗證碼
    private String verifyCode;
    //座位號碼
    private String seatNo;
    //過期時間
    private Date expireAt;
    //生成時間
    private Date createAt;

    ...
```

下面這段程式,則實現了 ticket 的生成邏輯。

```
    @Autowired
    private TicketRepository ticketRepository;

    public String createTicket(String userId, String movieSt,
                    String seatNo, Date expireTime) {

        Assert.hasLength(userId, "userId required");
        Assert.hasLength(movieSt, "movieSt required");
        Assert.hasLength(seatNo, "seatNo required");
        Assert.notNull(expireTime, "expireTime required");

        // 判斷是否存在重複的票據
        if (ticketRepository.countByMovieStAndSeatNo(movieSt, seatNo) > 0) {
            log.warn("current seat has made the ticket.");
            return null;
        }
```

```
Ticket ticket = new Ticket();
ticket.setUserId(userId);
ticket.setMovieSt(movieSt);
ticket.setSeatNo(seatNo);

ticket.setVerifyCode(makeVerifyCode());
ticket.setCreateAt(new Date());
ticket.setExpireAt(expireTime);

ticket = ticketRepository.save(ticket);
if (ticket != null) {
    return ticket.getId();
}
return null;
}

private String makeVerifyCode() {
    return RandomStringUtils.random(6, "0123456789");
}
```

上述程式中，先是透過 ticketRepository.countByMovieStAndSeatNo 方法進行了判重，在檢查無誤後，才進行 Ticket 的生成操作。其中，makeVerifyCode 方法會生成 6 位隨機數字序號，作為 Ticket 物件的 verifyCode 欄位傳入。

讓我們繼續考慮唯一性的問題，根據票券的業務特點，其唯一性應該至少包含兩點：

（1）票券驗證碼必須是唯一的，這是因為需要避免一個場次的不同使用者拿到了同樣的驗證碼。

（2）對同一個場次的同一個座位來說，最多只能產生一個唯一的票券，否則就會出現多餘的憑票。

對第（1）點來説，儘管使用了隨機生成的驗證碼，但仍然無法保證不出現重複的情況。而第（2）點在前面的 createTicket 方法實現中已經考慮到了，但問題在於 count 和 save 方法並非同一個原子性動作，因此仍然可能會寫入重複的資料。

無論如何，我們必須透過建立唯一性索引來達到不產生重複資料的目的。在 Ticket 類別中宣告索引如下：

```
@CompoundIndexes({
    @CompoundIndex(name = "idx_movieSt_seatNo",
    def = "{ movieSt: 1, seatNo: 1}", unique = true),
    @CompoundIndex(name = "idx_movieSt_verifyCode",
    def = "{ movieSt: 1, verifyCode: 1}", unique = true),
})
public class Ticket {
    ...
```

此後，在生成 Ticket 時，如果資料庫檢測到了重複的記錄，則會拋出 DuplicateKeyException，我們可以捕捉：

```
    ...

    try {
        ticket = ticketRepository.save(ticket);
    } catch (DuplicateKeyException e) {
        log.error("there 's some thing duplicate..", e);
        return null;
    }
```

13.7 那些影響併發的操作

最後，我們來關注一些可能會影響併發性能的命令。這裡所指的是，一些管理性質的命令實質上會對資料庫集合，甚至整個資料庫產生鎖，在不經意間影響正常的業務操作。

（1）創建索引，createIndexes 命令可以用於創建多個索引。整個命令的執行需要使用臨時記憶體，這部分記憶體會由 MongoDB 額外向作業系統申請。一個 createIndexes 命令可用的最大記憶體預設是 500MB，如果超過了這個值就會開始使用磁碟空間交換，所以這裡可能會出現性能反趨點。在 MongoDB 4.0 以及之前的版本中，索引的創建預設會使用前台（foreground）模式，這會對整個資料庫產生一個全域的排它鎖（X），從而阻礙正常的業務。因此，建議創建索引應準確使用 background 模式。這個問題在 MongoDB 4.2 版本中有所改進，索引創建不再區分模式，而是僅在創建的一開始和最後產生短暫的排它鎖，而且目標物件也改成了當前的集合。

對超大集合建立索引的過程可能是緩慢的，這是因為創建索引時需要掃描全部的文件，而且一些正常的業務操作會使得建立索引的工作執行緒出現讓步等待而進一步延緩。考慮到對性能的影響，在複本集執行大集合的索引創建時可以採取捲動操作的方式。

（2）刪除索引，dropIndexes 命令在執行時同樣會產生資料庫級的排它鎖。在 MongoDB 4.2 版本中調整為集合的排它鎖。

（3）查詢全部集合，listCollections 會對資料庫產生一個意向讀取鎖（IS）。需要特別注意的是，在 MongoDB 4.0 版本以前，這個命令對資料庫產生的是一個共用鎖（S），由於共用鎖與意向寫入鎖（IX）是互斥的，所以這會影響資料庫中資料的寫入操作。

（4）重新命名集合，renameCollection 會產生集合的排它鎖，但 rename 操作的時間一般較短。

（5）一些全域性的維護操作，如 db.copyDatabase、db.collection.reIndex 操作會導致所有資料庫都被鎖住，直到操作完成才能釋放鎖。

Chapter

14

應用設計最佳化

14.1 應用範式設計

14.1.1 什麼是範式

資料庫範式概念是資料庫技術的基本理論，幾乎是伴隨著資料庫軟體產品的推出而產生的。在傳統關聯式資料庫領域，應用程式開發中遵循範式是最基本的要求。但隨著網際網路產業的發展，NoSQL 開始變得非常流行，在許多的應用實踐中也湧現出一些反範式的做法，當然了，這些專案中也不乏使用關聯式資料庫的。直到現在，對於專案中是以範式，還是反範式設計為主這點，仍然是存在爭議的。

下面先看看資料庫三範式的定義。

1. 三範式的定義

（1）第一範式（1NF）：資料庫表的每一列都是不可分割的原子項。
見表 14-1，所在地（address）一列就是不符合第一範式的，其中對於「廣東省，深圳市」這樣的字串，實際上應該拆分為省份、城市兩個欄位。

表 14-1 使用者資訊表

編 號	姓 名	性 別	所 在 地
0001	張三	男	廣東省，深圳市
0002	李四	女	海南省，海口市

第一範式要求將列盡可能分割到最小的粒度，希望消除利用某個列儲存多值的行為，而且每個列都可以獨立進行查詢。

（2）第二範式（2NF）：每個表必須有且僅有一個主鍵（primary key），其他屬性需完全依賴於主鍵。這裡除了主鍵，還定義了不允許存在對主鍵的部分依賴。

表 14-2 為一個訂單的商品資訊表，每一行代表了一個訂單中的一款商品。為了滿足主鍵原則，我們將商品 ID 和訂單 ID 作為聯合主鍵，除此之外，每一行還存放了商品的名稱、價格以及商品類別。對於商品類別這個屬性，我們認為其僅與商品 ID 有關，也就是僅依賴於主鍵的一部分，因此這是違反第二範式的。改善的做法應該是將商品類別存放於商品資訊表中。

表 14-2　商品資訊表

訂單編號	商品編號	商品名稱	單價（元）	商品類別
o1	g1	洗衣液	23	家居
o1	g2	吹風機	125	電器
o1	g3	蠶豆	5	食品
o2	g9	被子	302	家居

（3）第三範式（3NF）：資料表中的每一列都和主鍵直接相關，而不能間接相關。如果在表 14-1 中同時補充了城市的資訊，見表 14-3。

表 14-3　使用者資訊、城市複合表

編號	姓名	性別	城市	城市氣候	城市人口
0001	張三	男	北京市	溫帶大陸性氣候	1300 萬人
0002	李四	女	海口市	熱帶季風氣候	230 萬人

很明顯，這裡的城市氣候、人口等屬性都僅依賴於使用者所在的城市，而非使用者，所以只能算作間接的關係。因此為了不違反第三範式，只能將城市相關的屬性分離到一個城市資訊表中。

除了這裡提到的資料庫三範式，還有 BCNF 範式、第四範式、第五範式。而且，每一個範式都以上一個範式作為基礎條件，範式的層級越高，其對應的消除容錯的程度也越高。

2. MongoDB 是反範式的嗎

可能有許多人會認為，MongoDB 是反範式的資料庫。這個說法由來已久，可惜的是，這個說法也沒有特別好的理論支持。基於前面對範式理論的解讀，我們來嘗試做幾點澄清。

首先，第一範式要求列是不可分割的，但對 MongoDB 所支援的子文件、陣列欄位來說，很明顯已經違反了約束；也有另一種觀點認為，應當將子文件、陣列中的不可分割的元素等於列，這樣便符合第一範式了。這兩種觀點都有可取之處，卻很難形成定論。

其次，對於第二範式所要求的主鍵，MongoDB 本身已經符合該條件。每個寫入資料庫的文件都應該包含 _id 主鍵，如果沒有這個欄位，那資料庫會為你自動生成一個。

最後，第三範式要求消除傳遞依賴。這種依賴關係可能會在巢狀結構型文件中產生，比如在文章（article）的文件中嵌入了描述作者（author）資訊的子文件，子文件中作者的暱稱、性別間接依賴了文章的 ID。

可以這麼說，MongoDB 並不完全是反範式的。我們平時談論的範式更多是從應用設計層面出發，基於 MongoDB 的文件模型仍然可以設計出符合範式化的資料庫表結構，但這些實際上取決於你的選擇。

3. 優缺點

關於範式設計和反範式設計的比較如下：

（1）範式設計消除了容錯，因此需要的空間更少。而且，範式化的表更容易進行更新，有利於保證資料的一致性。但是，其缺點在於連結查詢較慢，一些查詢需要在資料庫中執行多次尋找，如果只考慮磁碟操作，則相當於增加了磁碟的隨機 I/O，這是比較昂貴的。

（2）反範式的設計一般可以最佳化讀取的性能，MongoDB 很少會使用資料庫的連結查詢，因此透過巢狀結構式設計的方式還能減少用戶端與資料庫之間的呼叫次數（網路 I/O）。此外，使用嵌入還能獲得寫入資料的原子性保證，即不是完全成功，就是完全失敗。

事實上，可以同時混用範式和反範式的做法，相信這也是大多數應用所能考慮的最佳實踐。如果採用了反範式的做法，則務必要仔細考慮容錯和資料一致性的問題。如果是資料頻繁變化，或一致性要求非常高的場景，則建議用範式設計。如果是讀多寫少，而且可以接受不一致性，則可以考慮反範式設計。

還應該提到的另一點是關於資料庫的演進，範式設計一般會更容易適應未來的一些變化。從管理角度看，建議將範式設計作為一種規範，而將反範式設計視作最佳化手段，並在適當的場景內使用。

14.1.2 反範式設計

下面，我們來看一個反範式設計的案例。我們設計一個電子商場的購物車，程式如下所示：

```
{
  userId: "u0001",
  items: [
    {
      goodsName: "燙染劑",
      goodsId: "g0001",
      price: 26,
      amount: 2
    },
    {
      goodsName: "雲南白藥牙膏",
      goodsId: "g0002",
      price: 34.5,
      amount: 1
    }
    ...
```

```
  ],
  totalPrice: 299
}
```

❏ 欄位說明

- userId：使用者 ID，當前登入的使用者可以根據這個找到自己的購物車文件。
- items：購物車的商品項目列表，使用內嵌的陣列表示。每個商品項目如下。
  - items.$.goodsName：商品名稱。
  - items.$.goodsId：商品 ID。
  - items.$.price：商品價格。
  - items.$.amount：商品數量。
- totalPrice：整體的價格。

為了簡化了解，這裡省去了許多細節。我們只考慮了最關鍵的一點：在購物車文件中嵌入商品資訊。

這麼做的最大好處是，使用者查看購物車時只需要查詢一個文件就可以了，這提升了讀取的效率。而購物車可能經常被查看，所以反範式獲得的效益還是不錯的。

但是，如果商品資訊發生了變化呢？ 直接更新所有連結的購物車嗎？ 不提倡這麼做。我們先從兩個方面來看：

（1）商品名稱、價格在實際場景中並不會經常變化，這遠遠不及在購物車中被讀取的頻次。

（2）商品資訊和購物車出現了不一致，會不會產生嚴重後果？ 答案是不會的，我們可以在購物車確認下單時再對商品資訊進行校正，在最終的訂單確認頁面中呈現出真實的結果。當然了，對於庫存不足、價格變動等因素還可以給予一些合理的提示。

▦ 14.2 巢狀結構設計

14.2.1 在文件內使用巢狀結構

儘管反範式的文件設計通常會使用巢狀結構設計，但並不代表兩者是同一回事。正如前面所言，範式 / 反範式關注的是容錯問題，而巢狀結構則更多的是關注文件物件之間的結構化關係。一般來說巢狀結構設計具有較強的表現力，程式如下：

```
> db.Person.findOne()

{
  name: "張三",

  profile: {
      gender: "male",
      age: 28,
      career: "軟體工程師"
  },
  contact: {
      phoneNumber: "134000001",
      wechat: "niceman",
      weibo: "http://www.weibo.com/niceman"
  },
  labels: [
      "攝影達人", "技術控", "實力派"
  ]
}
```

與巢狀結構設計相對的則是延展式設計，但延展式設計會使文件內的欄位顯得特別繁多。舉例來說，為了對欄位做出區分，我們可能會使用很多奇怪而冗長的命名，如 label1、label2、contactWeibo 等。這些做法會導致後期很難維護，甚至還可能因為誤用而產生一些 Bug。此外，在巢狀結構式的文件內尋找屬性還會更快一些。

在關於 MongoDB 的設計模式中，一般鼓勵使用巢狀結構設計，但不表示可以濫用這種特性。**初學者很容易出現的一種誤區是，將大量無關的物**

理資訊透過巢狀結構的方式堆砌到一個文件內。這種做法不但破壞了文件的結構合理性，也為性能的擴充和資料庫的管理帶來了不少麻煩。正確的做法應該是根據業務有選擇性地使用巢狀結構。舉例來説，使用者的階段（session）是用於登入和身份辨識的，將它和使用者的個人資料存放到一起並不是合適的做法。這是因為兩者的使用場景不同，個人資料通常很少會發生變化，而階段資訊會隨著頻繁的登入行為發生改變，或出現狀態逾時等變化。最好的選擇是使用單獨的集合存放這兩種資訊。

14.2.2 表達連結

如果按照引數（引用數量）來劃分，那麼表之間的關係一般有一對一、一對多（多對一）、多對多這幾種。然而，對文件資料庫而言，引數（N）的大小會影響文件的具體模式，一般常見的做法如下。

1. 內嵌文件

對於少量存在包含關係的文件（one to few），可以採用完全嵌入的形式，程式如下：

```
> db.customer.findOne()
{
  name: "張三",
  addresses : [
      { zone: "南山區", street: "粵海街道130號",  city: "深圳', province:
      "廣東" }, { zone: "拱墅區", street: "和睦街道文體中心",  city: "杭州',
      province: "浙江" },
  ]
}
```

嵌入設計提升了讀取性能，可以在查詢 customer 時獲得其相關的地址清單，而且對多個地址的更新也只需要一次性完成。但這樣做的前提必須是：

- "few" 指向的文件數量必須是少量的，比如 <1000 個。
- 整體文件的大小不能超過 16MB。

■ 業務上是真正的包含，且總是以 "one" 作為主體在上下文出現，比如我
們總是先查詢 customer，然後查看它的地址資訊。

2. 內嵌引用

內嵌引用是內嵌文件的變種，不同點在於父文件只是記錄子文件的 ID 欄
位引用，而非全部內容，程式如下：

```
> db.hotels.findOne()
{
    name : "左鄰之家",
    street : "湘湖路18巷9號",

    // 房間ID列表
    rooms : [
        ObjectID("A0001"),
        ObjectID("A0002"),
        ObjectID("A0003"),
        ...
    ]
}

> db.rooms.findOne()
{
    _id : ObjectID("A0001"),
    roomNumber : "3F-904",
    price : 350
}
```

內嵌引用在查詢連結文件時需要尋找兩次，例如先查詢 hotels 獲得 rooms
的 ID 清單，再根據 room ID 進行尋找。如果查詢的是多個房間的資訊，
則可以利用多值尋找（使用 $in 運算符號），這在性能表現上並不會太差。

使用內嵌引用的原因主要如下。

■ 內嵌文件的體積太大，可能超出 16MB 的限制。
■ 連結的子文件保持獨立性，僅在父文件增加少量的引用，這樣不需要在
子文件中引入額外的索引。

3. 引用模式

引用模式類似外鍵（沒有強制的約束），一般是以文件的某個欄位作為引用。表示多對一關係的程式如下所示。

```
//裝置資訊，多個裝置屬於某個產品
> db.devices.findOne()
{
    _id : ObjectID(...),
    name : "Camera-001",
    productId: ObjectID("P0001")

    ...

}

//產品資訊
> db.products.findOne()
{
    _id : ObjectID("P0001")
    ...
}
```

表示多對多關係的程式如下所示。

```
//分類資訊
> db.categories.findOne()
{
    _id : ObjectID("C0001")
}

//商品資訊
> db.goods.findOne()
{
    _id : ObjectID("G0001")
}

//商品分類連結
> db.goods_categories.findOne()
{
    _id : ObjectID(...),
    goods_id : ObjectID("G0001"),
```

```
    category_id : ObjectID("C0001")
}
```

或許，你已經很熟悉這種方式，因為這是非常範式化的。引用模式的好
處是每個表相對獨立，業務處理上也更加靈活；但性能會差一些，需要
用戶端執行多次資料尋找。選擇引用模式的原因主要如下。

- 連結文件非常多（引數很大），或連結的增長是不受控制的，不再適合
  使用內嵌模式。例如在新浪微博上，一筆明星微博的評論數量是相當可
  觀的，這就必須採取引用模式。
- 業務實體關係層級過於複雜。
- 多對多關係優先採用引用模式。
- 對資料一致性要求很高，需要避開容錯的場景。

14.3 桶模式

14.3.1 桶模式

桶（bucket）模式是一種常見的「聚合式」的文件設計模式。這裡所提到
的「桶」與雜湊演算法中的雜湊桶在意義上十分相似。

簡而言之，桶模式就是根據某個維度因數（通常是時間），將多個具
有一定關係的文件聚合放到一個文件內的方式，具體實現時可以採用
MongoDB 內嵌文件或是陣列。

桶模式非常適合用於物聯網（IoT）、即時分析以及時間序列資料的場
景。時間序列資料通常以時間為組織維度，並持續不斷地流入系統中的
一些資料，比如物聯網平台所儲存的感測器資料、運行維護系統對於虛
擬機器 CPU、記憶體的監控資料等。隨著時間的流逝，這些時序資料很
容易達到非常大的量級。如果將這些時序資料以時間維度進行聚合儲存
（按時間分桶），則能達到明顯的最佳化效果。

14.3.2 桶模式案例

下面我們透過一個案例來了解桶模式是如何運作的。

在一個農業自動控制系統中,對環境的溫度和濕度進行監控是一項非常重要的工作。假設在自動化系統中已經部署了許多個智慧感測器,每個感測器每分鐘上報一次溫、濕度的資料。後端資料庫則負責儲存這些感測器的資料,並同時提供查詢和聚合分析功能。

1. 傳統方式

按照傳統的想法,很容易設計為以下的文件結構。

```
> db.sensor_data.find().pretty()

{
    "sensor_id" : "SENSOR-1",
    "temperature" : 33.08,
    "humidity" : 20.42,
    "timestamp" : ISODate("2019-11-20T02:12:48.456Z")
}
{
    "sensor_id" : "SENSOR-2",
    "temperature" : 28.06,
    "humidity" : 39.61,
    "timestamp" : ISODate("2019-11-20T02:13:41.173Z")
}

{
    "sensor_id" : "SENSOR-3",
    "temperature" : 36.11,
    "humidity" : 35.67,
    "timestamp" : ISODate("2019-11-20T02:15:36.843Z")
}
```

每次資料上報,會執行資料寫入操作,程式如下:

```
db.sensor_data.insertOne(
{
    "sensor_id" : "SENSOR-3",
    "temperature" : 45.59,
```

```
   "humidity" : 20.87,
   "timestamp" : ISODate("2019-11-20T02:15:44.011Z")
});
```

管理人員可以透過查詢感測器上的一段時間的溫、濕度來查看變化,程
式如下:

```
db.sensor_data.find( {
   sensor_id: "SENSOR-30",
   timestamp: { $gte: ISODate("2019-11-20T02:00:00.000Z"), $lt: ISODate("2019-
11-20T03:00:00.000Z")}
   } )
```

為了加快查詢速度,該集合需要建立 sensor_id 和 timestamp 的組合索
引,程式如下:

```
db.sensor_data.ensureIndex( { sensor_id: 1, timestamp: 1 } )
```

這種傳統的方式在讀寫上比較簡單,但問題在於,隨時間變化,寫入集
合的文件數量會變得非常多。以 100 個感測器為例,僅 1 個月後 sensor_
data 文件的數量將達到 432 萬筆,如果是 10000 個感測器則將超過 4 億
筆。

2. 按時間分桶

繼續對本系統的需求進行分析,則不難發現:

- 感測器單次上報的值顯得並不是很重要,我們其實更關注資料的平均值
  表現以及一段時間內的趨勢變化。
- 假設前端系統已經完成了重複值、異常值的檢查,則可以認為到達資料
  庫的數值已經經過了修整。

在最終的資料呈現上,則可以按照校準後的時間刻度來回饋這種趨勢。
基於這個想法,我們採取按天、按小時的分桶方式:

- 以 1 天為單位,每小時被表示為 "0,1,2…23",一共 24 個刻度。
- 以 1 小時為單位,每分鐘被表示為 "0,1,2…59",一共 60 個刻度。

最終的文件模型如下：

```
> db.sensor_data_bucket.find().limit(1)

{
    "sensor_id" : "SENSOR-1",
    "data" : {
        //0點
        "0" : {
          //00:00
          "0" : {
            "temperature" : 33.66,
            "humidity" : 30.25
          },
          //00:01
          "1" : {
            "temperature" : 95.34,
            "humidity" : 23.25
          },
          ...
          //00:59
          "59" : {
            "temperature" : 83.11,
            "humidity" : 34.31
          }
        }
        //1點
        "1" : { ... }

        ...

        //23點
        "23" : { ... }

    },
    //按天取整數的時間戳記
    "timestamp" : ISODate("2019-11-19T16:00:00Z")
}
```

這裡的 timestamp 經過了時區轉換，顯示為 UTC 時間。這樣，一個感測器在 1 天內的資料被「壓縮」到了一個文件內，因此查詢某一天的資料變得更加簡單，程式如下：

```
> db.sensor_data_bucket.findOne({
    sensor_id: "SENSOR-0", timestamp: ISODate( "2019-11-19T16:00:00Z")
})
```

如果希望查詢一天內某個時刻的資料，則可以直接按子文件的刻度進行過濾，程式如下：

```
//查詢 15.30 時刻的資料

> db.sensor_data_bucket.findOne({
    "sensor_id": "SENSOR-0",
    "timestamp": ISODate( "2019-11-19T16:00:00Z")
},
{ "sensor_id": 1, timestamp: 1, "data.15.30":1 }
)

{
    "_id" : ObjectId("5dd4e6d36abb589460ee831a"),
    "sensor_id" : "SENSOR-0",
    "timestamp" : ISODate("2019-11-19T16:00:00Z"),
    "data" : {
        "15" : {
            "30" : {
                "temperature" : 44.56,
                "humidity" : 50.21
            }
        }
    }
}
```

對於感測器資料的寫入，則變成了一個文件內的更新，程式如下：

```
> db.sensor_data_bucket.updateOne(
  {
    "sensor_id": "SENSOR-0",
    "timestamp": ISODate( "2019-11-19T16:00:00Z")
  },
  {
    "$set" : {
      "data.15.30": { "temperature": 13.33, "humidity": 34.31 }
```

```
    }
  },
  { "upsert": true }
)
```

3. 預聚合

由於我們已經將一天內多個時刻的值儲存在一個文件上,此時對資料的讀寫方式也發生了一些變化。如果希望進行某些時段的聚合操作,比如求取 15:00 ～ 16:00 的平均溫度,有多種方式可以達到該目的:

(1)將文件中的時段資料查詢出來,由應用進行一個一個統計。

(2)使用聚合框架,利用 avg 等運算符號實現計算。

(3)使用預聚合的方式,提前寫入預計算的結果。

前兩種方式都需要在查詢時進行計算,而預聚合則是採用事先計算的方式,將計算好的結果預寫到文件中。比如,在更新溫度值時,寫入額外的欄位,程式如下:

```
db.sensor_data_bucket.updateOne(
  {
    "sensor_id": "SENSOR-0",
    "timestamp": ISODate( "2019-11-19T16:00:00Z")
  },
  {
    "$set" : {
      "data.15.30": { "temperature": 13.33, "humidity": 34.31 },
    },
    "$inc" : {
      //增加預寫入的欄位
      "data.15.sum_temperature": 13.33,
      "data.15.cnt_temperature": 1,
      "data.15.sum_humidity": 34.31,
      "data.15.cnt_humidity": 1
    }
  },
  { "upsert": true }
)
```

透過預先寫入 sum_temperature、cnt_temperature，應用在查詢時便很容
易計算出每小時內的平均值，程式如下：

```
avg(temperature) = sum_temperature/cnt_temperature
```

預聚合方式非常適合統計需求的確定性較高的場景，此時資料只需要計
算一遍就可以滿足後續的多次查詢。

4. 最佳化比較

為了更直觀地看出桶模式與傳統模式的區別，我們以上面的兩種資料模
型作為樣板，分別模擬 100 個感測器在 1 個月內產生的資料。

程式一：傳統模式（不分桶），寫入 1 個月的資料。

```
var collection = db.getCollection("sensor_data");
collection.ensureIndex( { sensor_id: 1, timestamp: 1 } )

//感測器數量
var sensorCount = 100;

//當前時間
var currentDate = new Date();

//開始時間
var beginTs = currentDate.getTime();

//結束時間(1個月之後)
var endTs = currentDate.getTime() + 1000*3600*24*30;

//上報間隔
var interval = 60*1000;

var currentTs = beginTs;
var currentCount = 0;

while(currentTs < endTs){

  //模擬多個感測器
  var datas = [];
  for( var i=0; i<sensorCount; i++ ){
```

```
    var data = {
        "sensor_id": "SENSOR-" + i,
      "temperature": Math.random() * 100,
      "humidity": Math.random() * 100,
      "timestamp": new Date(currentTs)
    }

    datas.push(data);
  }

  collection.insertMany(datas);
  currentCount += datas.length;

  print("insert data: ", datas.length, ", total: ", currentCount);

  currentTs += interval;
}
```

程式二：按時間分桶，寫入 1 個月的資料。

```
var collection = db.getCollection("sensor_data_bucket");
collection.ensureIndex( { sensor_id: 1, timestamp: 1 } )

//感測器數量
var sensorCount = 100;

//當前時間
var currentDate = new Date();

//開始時間
var beginTs = currentDate.getTime();

//結束時間(1個月之後)
var endTs = currentDate.getTime() + 1000*3600*24*30;

//上報間隔
var interval = 60*1000;

var currentTs = beginTs;
var currentCount = 0;

while(currentTs < endTs){
```

```
var currentDate = new Date(currentTs);

//小時刻度
var hour = currentDate.getHours();
//分鐘刻度
var minute = currentDate.getMinutes();

//將餘數歸零，按天取整數
currentDate.setHours(0);
currentDate.setMinutes(0);
currentDate.setSeconds(0);
currentDate.setMilliseconds(0);


//模擬多個感測器資料
var datas = [];

for( var i=0; i<sensorCount; i++ ){

  var setObj = {};
 setObj["data." + hour + "." + minute] = {
   "temperature": Math.random() * 100,
   "humidity": Math.random() * 100,
 }

  var updateOp = {
    "updateOne" :{
      "filter" : {
      "sensor_id": "SENSOR-" + i,
      "timestamp": currentDate
   },
      "update" : {
      "$set" : setObj
   },
      "upsert" : true
    }
 }

  datas.push(updateOp);
}
```

```
collection.bulkWrite(datas);
currentCount += datas.length;

print("insert data: ", datas.length, ", total: ", currentCount);

currentTs += interval;
}
```

分別執行上述兩段程式，對於最終生成的兩個集合 sensor_data、sensor_data_bucket 進行比較，見表 14-4。

表 14-4 分桶、不分桶產生的資料比較

對 比 項	sensor_data（不分桶）	sensor_data_bucket（分桶）
文件數量	432 萬個	3100 個
文件總大小	432MB	198MB
文件平均大小	104KB	65KB
索引大小	91MB	172KB

資料顯示，經過分桶最佳化之後的文件數量及索引大小的縮減幅度相當可觀。複習一下，使用分桶方式能獲得以下好處：

■ 文件高度內聚，查詢操作一般只需要檢索一個或少量的幾個文件，可減少很多隨機 I/O 操作。

■ 佔用空間小，索引儲存大小大幅度縮減，大大節省了 MongoDB 的記憶體負擔。

■ 易用，基於聚合文件之上可以做一些預聚合計算，減少即時計算消耗。

除此之外，桶模式在應用上仍然需要結合場景進行設計，除了增加開發複雜度增加，還需要考慮以下因素：

■ 避免文件的大小無限膨脹，一個 BSON 文件的大小不能超過 16MB。

■ 相對 insert 來說，update 或 upsert 的性能有一定幅度的下降。

■ 多個資料的更新都發生在一個文件中，需考慮是否存在鎖競爭的問題。

14.4 巨量資料分頁

分頁應該是極常見的資料呈現方式，就真實環境而言，很難有單一頁面就能完全呈現的資料集。因此，無論是前端的 UI 元件，還是後端系統框架都對資料查詢的分頁提供了良好的支援。

下面是 SpringData 提供的分頁介面：

```
public interface PagingAndSortingRepository<T, ID extends Serializable>
    extends CrudRepository<T, ID> {

    Page<T> findAll(Pageable pageable);
}
```

Pageable 和 Page 分別對應分頁的傳參和結果集介面，透過框架的封裝，我們可以不理會各種資料庫的語法差異，程式如下：

```
//mysql
select * from t_data limit 5,5

//postgresql
select * from t_data limit 5 offset 5

//mongodb
db.t_data.find().limit(5).skip(5)
```

這樣看來，開發一個分頁的查詢功能是非常簡單的。但事實上是，這種好用的分頁功能是有局限性的。一個最明顯的問題就是，在面對日益增長的巨量資料時會導致查詢性能低下。

下面，我們將探討這種巨量資料場景的分頁實現方法。

14.4.1 傳統分頁模式

這是最正常的方案，假設我們需要對文章（articles）這個表（集合）進行分頁展示，一般前端需要傳遞兩個參數：

- 頁碼（當前是第幾頁）。
- 頁大小（每頁展示的資料個數）。

按照這個做法的查詢方式，如圖 14-1 所示。

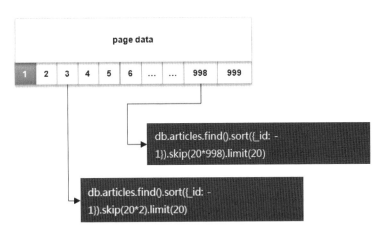

圖 14-1 傳統分頁方案

因為希望最後創建的文章顯示在前面，這裡使用了 _id 做降冪排列。其中
圖 14-1 中的部分敘述的執行計畫如下：

```
{
  "queryPlanner" : {
    "plannerVersion" : 1,
    "namespace" : "appdb.articles",
    "indexFilterSet" : false,
    "parsedQuery" : {
      "$and" : []
    },
    "winningPlan" : {
      "stage" : "SKIP",
      "skipAmount" : 19960,
      "inputStage" : {
        "stage" : "FETCH",
        "inputStage" : {
          "stage" : "IXSCAN",
          "keyPattern" : {
            "_id" : 1
```

```
    },
    "indexName" : "_id_",
    "isMultiKey" : false,
    "direction" : "backward",
    "indexBounds" : {
      "_id" : [
        "[MaxKey, MinKey]"
      ]
      ...
  }
```

可以看到，隨著頁碼的增多，skip 操作跳過的項目也會隨之變多，而這個操作是透過 cursor 的疊代器來實現的，對於 CPU 的消耗會比較明顯。而當需要查詢的資料達到千萬級及以上時，會發現回應時間非常長，可能會讓你無法接受。

如果你的機器性能很差，那麼在數十萬、百萬資料量時就會出現瓶頸。

14.4.2 使用偏移量

既然傳統的分頁方案會出現因翻頁而產生大量資料的問題，那麼能否避免呢？答案是可以的。改良的做法以下（見圖 14-2）。

（1）選取一個唯一有序的關鍵欄位作為翻頁的排序欄位，比如 _id。
（2）每次翻頁時以當前頁的最後一筆資料 _id 值作為起點，將此併入查詢準則中。

圖 14-2　偏移量分頁

修改後敘述的執行計畫如下：

```
{
  "queryPlanner" : {
    "plannerVersion" : 1,
    "namespace" : "appdb.articles",
    "indexFilterSet" : false,
    "parsedQuery" : {
      "_id" : {
        "$lt" : ObjectId("5c38291bd4c0c68658ba98c7")
      }
    },
    "winningPlan" : {
      "stage" : "FETCH",
      "inputStage" : {
        "stage" : "IXSCAN",
        "keyPattern" : {
          "_id" : 1
        },
        "indexName" : "_id_",
        "isMultiKey" : false,
        "direction" : "backward",
        "indexBounds" : {
          "_id" : [
            "(ObjectId('5c38291bd4c0c68658ba98c7'), ObjectId
('000000000000000000000000')]"
          ]
          ...
}
```

可以看到，改良後的查詢操作直接避免了翻頁階段，索引命中及掃描範圍也非常合理。為了比較這兩種方案的性能差異，下面準備了一組測試資料。

準備 10 萬筆資料，以每頁 20 筆的參數從前往後翻頁，比較整體翻頁的時間消耗，程式如下：

```
db.articles.remove({});
var count = 100000;

var items = [];
```

```
for(var i=1; i<=count; i++){

  var item = {
    "title" : "論年輕人思想建設的重要性-" + i,
    "author" : "王小兵-" + Math.round(Math.random() * 50),
    "type" : "雜文-" + Math.round(Math.random() * 10) ,
    "publishDate" : new Date(),
  } ;
  items.push(item);



  if(i%1000==0){
    db.articles.insertMany(items);
    print("insert", i);

    items = [];
  }
}
```

用傳統方法實現翻頁，程式如下：

```
function turnPages(pageSize, pageTotal){

  print("pageSize:", pageSize, "pageTotal", pageTotal)

  var t1 = new Date();
  var dl = [];

  var currentPage = 0;
  //輪詢翻頁
  while(currentPage < pageTotal){

    var list = db.articles.find({}, {_id:1}).sort({_id: -1}).skip
(currentPage*pageSize).limit(pageSize);
    dl = list.toArray();

    //沒有更多記錄
    if(dl.length == 0){
        break;
    }
    currentPage ++;
    //printjson(dl)
  }
```

```
  var t2 = new Date();

  var spendSeconds = Number((t2-t1)/1000).toFixed(2)
  print("turn pages: ", currentPage, "spend ", spendSeconds, ".")

}
```

用偏移量方法實現翻頁，程式如下：

```
function turnPageById(pageSize, pageTotal){

  print("pageSize:", pageSize, "pageTotal", pageTotal)

  var t1 = new Date();

  var dl = [];
  var currentId = 0;
  var currentPage = 0;

  while(currentPage ++ < pageTotal){

      //以上一頁的ID值作為起始值
      var condition = currentId? {_id: {$lt: currentId}}: {};
      var list = db.articles.find(condition, {_id:1}).sort({_id: -1}).limit
(pageSize);
      dl = list.toArray();

      //沒有更多記錄
      if(dl.length == 0){
          break;
      }

      //記錄最後一筆資料的ID
      currentId = dl[dl.length-1]._id;
  }

  var t2 = new Date();

  var spendSeconds = Number((t2-t1)/1000).toFixed(2)
  print("turn pages: ", currentPage, "spend ", spendSeconds, ".")
}
```

以 100、500、1000、3000 頁數的樣本進行實測，結果如圖 14-3 所示。

總頁數	傳統翻頁耗時(秒)	偏移量翻頁耗時(秒)
100	0.18	0.09
500	3.01	0.44
1000	11.12	0.89
3000	93.58	2.60

圖 14-3 分頁方案性能比較

可見，當頁數越多（資料量越大）時，改良的翻頁效果提升越明顯。這種分頁方案其實採用的是時間軸（TimeLine）模式，實際應用場景非常廣，比如 Twitter、微博、朋友圈動態都可採用這種方式。而且，HBase、ElastiSearch 在 Range Query 中的實現也支援這種模式。

14.4.3 折中處理

時間軸（TimeLine）的模式通常是做成「載入更多」、上下翻頁的形式，但無法自由地選擇某個頁碼。那麼為了實現頁分碼頁，同時也避免傳統方案帶來的 skip 性能問題，我們可以採取一種折中的方案。這裡參考 Google 搜索結果頁作為說明，如圖 14-4 所示。

圖 14-4 搜尋引擎的分頁

一般來說在資料量非常大的情況下，頁碼也會有很多，於是可以採用頁分碼組的方式。以一段頁碼作為一組，每一組內資料的翻頁採用 ID 偏移量＋少量的翻頁（skip）操作實現。具體的操作如圖 14-5 所示。

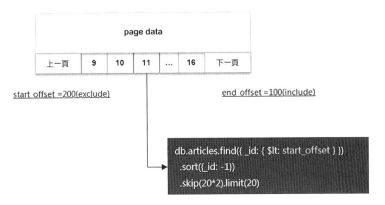

圖 14-5　折中的分頁方案

❑ 實現步驟

（1）對頁碼進行分組（groupSize=8, pageSize=20），每組為 8 個頁碼。

（2）提前查詢 end_offset，同時獲得本組頁碼數量，程式如下：

```
db.articles.find({ _id: { $lt: start_offset } }).sort({_id: -1}).skip(20*8).
limit(1)
```

（3）分頁資料查詢以本頁組 start_offset 作為起點，在有限的頁碼上翻頁
（skip）。由於一個分組的資料量通常很小（8×20=160），在分組內進行翻
頁產生的代價會非常小，因此性能上可以得到保證。

▓ **14.5 批次操作**

一般來說，採用批次化操作可以顯著提升輸送量。這就好比獨木舟和帆
船，帆船的體積更大，能載上百人，一次航行能達成獨木舟百倍的效率。

對 MongoDB 來說，使用批次化 API 的關鍵在於，減少了用戶端和資料
庫之間的資料傳送次數，將多個文件或是多個請求放入一次 TCP 傳送任
務往往能獲得更高的效率。假設伺服器不存在其他方面的瓶頸（如磁碟
能力不足），那麼批次化所帶來的性能提升就比較明顯了。

14.5.1 批次讀取

❑ 場景一：使用 multi get 模式

對集合中多個 _id 欄位的查詢，可以使用 $in 運算符號簡化為一次操作。舉例來說，使用 userRelation 集合來表示使用者的好友關係，尋找使用者的好友資訊時，需要先從 userRelation 找到好友的 ID 列表，再一個一個從使用者資料集合 userProfile 中獲得完整的好友資訊。

Java 程式如下：

```java
public List<UserProfile> getFriends(String uid) {
    ...

    //獲取關係列表
    List<UserRelation> userRelations = relationRepository.findByUid(uid);
    List<String> destUids = userRelations.stream()
            .map(ur -> ur.getDestUid())
            .collect(Collectors.toList());

    //一個一個尋找
    return destUids.stream().map(destUid -> {
        return userProfileRepository.findOneByUid(destUid);
    }).collect(Collectors.toList());
}
```

的確，上述程式可以正常執行，但當使用者有 100 個好友時，上述的查詢也同樣需要 100 次資料庫查詢。可以使用 $in 運算符號最佳化，最終只需要一次查詢，程式如下：

```java
public List<UserProfile> getFriends(String uid) {
    ...

    //獲取關係列表
    List<UserRelation> userRelations ...
    List<String> destUids ...
    //合併尋找
    return userProfileRepository.findByUidIn(destUids);
}
```

multi get（批次讀取）是一種常用的模式，一般指的是合併多個 key 進行查詢，這裡的 key 除了 uid，還可以使用任何一個擁有唯一索引的欄位。

❏ 場景二：調整 batchSize 的值

在用戶端執行查詢命令時，可以透過 batchSize 來指定返回結果集的批次大小。如果不指定，那麼預設第一次返回 101。一般情況下，這個值並不需要怎麼調整，這主要是因為在一般的 Web 應用中，所查詢的結果集也不會太大。

在下面這個場景中，deviceStat 集合記錄了裝置每小時產生的事件統計。我們設計了一個離線任務，其負責將上個月的統計資料全量查詢出來，進行分類計算和轉換之後，再匯入新的資料倉儲系統。處理的程式如下：

```
public void compute() {
    //查詢一個月內的統計資料
    Query query = new Query();
    query.addCriteria(Criteria.where("createTime").gte(new DateTime().
minusMonths(1)));

    //疊代處理
    try (CloseableIterator<DeviceStat> iterator = mongoTemplate.stream(query,
DeviceStat.class)) {
        while(iterator.hasNext()){
            DeviceStat deviceStat = iterator.next();
            //處理統計
            processStat(deviceStat);
        }
    }
}
```

這裡使用了 MongoTemplate 提供的 stream 方法，透過返回的 Iterator 介面對滿足目標條件的全部文件進行遍歷操作。這裡我們關心的是向伺服器發起查詢命令的次數，假設當前系統中有 10 萬個活躍裝置，那麼一個月新增的資料量會達到 7200 萬筆。如果 batchSize = 100，則整個過程需要執行至少 72 萬次 getMore 操作。因此，我們盡可能將 batchSize 的值調大，以此減少查詢批次的數量，程式如下：

```
query.cursorBatchSize(10000);
```

將 batchSize 的值調整至 10000 之後，查詢批數縮減為原來的百分之一，整體的執行時間也可以大大縮減。

實際上，batchSize 的值應該酌情而定，在本例中其實還會有一個前提，那就是 deviceStat 表的記錄都比較小，比如一個文件是 100 個位元組，那麼一次 batch 傳輸的資料也不足 1MB，這在當前來看還是可以接受的。在大量讀取的場景中，建議明確指定合適的 batchSize 值，具體可根據文件大小、生產環境的網路頻寬等因素來選擇。

14.5.2 批次寫入

MongoDB 所提供的 insertMany、updateMany 或 Bulk API 都屬於批次寫入的命令。其中 Bulk API 是最靈活的，它可以將同一集合中的多個不同寫入操作合併為一次操作。一次 Bulk 批次操作在 MongoDB 伺服器上仍然會被拆分為一個個的子命令，根據命令的執行順序不同，分為以下兩種。

- 有序 Bulk，資料庫會嚴格按照循序執行每個寫入操作。在資料庫內部，有序批次會根據當前順序和寫入類型（insert、update）進行分組，每個分組最多為 1000 個。如果超過 1000 個，則會再次拆分。資料庫按序對分組進行提交，如果某一個命令執行出錯，則整個批次將立即停止並返回錯誤。
- 無序 Bulk，資料庫會併發執行批次中的命令。無序批次在內部同樣會進行分組（大小為 1000 個），但並不保證執行順序。無論是否存在執行失敗的命令，整個批次都會繼續進行直到結束。最終，資料庫會在返回的回應資訊中包含具體的資訊，包括哪些命令發生了錯誤。

預設的 Bulk 是有序的，但只要條件允許，建議儘量使用無序 Bulk 進行批次操作。無序的處理效率更高，尤其是在分片集合中，執行有序的 Bulk 操作會變得非常緩慢，Mongos 會將每個命令進行排隊以保證有序。

使用 Bulk API 的操作範例如下：

```
//構造 BulkOperations 物件
BulkOperations bulkOperations = mongoTemplate.bulkOps(BulkOperations.BulkMode.
UNORDERED, DeviceStat.class);

//增加命令
bulkOperations.updateOne(..);
bulkOperations.remove(..);
bulkOperations.insert(..);

//獲得執行結果
BulkWriteResult writeResult = bulkOperations.execute();
```

其中，bulkOperations 被指定為無序的批次操作物件，如果執行失敗，則會
拋出 BulkOperationException 異常（該異常封裝了 BulkWriteException）。
應用上可以捕捉這個異常，做進一步的處理，程式如下：

```
try {
    BulkWriteResult writeResult = bulkOperations.execute();
} catch (BulkOperationException e) {
    //讀取出錯結果
    for (BulkWriteError bwe : e.getErrors()) {
        log.warn("op-{} failed, message:{}", bwe.getIndex(), bwe.getMessage());
    }
}
```

❑ 寫入性能

對於大量的寫入，Bulk 的批次設定得越大，整體處理的速度就越快。圖
14-6 說明了這種情況。

可以看到，隨著批次大小的增加，處理時間顯著縮短了，到了 1000 之後
逐漸穩定下來。這是由於 MongoDB 用戶端會對批次進行切割，每一批最
多處理 1000 個命令。

對 MongoDB 伺服器端來說，Bulk API 最多能接受 10 萬個操作。但似乎
我們不需要太關心這個約束，因為驅動始終會按 1000 個命令進行提交。

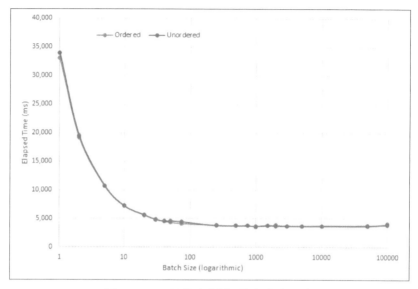

圖 14-6　不同批次對處理時間的影響

14.6 讀寫分離與一致性

無論何時，我們應當將資料庫叢集看作一個整體。由於在分散式環境中存在多種不確定性，我們可能無法確保所寫入的資料是否會遺失，或剛剛寫入的資料是否能馬上讀取。線性的讀寫通常可以解決一致性問題，但無法滿足高輸送量的要求。為此，MongoDB 提供了一些「彈性」的手段，可以讓我們在讀寫一致性和性能輸送量方面做出細粒度的權衡。

14.6.1 讀寫分離

複本集實現了資料在多個節點間的複製和即時同步，因此基本可以認為這些節點都包含了可用的資料備份。

預設情況下，資料的讀寫都會在主節點上進行，但這樣一來主節點會承擔最多的工作。在某些情況下，我們可能希望將業務的讀取操作指派到一些備節點上，以此來降低主節點的壓力，這就是傳統的讀寫分離模式。

讀寫分離的做法已經經歷了大量專案的實踐，同時也獲得了比較好的效果。但這種方案的適用場景仍然是有限的，這表現在以下兩個方面。

■ 讀寫分離僅分離了讀取操作，對於資料的寫入仍然需要在主節點上進行，因此對於寫入操作頻繁的場景並不能受益。

■ 用戶端從節點讀取到的資料，可能並不是最新的，這是由於主備節點的資料同步存在延遲導致的。

所以，讀寫分離方案一般用於讀多寫少、對資料一致性要求不是很高的場景，比如社區發文、商品詳情、檔案共用系統等。

對採用了複本集的架構來說，用戶端可以選擇唯讀寫主節點，或寫入主節點、讀取備節點的方式。下面展示一下這兩種不同的讀寫模式。

（1）資料讀寫都在主節點上（見圖 14-7）。

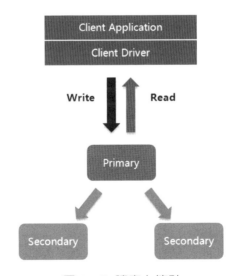

圖 14-7 讀寫主節點

（2）資料從主節點寫入，從備節點讀取（見圖 14-8）。

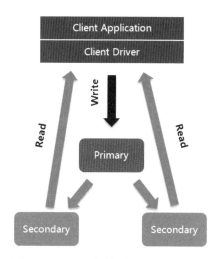

圖 14-8 寫入主節點、讀取備節點

預設情況下，複本集採用僅讀寫主節點的模式，用戶端可透過設定 Read Preference 來將讀取請求路由到其他節點，其中 Read Preference 可以有多種選擇，具體如下。

- Primary：預設規則，所有讀取請求發送到 Primary。
- PrimaryPreferred：Primary 優先，如果 Primary 不可達，則請求 Secondary。
- Secondary：所有的讀取請求都發送到 Secondary。
- SecondaryPreferred：Secondary 優先，當所有的 Secondary 不可達時，請求 Primary。
- Nearest：讀取請求發送到最近的可達節點上（透過 ping 命令探測得出最近的節點）。

❑ 一些特殊行為

- 限制延遲讀取，透過設定 maxStalenessSeconds 參數來控制讀取的延遲，一旦該節點落後主節點的時間超過該值，則放棄從該節點上讀取，這個值設定必須大於 90s，否則會顯示出錯，MongoDB 3.4 以及以後版本支持該特性。

■ 定向範圍讀取，可以為備節點成員設定一些標籤（TagSet），在讀取時指定對應的 TagSet（readPreferenceTags），這樣讀取行為會指向對應的節點。TagSet 是一種靈活的成員分組機制，可以根據需要來設定，比如按運算能力，或是地理位置（多資料中心）。

14.6.2 讀寫關注

一般認為，MongoDB 的讀寫模式是弱一致性的。在預設設定下的確如此，為了保證性能優先，應用可能允許自己讀取的資料並不是最新的，或剛剛寫入的資料存在極小的遺失風險。但是，這些僅限於預設行為的討論。如果希望獲得更強的一致性保證，還可以對寫入關注（WriteConcern）、讀取關注（ReadConcern）進行調整。

1. 寫入關注（**WriteConcern**）

用戶端透過設定寫入關注（WriteConcern）來設定寫入成功的規則。預設情況下 WriteConcern 的值為 1，即資料只要寫入主節點即認為成功並返回。可以將 WriteConcern 設定為 majority 來保證資料必須在大多數節點上寫入成功，如圖 14-9 所示。

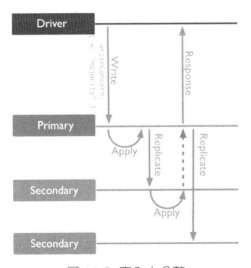

圖 14-9 寫入大多數

對於成功寫入大多數節點的資料，即使發生主備切換，仍然能保證新的主節點包含該資料，這表示持久性有了更高的保證。執行下面的命令，可以實現大多數節點寫入關注。

```
> db.users.insert(
    { name: "ChenXia", phone : 15900110011, gender: "female" },
    { writeConcern: { w: majority, wtimeout: 5000 } }
  )
```

■ wtimeout 表示寫入等待的逾時，單位是毫秒。
■ w 參數表示一個寫入成功的數量，可以有多種設定（見表 14-5）。

表 14-5 WriteConcern 等級

w	說　明
0	無須等待任何節點寫成功，不保證可用性
1	等待主節點寫入成功
n	等待 n 個節點寫入成功
majority	等待大多數節點寫入成功
	等待某個標籤分組的成員寫入成功

除此之外，WriteConcern 還可以設定 j 參數來保證資料成功寫入磁碟的 journa 日誌，程式如下：

```
> db.users.insert(
    { name: "ChenXia", phone : 15900110011, gender: "female" },
    { writeConcern: { w: 2,  j: true, wtimeout: 5000 } }
  )
```

上述程式中，w: 2, j: true 表示資料將至少在兩個節點上寫入成功，並且已經持久化到這些節點的 journal 日誌中。當 WriteConcern=majority 時，如果沒有明確指定 j 選項，則預設是 true，可以透過 writeConcernMajorityJournalDefault 來控制該行為。

2. 讀取關注（ReadConcern）

讀取關注是 MongoDB 3.2 版本新增的特性，主要用來解決「中途讀取」的問題。舉例來說，用戶端從主節點上讀到了一筆資料，但此時主節點發生當機，由於這筆資料還沒有同步到其他節點上，在主節點恢復後就會進行回覆。從用戶端的角度看便是讀到了「無效資料」（可能被回覆）。當 ReadConcern 設定為 majority 時，MongoDB 可以保證用戶端讀到的資料已經被大多數節點所接受，這樣的資料可以保證不會回覆，從而避免了中途讀取問題。

MongoDB 對讀取關注定義了多個等級，具體如下。

（1）local

本地讀取等級，僅讀取本地可用的資料，不確保讀取的資料是否被大多數節點接受。對主節點的讀取操作、備節點在因果一致性階段中的讀取操作預設採用 local 等級。

（2）available

本地可用讀取等級，僅讀取本地可用的資料，不確保讀取的資料是否被大多數節點接受。該等級和 local 等級的區別在於，可能會返回分片遷移產生的「孤兒文件」。對備節點在非因果一致性階段中的讀取操作預設採用 available 等級。

（3）majority

大多數讀取等級，讀取已同步到大多數節點的資料，可確保讀取到的資料不會被回覆。

（4）linearizable

線性讀取等級（MongoDB 3.4 版本提供），該等級保證能讀取到的 WriteConcern 為 majority，並且返回確認時間在當前讀取請求開始之前的資料。linearizable 等級只支援單文件操作的線性關係，而且只在讀取主節點時有效。這表示如果上一個節點對該文件的寫入還未滿足大多數寫入時，MongoDB 會進行等待。因此 linearizable 通常要和 maxTimeMS 一起使用，以避免長時間的阻塞。linearizable 等級中性能下降比較明顯，而且其同時也不適用於因果一致性階段、交易等特性。

（5）snapshot

快照讀取等級，僅可用於多文件交易中，snapshot 等級保證了叢集等級的快照一致性。為了進一步了解讀關注的機制，我們可以關注 MongoDB 在複製方面的一些細節。為了支持讀取關注的不同等級，複本集節點上會各自維護一份當前的快照資訊，如圖 14-10 所示。

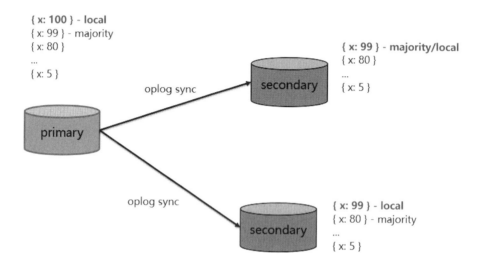

圖 14-10　讀取關注的實現的快照讀取

每個節點上都包含自身最新的快照（local）以及大多數節點的快照（majority），oplog 複製成功的資訊會被回饋到主節點，這樣主節點便可以知道哪一筆 oplog 已經成功寫入了大多數節點。而備節點在拉取 oplog 資訊時，主節點也會一併將「同步到大多數節點的最新一筆 oplog」的資訊一併返回，這樣備節點也獲得了 majority 的 oplog 資訊，進一步更新自身的快照資訊。

使用 ReadConcern=majority 需要開啟選項 replication.enableMajorityRead Concern，從 MongoDB 3.6 版本開始，該選項預設是 true。

14.6.3 讀取自身的寫入（Read your own writes）

Read your own writes 是指讀取到自身的寫入資料，在一些嚴謹的業務流程中往往存在這樣的需求。如果用戶端開啟了讀寫分離模式，那麼大機率會讀取不到上一次寫入的資料。下面來看幾組操作。

操作一：寫入主節點，讀取備節點（w：1，rc：available）。

```
> db.orders.insert({ orderId: "10001", price: 69})
> db.orders.find({ orderId: "10001" }).readPref("secondary")
```

主節點寫入後，由於備節點可能未同步到該資料，因此這裡讀取到的資料可能是空的。

操作二：寫入主節點，讀取主節點（w：1，rc：local）。

```
> db.orders.insert({ orderId: "10001", price: 69})
> db.orders.find({ orderId: "10001" })
```

可以說，在絕大多數情況下，find 操作會返回資料。但意外仍可能存在，假設在寫入主節點成功之後，主節點當機發生主備節點切換，此時新的主節點並不一定具有 orderId: 10001 這筆資料，可能會返回 null。

操作三：寫入主節點，讀取備節點（w : majority，rc : majority）。

```
> db.orders.insert({ orderId: "10001", price: 69}, {writeConcern: {w:
"majority"}})
> db.orders.find({ orderId: "10001" }).readPref("secondary").
readConcern("majority")
```

寫入操作 w: "majority" 保證了大多數節點都收到了該資料，readConcern：majority 保證了從備節點讀取到的資料已經同步到了大多數節點，但是這並不能保證當前備節點一定包含剛剛寫入的資料。

操作四：寫入主節點，讀取主節點（w : majority，rc : local）。

```
> db.orders.insert({ orderId: "10001", price: 69}, {writeConcern: {w:
"majority"}})
> db.orders.find({ orderId: "10001" })
```

寫入操作 w: "majority" 保證了大多數節點都收到了該資料，就算在下一次讀取之前發生了主備節點切換，也可以保證新的主節點一定包含該筆資料，因此可以保證 Read your own writes。

在第四種操作中，由於讀寫操作都是針對主節點的，一旦讀取壓力持續增加便無法兼用讀寫分離方案。為了在任意節點上也實現這種 Read your own writes 的特性，最好的辦法是使用因果一致性階段。

14.6.4 因果一致性

MongoDB 3.6 版本引入了階段的概念，並基於全域時鐘實現了分散式叢集上的因果一致性。

因果一致性（causal consistency）是分散式資料庫的一致性模型，它保證了一系列邏輯順序發生的操作，在任意角度中都能保證一致的先後關係（因果關係）。例如只有當問題是可見的情況下才會出現對問題的答覆，這樣問題與答覆就形成了依賴性的因果關係。

因果一致性所涉及的特性主要如下。

（1）Read your writes，讀取自身的寫入，讀取操作必須能夠反映出在其之前的寫入操作。

（2）Monotonic reads，單調讀取，如果某個讀取操作已經看到過資料物件的某個值，那麼任何後續存取都不會返回那個值之前的值。

（3）Monotonic writes，單調寫入，如果某些寫入操作必須先於其他寫入操作執行，那麼它們會確實先於那些寫入操作執行。

（4）Writes follow reads，讀取後寫入，如果某些寫入操作必須發生在讀取操作之後，那麼它們會確實在那些讀取操作之後執行。

為了支援因果一致性的全部特性，需要在階段中使用 ReadConcern= 大多數、WriteConcern= 大多數的讀寫關注等級。另外，為了保證階段中的一組操作滿足先後執行的因果一致性，用戶端必須在同一個執行緒中執行這些操作。

因果一致性的上下文（邏輯時序）資訊會被綁定到執行緒上下文中以實現追蹤。執行以下的命令，開啟因果一致性階段，程式如下：

```
> session = db.getMongo().startSession({
      causalConsistency: true,
      readConcern: "majority",
      writeConcern: "majority"})
> db = session.getDatabase("appdb");
```

14.6.5 小結

最終，應用如何選擇合適的一致性等級呢？下面是幾點建議。

（1）如果系統資料並非不可遺失，例如物聯網場景中的感測器資料，對於單筆訊息遺失敏感度不大，則可使用 ReadConcern: local，WriteConcern：1。

（2）一些重要的 ETL 過程強調寫入持久性，可使用 WriteConcern：majority。

（3）金融應用中的訂單、交易業務通常需要更高的一致性，可使用 WriteConcern：majority，ReadConcern：majority。在關鍵的流程操作中，使用因果一致性階段可以保證持久性和可見性。

14.7 聚合範例

14.7.1 聚合框架介紹

MongoDB 提供了強大的聚合框架（aggregation framework），通常可以用來實現一些羽量級的分析任務。 聚合任務常用的場景如下。

- 資料視覺化，將業務資料進行匯聚、分組計算後的結果生成報表格視圖。

- 資料轉化，利用聚合操作管道執行資料清洗、轉換的一些任務，生成可分析資料。

聚合框架採用了流處理的想法，在設計上與 Linux shell 的管道命令有異曲同工之處。聚合操作作用於一個集合上，而聚合的整個流程稱為管道（pipeline），每個管道可以包含多個處理階段（stage），這些階段分別按指定的次序執行，如圖 14-11 所示。

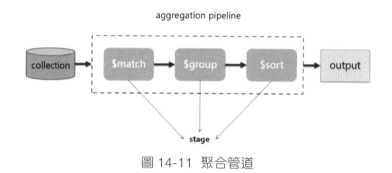

圖 14-11 聚合管道

在管道中，每個階段都承擔了特定的資料轉換任務。其中，第一個階段整個集合作為輸入，上一個階段的輸出作為下一個階段的輸入，一個接著一個，最後一個階段的輸出作為整個聚合過程的結果。

利用靈活的管道語法，聚合可以實現一些 Map-Reduce 類型的計算任務。在 MongoDB 早期版本中，往往使用原生的 mapReduce 函數（基於 JavaScript）來實現計算，但 mapReduce 函數在使用上比較複雜，伺服器端需要同時支援 JavaScript 的執行，在性能上不如聚合。一般推薦使用聚合框架來替代 mapReduce 函數。

14.7.2 找出重複資料

在對已經存在的集合增加唯一性索引之前，必須先解決重複資料的問題。資料庫在創建唯一性索引的過程中，一旦發現已有資料違反了約束會直接顯示出錯退出。db.collection.createIndex 命令可用來創建索引，在 MongoDB 早期版本中，還可以使用 dropDups 選項來自動刪除重複的資料。但該選項會產生不確定性的刪除行為，因而已被廢棄。對於已存在的重複性資料如何處理，妥當的做法還是由應用來決定。

使用以下命令，可以找出使用者集合（users）中手機號碼（phone）出現
重複的記錄。

```
> db.users.aggregate( [
    { $group: { _id: "$phone", sameCount: { $sum: 1 } } },
    { $match: { sameCount: {$gte: 1} } }
] )
```

14.7.3 寫入中間表

在前面的章節中，我們多次提及了利用聚合操作實現分類統計的用法，
一種更為常見的場景來自對歷史類資料的統計，然而此類資料往往非常
龐大，聚合操作很難一次性應付巨量資料的處理。此時，我們建議對資
料進行拆分處理，例如按時間分段進行統計，並寫入中間結果表中。下
面來看一個例子。

物聯網系統中儲存了大量來自裝置上報的事件，每個事件可以描述為以
下的文件：

```
var eventTypes = ["battery", "noise", "light", "text"]

var timeEnd = new Date().getTime();
var timeStart = timeEnd - 30*24*3600*1000;

function mockEvent(){
    var typeLen = eventTypes.length;
    return {
        eventType: eventTypes[Math.floor(Math.random()*typeLen)],
        timestamp: new Date(timeStart + Math.floor(Math.random() * (timeEnd-
timeStart))),
        deviceId: UUID()
    }
}

for(var i=0; i<1000; i++){
    db.events.insert(mockEvent())
}
> db.events.find()
```

```
{
    "_id" : ObjectId("5e7c69fe849482636601ab23"),
    "eventType" : "noise",
    "timestamp" : ISODate("2020-02-25T10:40:23.828Z"),
    "deviceId" : UUID("09c747c3-e641-4d34-bf6a-75a8d468306e")
}
{
    "_id" : ObjectId("5e7c69fe849482636601abd6"),
    "eventType" : "light",
    "timestamp" : ISODate("2020-02-25T10:59:53.366Z"),
    "deviceId" : UUID("cde0175a-afc7-449d-8439-0d7cf164351c")
}
{
    "_id" : ObjectId("5e7c69fe849482636601abf5"),
    "eventType" : "text",
    "timestamp" : ISODate("2020-02-25T11:21:52.297Z"),
    "deviceId" : UUID("19aabe9f-368d-4ea4-b13c-55c66afa533b")
}
...
```

這裡我們不關心事件具體來自哪個裝置，了解某一個裝置發生的個別事件的意義並不大。相反，我們更關心某類事件在一段週期內發生的趨勢，並以此來了解哪類裝置功能屬於更高頻次的需求。針對此需求，我們可以設計一個週期性的任務，該任務在對每天產生的事件進行分類統計後，將結果寫入統計表中。具體的聚合動作命令如下。

```
var startDate = ISODate("2020-02-28T00:00:00.000Z");
var endDate = ISODate("2020-02-29T00:00:00.000Z");

db.events.aggregate([
        {
            $match : {timestamp: { $gte: startDate, $lt: endDate }}
        },

        {
            $group : { _id: "$eventType", eventCount: { $sum: 1}, timestamp:
{ $first: "$timestamp" } }
        },

        {
```

```
            $project : { _id: 0, eventCount: 1, eventType: "$_id", date:
    {$dateToString: {format: "%G-%m-%d", date: "$timestamp"} }}
        },

        {
            $merge: {
                into: { db: "appdb", coll: "eventStats" },
                on: [ "date", "eventType" ]
            }
        }
    ])
```

聚合動作可以安排在凌晨的某個時刻執行，通常可以選擇在業務低峰期。上述命令的說明如下。

- $match 階段實現了對 createdDate 欄位的過濾，表示僅分析前一天所產生的事件資料。

- $group 階段實現了按 eventType 欄位的分組統計，在這個階段中完成各種事件類型的分組計算。

- $project 階段實現了欄位的提取及轉換，例如將日期欄位 timestamp 轉為 '2020-02-13' 這樣的格式。

- $merge 階段實現了將結果寫入結果表中。

into 子文件描述目標資料庫和集合名稱。

on 是執行 merge 的判決條件，即按照 date、eventType 兩個欄位的組合條件尋找目前記錄是否存在，如果存在則合併更新，如果不存在則寫入。

$merge 操作的預設語義是合併，可選值可以是 replace（替換）、keepExisting（保持不變）、merge（合併更新）、fail（中斷）中的一種。

注意，對於 $merge 指定判決條件，必須滿足唯一性的語義約束，因此需要實現在結果表中創建唯一性索引，程式如下：

```
> db.eventStats.createIndex({date: 1, eventType: 1}, {unique:true});
```

在創建唯一性索引之後，執行上述聚合命令，查看結果表中的記錄，具
體如下：

```
{
    "_id" : ObjectId("5e7c70a514a6303246eb6b2c"),
    "date" : "2020-02-28",
    "eventType" : "text",
    "eventCount" : 5.0
}
{
    "_id" : ObjectId("5e7c70a514a6303246eb6b2d"),
    "date" : "2020-02-28",
    "eventType" : "light",
    "eventCount" : 15.0
}
{
    "_id" : ObjectId("5e7c70a514a6303246eb6b2e"),
    "date" : "2020-02-28",
    "eventType" : "noise",
    "eventCount" : 10.0
}
{
    "_id" : ObjectId("5e7c70a514a6303246eb6b2f"),
    "date" : "2020-02-28",
    "eventType" : "battery",
    "eventCount" : 6.0
}
```

將聚合的資料保存到結果表通常是一種最佳實踐，因為這可以避免對資
料進行重複計算。在一些需要快速回應的圖形報表應用中，往往透過直
接讀取統計表來節省時間，當然，這會犧牲一些即時性，但可以接受。
MongoDB 提供了 createView 命令用來創建一個唯讀的視圖，非常方便，
但這個視圖是動態執行的，每次對視圖的查詢都需要重新執行整個聚合
管道，從成本效果上講受益不大。$merge 這種寫入中間表的方式類似於
SQL 中的物化視圖概念，可以用它來處理歷史資料的分類統計，或是實
現資料態勢變化的追蹤分析等。需要注意的是，$out 運算符號來寫入中
間表，但 $out 命令會替換整個中間表，無法實現追加的功能，因此使用
場景有限。

14.7.4 表連接（join）

$lookup 運算符號可以用來實現 MongoDB 的跨表連接（join）操作。準確來説，是左連接（left join）。$lookup 預設行為會從來源表開始，一個一個從目標表中找到匹配的記錄，將連接（join）到的目標記錄作為陣列（array）輸出。

簡單的用法如下：

```
db.orders.aggregate([
   {
     $lookup:
       {
         from: "inventory",
         localField: "item",
         foreignField: "sku",
         as: "inventory_docs"
       }
   }
])
```

這裡的 orders 集合將與 inventory 表進行連接，localField、foreignField 分別表示來源表、目標表的連接欄位，as 表示結果中連接文件的欄位名稱。執行敘述後產生的結果如下：

```
{
   "_id" : 1,
   "item" : "almonds",
   "price" : 12,
   "quantity" : 2,
   "inventory_docs" : [
       { "_id" : 1, "sku" : "almonds", "description" : "product 1", "instock"
: 120 }
   ]
}
```

該操作可相等於以下的 SQL 敘述：

```
select *, inventory_docs
from orders
```

```
where inventory_docs in (select *
from inventory
where sku = orders.item);
```

從 MongoDB 3.6 版本開始，$lookup 開始支持多條件的連接行為，這可以透過內嵌一個管道來完成。以社交平台為例，為了向使用者推薦具有共同興趣的「潛在」好友，最簡單的方式可以按屬性匹配的方式來實現。假設使用者表中記錄了使用者偏好（標籤）、使用者年齡資訊，程式如下：

```
> db.users.find()
{
    "_id" : ObjectId("5e7d6cdc849482636601ac1f"),
    "userId" : UUID("aaef74ed-12b2-4b4e-91f8-98e4c4292cae"),
    "tags" : [
        "dancing",
        "travel",
        "flowers",
        "games"
    ],
    "age" : 23
}
{
    "_id" : ObjectId("5e7d6cdc849482636601ac20"),
    "userId" : UUID("40052b04-4f2f-461c-b8aa-f761d607aeca"),
    "tags" : [
        "dancing",
        "flowers"
    ],
    "age" : 31
}
{
    "_id" : ObjectId("5e7d6cdc849482636601ac21"),
    "userId" : UUID("4ab948dd-e211-495b-ac7c-2dba9bb0aceb"),
    "tags" : [
        "swimming",
        "gitar",
        "music",
        "reading"
    ],
```

```
    "age" : 24
  }

  ...
```

那麼，推薦給某使用者的好友物件需具備以下條件。

（1）至少包含 3 個以上的共同興趣（標籤）。

（2）彼此的年齡相差不能超過 10 歲。

為此，實現以下的 $lookup 操作：

```
db.users.aggregate([
    {
    "$lookup":
        {
        from: "users",
        as: "mayBeFriends",

        let: { otherAge: "$age", otherTags: "$tags", otherUserId: "$userId" },
        pipeline: [
            { $match:
                {
                    $expr:
                    { $and:
                        [
                    { $ne: [ "$userId", "$$otherUserId" ] },
                { $gte: [ { $size: { $setIntersection: [ "$tags",
"$$otherTags" ] } }, 3 ] },
                        { $lt: [ { $abs: { $subtract: [ "$age", "$$otherAge"
] } }, 10 ] }
                        ]
                    }
                }
            },
            { $limit: 3 }
        ]
        }
    }
])
```

在管道的前面，let 指令用來對目標表中參與計算的欄位宣告到變數中，這裡是 age → otherAge，tags → otherTags，userId → otherUserId。這些透過 let 指令宣告的變數需要使用 $$ 的形式進行引用。這裡的管道包含兩個過程。

（1）$matcher，用來找到匹配記錄，匹配條件包含以下 3 個：
- 來源和目標的 userId 必須不同，避免推薦自己。
- 來源和目標的 tags 陣列存在至少 3 個或以上的交集。用來實現集合計算，透過 size 返回大小。
- 來源和目標的 age 欄位相差（絕對值）不大於 10。abs 會返回結果的絕對值。

（2）$limit，為避免推薦的使用者過多，限制最多匹配 3 個記錄。

最終執行的結果如下：

```
{
    "_id" : ObjectId("5e7d6cdc849482636601ac0b"),
    "userId" : UUID("a6ccd0d1-cb75-4232-9e30-fe0017a97fa7"),
    "tags" : [
        "travel",
        "swimming",
        "fashion",
        "reading",
        "technology"
    ],
    "age" : 23,
    "mayBeFriends" : [
        {
            "_id" : ObjectId("5e7d6cdc849482636601ac1a"),
            "userId" : UUID("d5f6fc10-bb29-4464-aeba-fd0293d449cc"),
            "tags" : [
                "flowers",
                "reading",
                "gitar",
                "technology",
                "fashion"
            ],
            "age" : 25.0
```

```
        },
        {
            "_id" : ObjectId("5e7d6cdc849482636601ac34"),
            "userId" : UUID("7a6d8a10-a4d8-462d-a319-8708d23e9332"),
            "tags" : [
                "reading",
                "stock",
                "gitar",
                "fashion",
                "football",
                "swimming"
            ],
            "age" : 20.0
        },
        {
            "_id" : ObjectId("5e7d6cdd849482636601ac67"),
            "userId" : UUID("0e358068-249f-4093-8b09-9c76f856b5dd"),
            "tags" : [
                "swimming",
                "cooking",
                "reading",
                "games",
                "technology",
                "music"
            ],
            "age" : 29.0
        }
    ]
}
```

14.7.5 使用要點

■ 聚合操作最多只能使用 100MB 的記憶體，一旦超出將顯示出錯。
  MongoDB 允許使用 allowDiskUse 選項來擴充這個限制（使用臨時磁
  碟檔案），但這樣會導致性能下降明顯。而且，allowDiskUse 不適用於
  addToSet、$push 這些操作。

■ 盡可能在 $sort 操作中使用索引，特定情況下，$group 也可以從索引中
  受益。

- 提前過濾不必要的記錄，使用 $limit、$kip 減少需要處理的記錄。對於記憶體排序（無法利用索引）的場景，使用 $limit 也可以限制排序所用的記憶體空間。

- 在分片的場景下，盡可能在首個 $match 條件中增加分片鍵條件，這樣可以減少參與計算的分片節點。如果聚合操作需要多個分片參與，那麼 MongoDB 會隨機選擇一個分片作為執行者，並由該分片負責合併處理來自其他分片的結果。對存在 lookup 的聚合操作，MongoDB 只會選擇當前集合所在的主分片作為執行者。

Chapter

15

進階特性

15.1 Change Stream 介紹

Change Stream 指資料的變化事件流，MongoDB 從 3.6 版本開始提供訂閱資料變更的功能。在此之前（MongoDB 3.4 及以下版本），為了即時獲得集合文件的變化事件，我們不得不使用 tailing oplog（複製集日誌）這一方案來完成這樣的功能。

眾所皆知，oplog 是實現複本集資料同步的核心手段，為了持續獲得 oplog 的內容，可執行以下的命令：

```
> db.oplog.rs.find( { fromMigrate : { $exists : false } } ).addOption(DBQuery.
Option.tailable ).addOption(DBQuery.Option.awaitData)
```

其中，fromMigrate 是分片遷移的標記，我們需要對這些資料均衡產生的 oplog 進行過濾，除此之外，對查詢的 Cursor 還設定了 tailable（自動捲動）和 awaitData（自動等待新資料）兩個選項。可見，構造這樣的查詢是比較複雜的，而且 tailing oplog 這種方式還會有很多弊端。

- 解析 oplog 的工作相對複雜，實現者需要探究 MongoDB 複製的一些非公開的細節。
- oplog 是全域性的，這表示，為了訂閱某個集合的變更，需要對整個系統的 oplog 進行過濾，效率太低。另外，獲得 oplog 表示對所有集合都有變更讀取的許可權，安全風險增加了。

- 當主備節點發生切換時，oplog 存在被回覆的風險，應用可能會獲取到「髒」的變更。
- 在分片叢集環境中，你需要對每個分片（shard）進行 oplog 拉取，此時由於存在資料均衡，很可能會出現亂數問題。

Change Stream 特性的出現恰恰解決了這些問題，使用 db.collection.watch 命令，你可以輕鬆地獲得即時，且順序一致的資料變化。而且，Change Stream 會採用 "readConcern: majority" 這樣的一致性等級，保證寫入的變更不會被回覆。

在監聽範圍方面，Change Stream 支持 3 種不同的等級，見表 15-1。

表 15-1　Change Stream 監聽等級

名　稱	說　明
單一集合	除系統資料庫（admin/local/config）之外的集合，MongoDB 3.6 版本支援
單一資料庫	除系統資料庫（admin/local/config）之外的資料庫集合，MongoDB 4.0 版本支援
整個叢集	整個叢集內除去系統資料庫（admin/local/config）之外的集合，MongoDB 4.0 版本支援

不同的監聽等級提升了資料處理的靈活性，而且，你還可以在 watch 命令中增加聚合篩檢程式來滿足自己的需求。

那麼，Change Stream 的實現機制和 oplog 有什麼本質的不同嗎？ 答案是並沒有，Change Stream 仍然是基於底層的 oplog 機制實現的，為了正常使用 Change Stream，你必須使用複本集或分片複本集架構的 MongoDB 叢集。

執行下面的程式，即可對集合開啟監聽。

```
var watchCursor = db.getSiblingDB("data").sensors.watch()
while (!watchCursor.isExhausted()){
   if (watchCursor.hasNext()){
      printjson(watchCursor.next());
   }
}
```

此時，對於 sensors 集合的一些資料的增加、刪除、修改、查詢操作，會
觸發對應的 Change Event。通常的 Change Event 的形式如下：

```
{
   _id : { <BSON Object> },
   "operationType" : "<operation>",
   "fullDocument" : { <document> },
   "ns" : {
      "db" : "<database>",
      "coll" : "<collection"
   },
   "to" : {
      "db" : "<database>",
      "coll" : "<collection"
   },
   "documentKey" : { "_id" : <value> },
   "updateDescription" : {
      "updatedFields" : { <document> },
      "removedFields" : [ "<field>", ... ]
   }
   "clusterTime" : <Timestamp>,
   "txnNumber" : <NumberLong>,
   "lsid" : {
      "id" : <UUID>,
      "uid" : <BinData>
   }
}
```

欄位說明見表 15-2。

表 15-2 變更事件欄位

名　稱	說　明
_id	變更事件的 Token 物件
operationType	變更類型
fullDocument	文件完整內容
ns	監聽的目標
ns.db	變更的資料庫
ns.coll	變更的集合
to	對於 rename 操作變更後的目標

名　稱	說　明
ns.db	rename 操作後的資料庫
ns.coll	rename 操作後的集合
documentKey	變更文件的鍵值，含 _id 欄位
updateDescription	變更描述
updateDescription.updatedFields	變更中更新的欄位
updateDescription.removedFields	變更中刪除的欄位
clusterTime	對應 oplog 連結的時間戳記
txnNumber	交易編號，僅在多文件交易中出現，MongoDB 4.0 版本支持
lsid	交易連結的階段號，僅在多文件交易中出現，MongoDB 4.0 版本支持

其中，對於變更類型（operationType）的支援見表 15-3。

表 15-3　變更事件類型

類　型	說　明
insert	插入文件
delete	刪除文件
replace	替換文件，當 replace 操作指定 upsert 時，可能產生 insert 事件
update	更新文件，當 update 操作指定 upsert 時，可能產生 insert 事件
drop	刪除集合
rename	更改集合名稱
dropDatabase	刪除資料庫
invalidate	故障事件，監聽物件被執行了 drop 或 rename 操作

下面是一些範例，可以基本了解一下。

insert 事件的程式如下：

```
{
        "_id" : {
                "_data" : "825E4E9268000000072B022C0100296E5A10041D54D4EDE8194E
E934FFFBAB67CBA5B46645F696400645E4E926760E5C87393A50DC30004"
        },
        "operationType" : "insert",
```

```
        "clusterTime" : Timestamp(1582207592, 7),
        "fullDocument" : {
                "_id" : ObjectId("5e4e926760e5c87393a50dc3"),
                "name" : "TemperatureA",
                "value" : 30
        },
        "ns" : {
                "db" : "data",
                "coll" : "sensors"
        },
        "documentKey" : {
                "_id" : ObjectId("5e4e926760e5c87393a50dc3")
        }
}
```

delete 事件的程式如下：

```
{
        "_id" : {
                "_data" : "825E4E92E3000000012B022C0100296E5A10041D54D4EDE819
4EE934FFFBAB67CBA5B46645F696400645E4E926760E5C87393A50DC30004"
        },
        "operationType" : "delete",
        "clusterTime" : Timestamp(1582207715, 1),
        "ns" : {
                "db" : "data",
                "coll" : "sensors"
        },
        "documentKey" : {
                "_id" : ObjectId("5e4e926760e5c87393a50dc3")
        }
}
```

replace 事件的程式如下：

```
{
        "_id" : {
                "_data" : "825E4E93E3000000012B022C0100296E5A10041D54D4EDE819
4E7E934FFFBAB67CBA5B46645F696400645E4E937860E5C87393A50DC40004"
        },
        "operationType" : "replace",
        "clusterTime" : Timestamp(1582207971, 1),
        "fullDocument" : {
```

```
                "_id" : ObjectId("5e4e937860e5c87393a50dc4"),
                "name" : "New",
                "value" : 21
        },
        "ns" : {
                "db" : "data",
                "coll" : "sensors"
        },
        "documentKey" : {
                "_id" : ObjectId("5e4e937860e5c87393a50dc4")
        }
}
```

update 事件的程式如下：

```
{
        "_id" : {
                "_data" : "825E4E93AC000000012B022C0100296E5A10041D54D4EDE819
4E7E934FFFBAB67CBA5B46645F696400645E4E937860E5C87393A50DC40004"
        },
        "operationType" : "update",
        "clusterTime" : Timestamp(1582207916, 1),
        "ns" : {
                "db" : "data",
                "coll" : "sensors"
        },
        "documentKey" : {
                "_id" : ObjectId("5e4e937860e5c87393a50dc4")
        },
        "updateDescription" : {
                "updatedFields" : {
                        "value" : 21
                },
                "removedFields" : [ ]
        }
}
```

drop 事件的程式如下：

```
{
        "_id" : {
                "_data" : "825E4E95A5000000032B022C0100296E5A100490E39510174B
4ABB0357E0DC6ACD30004"
```

```
        },
        "operationType" : "drop",
        "clusterTime" : Timestamp(1582208421, 3),
        "ns" : {
                "db" : "data",
                "coll" : "sensors"
        }
}
```

rename 事件的程式如下：

```
{
        "to" : {
                "db" : "data",
                "coll" : "sensors1"
        },
        "_id" : {
                "_data" : "825E4E9525000000012B022C0100296E5A10041D54D4EDE819
4E7E934FFFBAB67CBA5B04"
        },
        "operationType" : "rename",
        "clusterTime" : Timestamp(1582208293, 1),
        "ns" : {
                "db" : "data",
                "coll" : "sensors"
        }
}
```

dropDatabase 事件的程式如下：

```
{
        "_id" : {
                "_data" : "825E4E9684000000042B022C0100296E04"
        },
        "operationType" : "dropDatabase",
        "clusterTime" : Timestamp(1582208644, 4),
        "ns" : {
                "db" : "data"
        }
}
```

invalidate 事件的程式如下：

```
{
        "_id" : {
                "_data" : "825E4E9525000000012B022C0100296F5A10041D54D4EDE819
    4E7E934FFFBAB67CBA5B04"
        },
        "operationType" : "invalidate",
        "clusterTime" : Timestamp(1582208293, 1)
}
```

15.2 Change Stream 案例：資料移轉

Change Stream 具有諸多優點，在專案實戰中很容易找到一些合適的應用場景，例如資料移轉。

儘管現有的微服務架構帶來了許多新的理念，但也帶來了許多「舊改」的繁雜事情。所謂「舊改」，往往是把現有的系統架構重構，拆分成多個細粒度的服務，然後找合適的時間進行割接升級。這其中，保證資料的平滑遷移往往會成為一個非常重要且複雜的工作。

那麼，服務化改造中的資料移轉的問題有哪些呢？

- 首先是難度大，做一個遷移方案需要了解專案的「前世今生」，以評估遷移方案、技術工具等。
- 其次是成本高。由於新舊系統資料結構是不一樣的，因此需要訂製開發遷移轉化功能。很難有一個通用工具能一鍵遷移。
- 再來，對於一些容量大、可用性要求高的系統，要做到不影響業務，出了問題能追溯，因此在設計方案時要全面、細緻。

按照資料移轉的方案及流程，一般可以採取停機遷移、業務雙寫入、追日誌（增量）遷移等幾種方式。其中增量遷移對業務侵入性最低，能實現較為完美的平滑遷移，這也是本次重點介紹的方案。

增量遷移的基本想法是先進行全量的遷移轉換，待完成後持續進行增量資料的處理，直到資料追平後切換系統，如圖 15-1 所示。

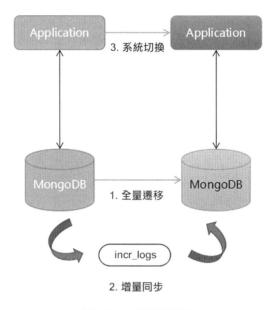

圖 15-1　增量遷移

15.2.1　關鍵點

（1）系統需要支援增量資料的記錄保存，而且在全量遷移過程開始之前就應該開始監聽。

儘管 Change Stream 支持中斷點恢復（resumeAfter）的功能，但其本質是基於 oplog 實現的。假設全量遷移需要 12 個小時，而 oplog 視窗卻只有 10 個小時，則意味全量遷移完成時會有兩個小時的增量資料被捨棄。為了保證資料完整，有必要事先保存這些增量資料。

（2）增量資料的重播是持續進行的。在所有的增量資料重播轉換過程中，系統仍然會產生新的增量資料，這要求遷移工具能做到將增量資料持續重播並將之追平，之後才能進行系統切換。當然，對於一些業務輸送量較大的場景，還應該保證遷移程式的寫入速度足夠快。

15.2.2 實戰：使用 Change Stream 實現增量遷移

本次設計了一個簡單的討論區發文遷移範例，用於演示如何利用 Change Stream 實現完美的增量遷移方案。

背景：現有的系統中有一批發文，每個發文都屬於一個頻道（channel），見表 15-4。

表 15-4　頻道清單

頻 道 名	英文簡稱
美食	Food
情感	Emotion
寵物	Pet
家居	House
徵婚	Marriage
教育	Education
旅遊	Travel

新系統中頻道欄位將切換為英文簡稱，相關的轉換如圖 15-2 所示。

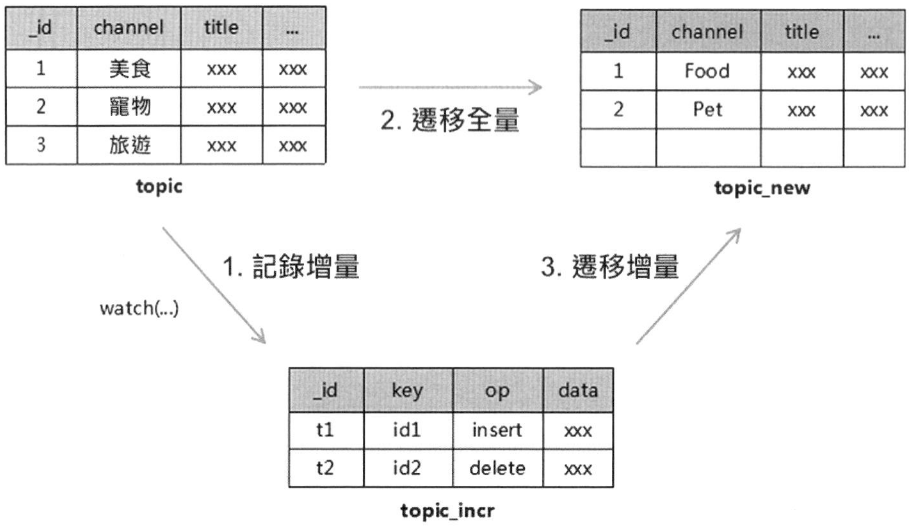

圖 15-2　表轉換關係

原理說明：topic 是發文原表，在遷移開始前將開啟 watch 任務持續獲得增量資料，並記錄到 topic_incr 表中；接著執行全量的遷移轉換，之後持續對增量表資料進行遷移，直到無新的增量為止。

下面我們使用 Java 程式來完成相關程式，mongodb-java--driver 在 MongoDB 3.6 版本後才支援 watch 功能，需要確保升級到對應版本，程式如下：

```
<dependency>
    <groupId>org.mongodb</groupId>
    <artifactId>mongodb-driver-sync</artifactId>
    <version>3.11.2</version>
</dependency>
```

1. 準備工作

（1）定義 Channel 枚舉，用於轉換頻道資訊，程式如下：

```
public static enum Channel {
    Food("美食"),
    Emotion("情感"),
    Pet("寵物"),
    House("家居"),
    Marriage("徵婚"),
    Education("教育"),
    Travel("旅遊")
    ;
    private final String oldName;

    public String getOldName() {
        return oldName;
    }

    private Channel(String oldName) {
        this.oldName = oldName;
    }

    /**
     * 轉為新的名稱
     *
     * @param oldName
```

```
     * @return
     */
    public static String toNewName(String oldName) {
        for (Channel channel : values()) {
            if (channel.oldName.equalsIgnoreCase(oldName)) {
                return channel.name();
            }
        }
        return "";
    }

    /**
     * 返回一個隨機頻道
     *
     * @return
     */
    public static Channel random() {
        Channel[] channels = values();
        int idx = (int) (Math.random() * channels.length);
        return channels[idx];
    }
}
```

（2）為 topic 表預置一部分資料，用於模擬存量資料，程式如下：

```
private static void preInsertData() {
    MongoCollection<Document> topicCollection = getCollection(coll_topic);

    // 分批寫入，共寫入1萬筆資料
    int current = 0;
    int batchSize = 100;

    while (current < 10000) {
        List<Document> topicDocs = new ArrayList<Document>();

        for (int j = 0; j < batchSize; j++) {
            Document topicDoc = new Document();

            Channel channel = Channel.random();
            topicDoc.append(field_channel, channel.getOldName());
            topicDoc.append(field_nonce, (int) (Math.random() * nonce_max));
```

```
            topicDoc.append("title", "This is the tilte -- " + UUID.
randomUUID().toString());
            topicDoc.append("author", "LiLei");
            topicDoc.append("createTime", new Date());
            topicDocs.add(topicDoc);
        }

        topicCollection.insertMany(topicDocs);
        current += batchSize;
        logger.info("now has insert {} records", current);
    }
}
```

可見，在這段程式的實現中，每個發文都分配了隨機的頻道（channel）。

2. 記錄增量日誌

（1）對 topic 表開啟監聽任務，將所有變更寫入增量表 topic_incr，程式
如下：

```
MongoCollection<Document> topicCollection = getCollection(coll_topic);
MongoCollection<Document> topicIncrCollection = getCollection(coll_topic_incr);

// 啟用 FullDocument.update_lookup 選項
cursor = topicCollection.watch().fullDocument(FullDocument.UPDATE_LOOKUP).
iterator();
while (cursor.hasNext()) {

    ChangeStreamDocument<Document> changeEvent = cursor.next();
    OperationType type = changeEvent.getOperationType();
    logger.info("{} operation detected", type);

    if (type == OperationType.INSERT || type == OperationType.UPDATE || type
== OperationType.REPLACE
            || type == OperationType.DELETE) {

        Document incrDoc = new Document(field_op, type.getValue());
        incrDoc.append(field_key, changeEvent.getDocumentKey().get("_id"));
        incrDoc.append(field_data, changeEvent.getFullDocument());
        topicIncrCollection.insertOne(incrDoc);
    }
}
```

上述程式中，透過 watch 命令獲得一個 MongoCursor 物件，用於遍歷所有的變更。FullDocument.UPDATE_LOOKUP 選項啟用後，在 update 變更事件中將攜帶完整的文件資料（FullDocument）。

儘管如此，FullDocument 可能仍然會產生空值，原因在於 Change Stream 只保證事件產生的順序一致性，在產生 update 事件後會嘗試對來源文件進行查詢，如果此時文件已經被刪除就查詢不到。

watch 命令提交後，mongos 會與分片上的 mongod（主節點）建立訂閱通道，這可能需要花費一點時間。

為了類比線路上業務的真實情況，啟用幾個執行緒對 topic 表進行持續寫入操作，程式如下：

```
private static void startMockChanges() {
    threadPool.submit(new ChangeTask(OpType.insert));
    threadPool.submit(new ChangeTask(OpType.update));
    threadPool.submit(new ChangeTask(OpType.replace));
    threadPool.submit(new ChangeTask(OpType.delete));
}
```

ChangeTask 的實現邏輯如下：

```
while (true) {
    logger.info("ChangeTask {}", opType);
    if (opType == OpType.insert) {
        doInsert();
    } else if (opType == OpType.update) {
        doUpdate();
    } else if (opType == OpType.replace) {
        doReplace();
    } else if (opType == OpType.delete) {
        doDelete();
    }
    sleep(200);
    long currentAt = System.currentTimeMillis();
    if (currentAt - startAt > change_during) {
        break;
    }
}
```

每 一 個 變 更 任 務 會 不 斷 對 topic 表 產 生 寫 入 操 作 ， 觸 發 一 系 列 ChangeEvent 產生。

（1）doInsert：生成隨機頻道的 topic 表後，執行 insert 操作。

（2）doUpdate：隨機取得一個 topic 表，將其 channel 欄位改為隨機值，執行 update 操作。

（3）doReplace：隨機取得一個 topic 表，將其 channel 欄位改為隨機值，執行 replace 操作。

（4）doDelete：隨機取得一個 topic 表，執行 delete 操作。

以 doUpdate 為例，實現程式如下：

```
private void doUpdate() {
    MongoCollection<Document> topicCollection = getCollection(coll_topic);

    Document random = getRandom();
    if (random == null) {
        logger.info("update skip");
        return;
    }

    String oldChannel = random.getString(field_channel);
    Channel channel = Channel.random();

    random.put(field_channel, channel.getOldName());
    random.put("createTime", new Date());
    topicCollection.updateOne(new Document("_id", random.get("_id")), new
Document("$set", random));

    counter.onChange(oldChannel, channel.getOldName());
}
```

3. 全量遷移

在開啟監聽之後，就可以執行全量的遷移任務，將 topic 表中的資料移轉到 topic_new 新表，程式如下：

```
final MongoCollection<Document> topicCollection = getCollection(coll_topic);
final MongoCollection<Document> topicNewCollection = getCollection(coll_
```

```
topic_new);

//獲得全量遷移的偏移量(最大ID值)
Document maxDoc = topicCollection.find().sort(new Document("_id", -1)).first();
if (maxDoc == null) {
    logger.info("FullTransferTask detect no data, quit.");
    return;
}

ObjectId maxID = maxDoc.getObjectId("_id");
logger.info("FullTransferTask maxId is {}..", maxID.toHexString());

AtomicInteger count = new AtomicInteger(0);

topicCollection.find(new Document("_id", new Document("$lte", maxID)))
        .forEach(new Consumer<Document>() {

            @Override
            public void accept(Document topic) {
                Document topicNew = new Document(topic);
                // channel轉換
                String oldChannel = topic.getString(field_channel);
                topicNew.put(field_channel, Channel.toNewName(oldChannel));

                topicNewCollection.insertOne(topicNew);
                if (count.incrementAndGet() % 100 == 0) {
                    logger.info("FullTransferTask progress: {}", count.get());
                }
            }

        });
logger.info("FullTransferTask finished, count: {}", count.get());
```

在全量遷移開始前，先獲得當前時刻的最大 _id 值（可以將此值記錄下來）作為終點。隨後逐步完成資料轉換和寫入。

4. 增量遷移

在全量遷移完成後，便可以開始執行增量遷移任務。需要注意的是，在增量遷移過程中，變更操作仍然在進行。相關的程式如下：

```
final MongoCollection<Document> topicIncrCollection = getCollection(coll_
topic_incr);
final MongoCollection<Document> topicNewCollection = getCollection(coll_
topic_new);

ObjectId currentId = null;
Document sort = new Document("_id", 1);
MongoCursor<Document> cursor = null;

// 批次大小
int batchSize = 100;
AtomicInteger count = new AtomicInteger(0);

try {
    while (true) {

        boolean isWatchTaskStillRunning = watchFlag.getCount() > 0;

        // 按ID增量分段拉取
        if (currentId == null) {
            cursor = topicIncrCollection.find().sort(sort).limit(batchSize).
iterator();
        } else {
            cursor = topicIncrCollection.find(new Document("_id", new Document
("$gt", currentId)))
                    .sort(sort).limit(batchSize).iterator();
        }

        boolean hasIncrRecord = false;

        while (cursor.hasNext()) {
            hasIncrRecord = true;

            Document incrDoc = cursor.next();

            OperationType opType = OperationType.fromString(incrDoc.getString
(field_op));
            ObjectId docId = incrDoc.getObjectId(field_key);

            // 記錄當前ID
            currentId = incrDoc.getObjectId("_id");
```

```
        if (opType == OperationType.DELETE) {

            topicNewCollection.deleteOne(new Document("_id", docId));
        } else {

            Document doc = incrDoc.get(field_data, Document.class);
            // 可能為空
            if (doc == null) {
                continue;
            }
            // channel轉換
            String oldChannel = doc.getString(field_channel);
            doc.put(field_channel, Channel.toNewName(oldChannel));

            // 啟用upsert
            UpdateOptions options = new UpdateOptions().upsert(true);

            topicNewCollection.replaceOne(new Document("_id", docId),
                    incrDoc.get(field_data, Document.class), options);
        }

        if (count.incrementAndGet() % 10 == 0) {
            logger.info("IncrTransferTask progress, count: {}", count.get());
        }
    }

    // 當watch停止工作(沒有更多變更)，且沒有需要處理的記錄時，跳出
    if (!isWatchTaskStillRunning && !hasIncrRecord) {
        break;
    }

    sleep(200);
    }
} catch (Exception e) {
    logger.error("IncrTransferTask ERROR", e);
}
```

增量遷移的實現是一個不斷拉取的過程，利用 _id 欄位的有序特性進行分段遷移，即記錄下當前處理的 _id 值，迴圈拉取在該 _id 值之後的記錄進行處理。

一般情況下，增量表（topic_incr）中除了 delete 事件變更，其餘的類型都保留了整個文件，因此可直接利用 replace + upsert 操作追加到新表。更新事件中的 fullDocument 可能為空，需避開處理。

5. 驗證程式

最後，讓我們來梳理一下整個案例的過程：

（1）預置存量資料。
（2）啟動監聽，將增量寫入日誌表。
（3）模擬併發的變更任務。
（4）啟動全量遷移。
（5）全量遷移結束，啟動增量遷移。
（6）停止變更任務，停止向日誌表追加，等待增量遷移完成。

現在基本上是完整的了，啟動任務後輸出如下：

```
[2018-07-26 19:44:16] INFO ~ IncrTransferTask progress, count: 2160
[2018-07-26 19:44:16] INFO ~ IncrTransferTask progress, count: 2170
[2018-07-26 19:44:27] INFO ~ all change task has stop，watch task quit.
[2018-07-26 19:44:27] INFO ~ IncrTransferTask finished, count: 2175
[2018-07-26 19:44:27] INFO ~ TYPE 美食:1405
[2018-07-26 19:44:27] INFO ~ TYPE 寵物:1410
[2018-07-26 19:44:27] INFO ~ TYPE 徵婚:1428
[2018-07-26 19:44:27] INFO ~ TYPE 家居:1452
[2018-07-26 19:44:27] INFO ~ TYPE 教育:1441
[2018-07-26 19:44:27] INFO ~ TYPE 情感:1434
[2018-07-26 19:44:27] INFO ~ TYPE 旅遊:1457
[2018-07-26 19:44:27] INFO ~ ALLCHANGE 12175
[2018-07-26 19:44:27] INFO ~ ALLWATCH 2175
```

此時若查看 topic 表和 topic_new 表，可以發現兩者數量是相同的。而為了進一步確認一致性，我們對兩個表分別做一次聚合統計。

topic 表的程式如下:

```
db.topic.aggregate([{
    "$group":{
        "_id":"$channel",
        "total": {"$sum": 1}
        }
    },
    {
        "$sort": {"total":-1}
        }
    ])
```

輸出結果如圖 15-3 所示。

	_id	total
1	旅遊	1457.0
2	家居	1452.0
3	教育	1441.0
4	情感	1434.0
5	徵婚	1428.0
6	寵物	1410.0
7	美食	1405.0

圖 15-3 遷移前的統計結果

topic_new 表的程式如下:

```
db.topic_new.aggregate([{
    "$group":{
        "_id":"$channel",
        "total": {"$sum": 1}
        }
    },
    {
        "$sort": {"total":-1}
        }
    ])
```

輸出結果如圖 15-4 所示。

	_id		total	
1	"" Travel		##.##	1457.0
2	"" House		##.##	1452.0
3	"" Education		##.##	1441.0
4	"" Emotion		##.##	1434.0
5	"" Marriage		##.##	1428.0
6	"" Pet		##.##	1410.0
7	"" Food		##.##	1405.0

圖 15-4 遷移後的統計結果

可見,前後比較的結果是一致的!

15.2.3 小結

本節提供了一個 Change Stream 在平滑資料移轉上的實踐案例,透過比較也可以發現 Change Stream 在使用上是比較簡單的。然而,在真正的生產專案實踐中,讀者還應該考慮更多的因素。

(1)寫入性能,線上的資料量可能會達到億級,在全量、增量遷移時應採用合理的批次化處理;另外可以透過增加併發執行緒,添置更多的 Worker,分別對不同業務資料庫、不同表進行處理以提升效率。增量表存在冪等性,即重播多次其最終結果還是一致的,但需要保證表級有序,即一個表同時只有一個執行緒在進行增量重播。

(2)容錯能力,一旦 watch 監聽任務出現異常,要能夠從更早的時間點開始(使用 startAtOperationTime 參數),而如果寫入時發生失敗,則應支援重試功能。

(3)回溯能力,做好必要的追蹤記錄,比如將轉換失敗的 ID 號記錄下來,舊系統的資料同樣需要保留,以便事後恢復。

(4)資料轉換,新舊業務的差異不會很簡單,可能需要編寫複雜的轉換邏輯程式。

（5）一致性檢查，需要根據業務特點開發對應的檢查工具，用於證明遷移後的資料達到了目標的一致性結果。

15.3 多文件交易

15.3.1 交易簡介

交易（transaction）是傳統資料庫所具備的一項基本能力，其根本目的是為資料的可用性與一致性提供保障。而在通常的實現中，交易包含了一個系列的資料庫讀寫操作，這些操作不是全部完成，就是全部取消。舉例來說，在電子商場場景中，當顧客下單購買某件商品時，除了生成訂單，還應該同時扣減商品的庫存，這些操作應該被作為一個整體的執行單元進行處理，否則就會產生不一致的情況。

資料庫交易需要包含 4 個基本特性，即常說的 ACID，具體如下。

- 原子性（atomicity）：交易作為一個整體被執行，包含在其中的對資料庫的操作不是全部被執行，就是都不執行。
- 一致性（consistency）：交易應確保資料庫的狀態從一個一致狀態轉變為另一個一致狀態。一致狀態的含義是資料庫中的資料應滿足完整性約束。
- 隔離性（isolation）：多個交易併發執行時，一個交易的執行不應影響其他交易的執行。
- 持久性（durability）：已被提交的交易對資料庫的修改應該是永久性的。

❑ 隔離等級

在隔離性方面，交易機制需要確保在多個交易併發執行時，其資料的中間狀態是彼此不可見的。如果不考慮交易的隔離性，則可能會發生以下幾個問題。

- 中途讀取，即交易中讀取了「髒」的資料，這些資料可能是未提交的，
  或是在將來發生了回覆。
- 不可重複讀取，在一個交易中，同一筆資料的狀態是不穩定的，舉例來
  說，第一次查詢和第二次查詢獲得的結果不同，可能是讀到了其他交易
  提交的結果。
- 虛設項目讀取，與不可重複讀取類似，但虛設項目讀取所對應的現象是
  資料的「有無」發生變化。舉例來說，第一個交易執行了範圍修改操作
  之後，而第二個交易插入了新增的資料（在同一範圍內），此後第一個
  交易將發現還會有沒有修改的資料行，就好像出現了幻覺一樣。

針對這些問題，標準的 SQL 規範為交易隔離性定義了 4 種等級。

（1）Read Uncommitted（讀取未提交）：交易在執行過程中，可能存取到
其他交易未經提交的修改，這種等級是最弱的，無法避免「中途讀取」。

（2）Read Committed（讀取已提交）：交易在執行時，可以讀取另一個交
易已經提交到資料庫的結果。該等級可以避免「中途讀取」，但交易中多
次讀取可能產生不一樣的結果，因此會存在無法重複讀取的問題。

（3）Repeatable Read（可重複讀取）：在同一個交易內，資料所呈現的狀
態將能持續保持一致（從交易的起始時間點開始），當前交易只能讀取
到本交易所做出的修改。但是該等級所定義的隔離範圍並不包括插入操
作，即交易還是會讀取到其他交易提交的新增資料。

（4）Serializable（序列化）：在該等級下，規定了交易只能序列化執行，
而不能併發執行。該隔離等級可以有效防止「中途讀取」、不可重複讀取
和虛設項目讀取的問題，但實際應用中很少使用，因為會帶來性能問題。

表 15-5 整理了各個等級所應對的問題。

表 15-5 交易隔離等級

隔離等級	髒讀	不可重複讀	幻讀
讀未提交	可以出現	可以出現	可以出現
讀提交	不允許出現	可以出現	可以出現
可重複讀	不允許出現	不允許出現	可以出現
序列化	不允許出現	不允許出現	不允許出現

一般來説交易的隔離等級越高，越能保證資料庫的完整性和一致性。另外，隔離等級越高，對併發性能的影響也更加明顯，應用上通常的選擇是 Read Committed（讀取已提交）、Repeatable Read（可重複讀取）這兩種等級。而解決虛設項目讀取問題的手段，一般是採用 MVCC 或鎖機制來實現。

15.3.2 MongoDB 中的交易

如果此前對 WiredTiger 引擎有所了解，就不難了解為什麼 MongoDB 特意將 4.0 版本的交易稱之為多文件交易（multi document transaction）了。WiredTiger 引擎本身是支援交易的，而 MongoDB 在內部實現中則使用了該引擎所提供的交易性 API，從 MongoDB 3.0 版本開始便對單文件的操作提供了交易原子性的保證。在經過多個版本的疊代之後，MongoDB 4.0 版本開始支持真正意義的多文件交易（基於複本集），如此命名只是便於區分。而從 MongoDB 4.2 版本開始，提供了跨分片的分散式交易，交易能力獲得了進一步完善。

MongoDB 的交易是基於邏輯階段（session）的，MongoDB 3.6 版本便開始支援階段特性，階段提供了因果一致性的保證。對交易來説，必須先創建階段才能使用交易，系統允許在任何時刻執行多個階段，但對每個階段來説，同一時刻只能執行一個交易。這點可以類比多執行緒任務的場景，把階段看作一個執行緒，而交易則是綁定到執行緒上的任務單元。

1. 在 mongo shell 中使用交易

在使用交易之前，需要先創建相關的集合，程式如下：

```
mongos> use data
switched to db data
mongos> db.createCollection("goods")
{
        "ok" : 1,
        "operationTime" : Timestamp(1582360978, 2),
        "$clusterTime" : {
                "clusterTime" : Timestamp(1582360978, 2),
                "signature" : {
                        "hash" : BinData(0,"AAAAAAAAAAAAAAAAAAAAAAAAAAA="),
                        "keyId" : NumberLong(0)
                }
        }
}
```

多文件交易內部不允許執行 createCollection 這樣的 DDL 操作，包括由
insert 事件觸發的 DDL 行為都將導致顯示出錯。創建一個階段，用於執
行交易，程式如下：

```
mongos> session=db.getMongo().startSession()
session { "id" : UUID("d268e406-afaf-417e-a28c-20743e358315") }
```

接下來，我們啟動交易，並向 goods 集合插入一些文件，程式如下：

```
mongos> session.startTransaction()
mongos> scollection=session.getDatabase("data").goods
data.goods
mongos> collection.insert( { _id: 0, name: "football", price: 79 })
WriteResult({ "nInserted" : 1 })
mongos> collection.insert( { _id: 1, name: "basketball", price: 128 })
WriteResult({ "nInserted" : 1 })
```

在交易提交之前，會發現只有在當前階段中（交易內）才能查到寫入的
資料，而在階段外查詢則會得到空的結果：如果我們在階段的外部執行
查詢，會發現仍然無法找到寫入的資料。具體程式如下：

```
//階段內
mongos> collection.find()
```

```
{ "_id" : 0, "name" : "football", "price" : 79 }
{ "_id" : 1, "name" : "basketball", "price" : 128 }
//階段外
mongos> db.goods.find()
//結果為空
```

執行交易提交之後，在階段外部成功查到了寫入的資料，程式如下：

```
mongos> session.commitTransaction()
mongos> db.goods.find()
{ "_id" : 0, "name" : "football", "price" : 79 }
{ "_id" : 1, "name" : "basketball", "price" : 128 }
```

如果希望回覆交易，則可以使用 session.abortTransaction 方法，這樣一來，交易中的所有修改都會被永久取消。

2. 驗證隔離性

MongoDB 的交易採用了快照（snapshot）一致性的隔離等級，即交易之間基於自身的快照上下文實施讀寫操作。分別開啟兩個交易，在第一個交易中執行修改，程式如下：

```
//交易一
mongos> session=db.getMongo().startSession()
mongos> session.startTransaction()
mongos> collection=session.getDatabase("data").goods

//修改文件
mongos> collection.update( { _id: 1 }, { $set: { price: 99 }})
WriteResult({ "nMatched" : 1, "nUpserted" : 0, "nModified" : 1 })

//插入文件
mongos> collection.insert( { _id: 2, name: "pingpong", price: 31 })
WriteResult({ "nInserted" : 1 })

//刪除文件
mongos> collection.remove( { _id: 0 })
WriteResult({ "nRemoved" : 1 })
```

此時，第一個交易還未提交，我們在第二個交易視窗中進行查詢，程式
如下：

```
//交易二
mongos> session=db.getMongo().startSession()
mongos> session.startTransaction()
mongos> collection=session.getDatabase("data").goods
mongos> collection.find()
{ "_id" : 0, "name" : "football", "price" : 79 }
{ "_id" : 1, "name" : "basketball", "price" : 128 }
```

此時交易二看到的仍然是原來的狀態（交易一啟動之前）。將第一個交易
進行提交，並確認已經生效，程式如下：

```
//交易一
mongos> session.commitTransaction()
mongos> db.goods.find()
{ "_id" : 0, "name" : "football", "price" : 79 }
{ "_id" : 1, "name" : "basketball", "price" : 128 }
```

再次在交易二中進行查詢，程式如下：

```
//交易二
mongos> collection.find()
{ "_id" : 0, "name" : "football", "price" : 79 }
{ "_id" : 1, "name" : "basketball", "price" : 128 }
```

結果是儘管交易一已經提交了相關修改，但這些修改對交易二仍然是不
可見的。MongoDB 的快照隔離等級是比可重複讀取更嚴謹的一種等級，
除了解決不可重複讀取的問題，還避免了虛設項目讀取，如上述過程
中，交易一的提交中儘管插入了新的記錄，但在交易二中仍然無法讀取
出來。

3. 交易逾時

在執行交易的過程中，如果操作太多，或存在一些長時間的等待，則可
能會產生以下異常：

```
mongos> collection.find()
Error: error: {
```

```
        "ok" : 0,
        "errmsg" : "Encountered non-retryable error during query :: caused by ::
Transaction 0 has been aborted.",
        "code" : 251,
        "codeName" : "NoSuchTransaction",
        "operationTime" : Timestamp(1582367442, 1),
        "$clusterTime" : {
                "clusterTime" : Timestamp(1582367448, 3),
                "signature" : {
                        "hash" : BinData(0,"AAAAAAAAAAAAAAAAAAAAAAAAAAA="),
                        "keyId" : NumberLong(0)
                }
        },
        "errorLabels" : [
                "TransientTransactionError"
        ]
}
```

原因在於，預設情況下 MongoDB 會為每個交易設定 1 分鐘的逾時，如果在該時間內沒有提交，就會強制將其終止。該逾時可以透過 transactionLifetimeLimitSecond 變數設定。

15.4 基於 Spring 開發交易

15.4.1 在驅動中實現交易

MongoDB 的用戶端驅動已經全面支援交易功能，對使用 MongoDB Java Driver 的應用來說，必須升級到 3.11.0 版本以上，程式如下：

```
<dependency>
  <groupId>org.mongodb</groupId>
  <artifactId>mongodb-driver</artifactId>
  <version>3.11.2</version>
</dependency>
```

在程式設計模型上，MongoDB 交易的開發與關聯式交易比較相似，實現交易的程式片段如下：

```
private static void runTransaction() {

    try (ClientSession session = client.startSession()) {
        //開啟交易
        session.startTransaction();

        try {
            collection.insertOne(session, new Document("_id", 1).append
("name", "item2"));
            collection.updateOne(session, new Document("_id", 0), new Document
("$set", new Document("name", "forNew")));
            //提交交易
            session.commitTransaction();
        } catch (Exception e) {
            log.error("error occurs.", e);
            session.abortTransaction();
        }
    }
}
```

交易需要綁定在階段中執行，因此第一步總是需要啟動一個 ClientSession 物件。ClientSession 實現了 Java 中的 AutoClose 介面，這是 JDK9 提供的 try-with-resources 特性，即只需要在 try 敘述中初始化資源物件後，編譯器會在資源使用完畢後自動呼叫 close 方法進行釋放。

例子中的交易包含了插入文件、更新文件的操作，且在交易過程發生異常時呼叫 session.abortTransaction 命令進行回覆。

MongoDB 為交易異常定義了兩種類型。

- TransientTransactionError：指交易中的操作所產生的臨時錯誤，如果發生了該異常，則應用程式應該嘗試進行重試處理。
- UnknownTransactionCommitResult：指交易在提交時產生的未知錯誤，在發生該異常時，應用同樣應該嘗試重新提交。

上述例子中使用的是 Core API 呼叫方式，這需要開發者自行實現交易中發生異常時的重試邏輯。如果希望獲得簡化，則可以使用 Callback API 呼叫方式，程式如下：

```
private static void runTransactionWithIn() {

    try (ClientSession session = client.startSession()) {
        //提供回呼
        session.withTransaction(() -> {
            collection.insertOne(session, new Document("_id", 1).append
("name", "item2"));
            collection.updateOne(session, new Document("_id", 0), new Document
("$set", new Document("name", "forNew")));
            return null;
        });
    }
}
```

這裡的 session.withTransaction 方法的入參是一個 TransactionBody 物件，我們只需要提供其 execute 方法的實現即可，此時交易的啟動、停止、異常處理則直接交給驅動處理。在 Callback API 這種風格的實現上，驅動會自動捕捉 TransientTransactionError、UnknownTransactionCommitResult 這兩種錯誤，並在有限的時間內進行重試，該時間一般是 120s，這大約是交易逾時的兩倍。

為了了解這種區別，你可以在另外一個交易中對文件（_id=0）進行更新，這樣可以產生一個 WriteConfilict 錯誤。此時，如果使用 Callback API，驅動會自動重試並最終返回成功。

15.4.2 使用 Spring Data 實現交易

隨著 MongoDB 多文件交易特性的推出，Spring Data MongoDB 也在 2.1.0 版本之後開始支援交易功能。

透過前面的章節介紹，我們已了解如何使用 Spring Data MongoDB 實現資料庫的讀寫，而一般應用的程式設計會基於兩種風格實現：

■ 基於 MongoRepository 介面實現標準的 CRUD。

■ 基於 MongoTemplate 實現自訂的操作。

1. 交易管理器

為了盡可能保證程式設計風格的統一，Spring Data MongoDB 可以使用
Spring 傳統的交易管理器。而且，交易的加入並不需要改變之前操作資
料庫的方式。下面，來看一個例子：

在電子商場中，平台方通常會根據使用者的消費情況給予一些福利，例
如使用者可以使用積分來換取一定的優惠券。對兌換優惠券這一操作來
說，會涉及使用者積分表、優惠券表的操作，實現程式如下：

```
@Service
public class CouponService {

    @Autowired
    private CouponRepository couponRepository;

    @Autowired
    private BonusPointsRepository bonusPointsRepository;

    //兌換優惠券方法
    public boolean doExchangeCoupon(String uid, String couponName, int
pointsDecr) {

        //查詢當前積分
        BonusPoints bonusPoints = bonusPointsRepository.findById(uid).get();
        Integer currentValue = bonusPoints.getValue();

        //積分不足
        if (currentValue < pointsDecr) {
            return false;
        }

        //扣減積分
        bonusPoints.setValue(currentValue - pointsDecr);
        bonusPointsRepository.save(bonusPoints);

        //生成使用者優惠券
        Coupon coupon = new Coupon();
        coupon.setUid(uid);
        coupon.setName(couponName);
```

```
        couponRepository.insert(coupon);

        return true;
    }
```

doExchangeCoupon 方法用於完成積分的扣減，以及優惠券的生成。如
我們所看到的，BonusPointsRepository、CouponRepository 都是標準的
CRUD 介面，分別提供了 BonusPoints（使用者積分）、Coupon（優惠
券）實體的操作功能。接下來，我們將為這段業務邏輯增加交易的支援。

（1）宣告一個 MongoTransactionManager 交易管理器 Bean 物件，程式如
下：

```
@Configuration
public class CustomMongoConfig {

    @Bean
    public MongoTransactionManager transactionManager(MongoDbFactory
mongoDbFactory) {
        return new MongoTransactionManager(mongoDbFactory);
    }
}
```

（2）增加交易註釋 @Transactional，程式如下：

```
@Service
public class CouponService {

    ...

    @Transactional
    public boolean exchangeCoupon(String uid, String couponName, int
pointsDecr) {
        return doExchangeCoupon(uid, couponName, pointsDecr);
    }
```

這裡我們新增了一個 exchangeCoupon 方法，@Transactional 註釋表示將
該方法作為一個交易執行。

@Transactional 是 Spring Data 的宣告式交易註釋，透過這種註釋的方式，Spring Data 會以 AOP 的方式織入交易處理的邏輯（依賴於交易管理器），從而避免業務程式的侵入式修改。

此時，可以在 SpringBoot 程式中對交易功能進行測試，程式如下：

```
@Slf4j
@Service
public class CouponOperation {

    @Autowired
    private CouponService couponService;

    @Autowired
    private MongoTemplate mongoTemplate;

    @PostConstruct
    void init() {

        mongoTemplate.remove(new Query(), BonusPoints.class);
        mongoTemplate.remove(new Query(), Coupon.class);

        //創建集合
        mongoTemplate.createCollection(BonusPoints.class);
        mongoTemplate.createCollection(Coupon.class);

        String uid = "userId-0001";

        //初始積分記錄
        BonusPoints bonusPoints = BonusPoints.builder().uid(uid).value(100).
build();
        bonusPointsRepository.save(bonusPoints);

        //執行積分兌換
        couponService.exchangeCoupon(uid, "Coupon001", 12);
    }
}
```

一定要記住，交易不支援隱式的 createCollection 操作（某些寫入操作導致建表），在操作交易之前務必確保所讀寫的集合已經創建。如上述程式中使用 mongoTemplate.createCollection 確保了這點。

在啟動程式後，透過日誌可以觀察到交易的行為：

```
//啟動交易
DEBUG ..AbstractPlatformTransactionManager - Creating new transaction with
name [..CouponService.exchangeCoupon]: PROPAGATION_REQUIRED,ISOLATION_DEFAULT
DEBUG ..MongoTransactionManager - About to start transaction for session
[ClientSessionImpl@13d07892 id = ..
DEBUG ..MongoTransactionManager - Started transaction for session
[ClientSessionImpl@13d07892 id = {"id": ..
//執行操作
DEBUG ..MongoTemplate - findOne using query: { "uid" : "userId-0001"} fields:
{} in collection: bonusPoints
DEBUG ..MongoTemplate - findOne using query: { "_id" : "userId-0001"} fields:
{} in db.collection: data.bonusPoints
DEBUG ..MongoTemplate - Saving Document containing fields: [_id, value, _class]
DEBUG ..MongoTemplate - Inserting Document containing fields: [uid, name, _
class] in collection: coupon
//提交交易
DEBUG ..AbstractPlatformTransactionManager - Initiating transaction commit
DEBUG ..MongoTransactionManager - About to commit transaction for session
[ClientSessionImpl@13d07892 id = {"id":=..
DEBUG ..MongoTransactionManager - About to release Session
[ClientSessionImpl@13d07892 id = {"id": ..
```

2. 使用 TransactionTemplate

除了註釋的方式，我們還可以使用 TransactionTemplate 來完成交易的操作，這在使用風格上很像 MongoTemplate。具體實現程式如下：

```
@Service
public class CouponService {

    @Autowired
    private MongoTemplate mongoTemplate;

    @Autowired
    private MongoTransactionManager mongoTransactionManager;

    ...

    public boolean exchangeCouponWithTemplate(String uid, String couponName,
```

```
int pointsDecr) {
        mongoTemplate.setSessionSynchronization(SessionSynchronization.ON_
ACTUAL_TRANSACTION);

        TransactionTemplate transactionTemplate = new TransactionTemplate
(mongoTransactionManager);

        return transactionTemplate.execute(transactionStatus -> {

            return doExchangeCoupon(uid, couponName, pointsDecr);
        });
    }
}
```

需要注意的是，Spring Data MongoDB 是基於 Java 驅動的，在交易處理
上採用的仍然是 Core API 方式。這表示應用需要自行處理交易產生的錯
誤（如 TransientTransactionError）。對此官方建議使用 Spring Retry 元件
來解決這種問題。

15.5 交易實現原理

15.5.1 MVCC 與快照的一致性

快照（snapshot）指的是系統在暫態間的一致性狀態，這保證了交易之間
的狀態彼此隔離。我們曾經提及過，WiredTiger 基於 MVCC 實現了資料
的併發讀寫控制，而這正是隱藏在交易隔離等級背後的原理。

在 MVCC 機制中，資料會在記憶體中同時保存多個版本，這為交易的快
照讀取提供了基礎。如果交易對資料產生了修改，則將在 MVCC 鏈結串
列頭上追加一個元素，記錄的內容為：

- 寫入交易的編號 transaction_id。
- 時間戳記。
- 修改的資料。

而交易的讀取會從 MVCC 鏈結串列的頭部開始尋找，根據當前讀取交易的快照和在元素中修改交易的編號 transaction_id 來判斷是否讀取，如果不讀取則向鏈結串列尾部方向移動，直到找到當前交易讀取的版本，如圖 15-5 所示。

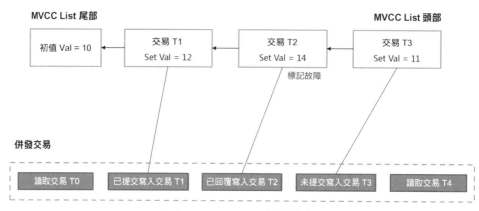

圖 15-5 MVCC 交易讀寫

交易 T0 最早發生，而交易 T4 發生的時刻最晚。由於 T1/T2/T3 對資料做了修改，那麼在 MVCC 鏈結串列中會對應增加 3 個版本。在快照隔離等級下，讀取交易 T0 只能看到 T0 之前提交的值 10，而對讀取交易 T4 來說，由於交易 T3 並未提交，且交易 T2 因為回覆而故障，因此它只能讀取到 12 這個版本的值（交易 T1 的提交）。

既然交易需要根據自己的快照來確定什麼是可見的，那麼快照具體都包含了什麼呢？在交易開啟或第一次操作時，資料庫需要對內部正在執行或將要執行的交易做一次快照，用於保存當時所有交易的狀態，並以此來區分哪些交易對當前交易可見，而哪些交易又是不可見的。一個快照物件包含的資訊如下：

```
snapshot_object{
  snap_min: <當前最小交易號>
  snap_max: <當前最大交易號>
  snap_array: <正在執行中且未提交的交易清單>
}
```

具體的例子如圖 15-6 所示。

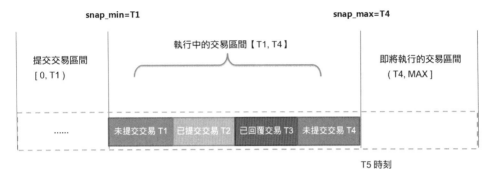

圖 15-6　交易區間

假設在 T5 時刻，資料庫對正在進行的交易創建一個快照，那麼產生的結果如下：

```
snapshot_object{
  snap_min: T1
  snap_max: T4
  snap_array: [T1, T4]
}
```

此時，對於交易 T5 能存取的範圍包括 3 個區間：

- 所有小於 T1 交易的修改 [0, T1)。
- 在 T1 和 T4 區間內已經提交的交易的修改，這裡只有交易 T2。

也就是說，在交易 T5 建立快照的那一刻起，凡是大於 snap_max（T4）或在 snap_array（T1,T4）中出現的交易的修改都是不可見的。這個約束將貫穿整個交易過程，譬如交易 T1 在後面產生了提交，其對於交易 T5 仍然是不可見的。當然了，交易在讀取資料時除了快照，還應該包含自身交易內的修改。

實際上，WiredTiger 對交易的支援同時包含了未提交讀取、提交讀取、快照一致性讀取。而 MongoDB 交易採用的是快照一致性讀取。

15.5.2 交易持久性

ACID 的重要特性就是保證交易的持久性，即交易一旦提交成功，其修改就是永久性的。然而，WiredTiger 的寫入模型是緩衝式的，其為了避免頻繁的 I/O 操作會將資料的修改先儲存在記憶體中，後面再一併刷到磁碟。因此交易中的修改只有在執行 CheckPoint 操作之後才算是真正落碟。那麼，是不是表示交易的持久性就無法保證了呢？並非如此，MongoDB 保證交易持久性的手段是重新操作日誌（redo log），也就是之前所説的 journal 日誌。

交易在開啟時會向日誌緩衝區（redo log buffer）預寫入一筆日誌記錄，而隨後的一些操作也會寫入該記錄中，當交易提交時也一併將該日誌變更為已提交狀態。隨後，多個併發提交的交易日誌會被合併寫入磁碟的檔案（每 100ms 刷新一次）中。重新操作日誌保證了已提交交易在系統當機時仍然可以恢復，MongoDB 在重新啟動後會檢查日誌，並執行日誌重播。

關於交易的持久性流程如圖 15-7 所示。

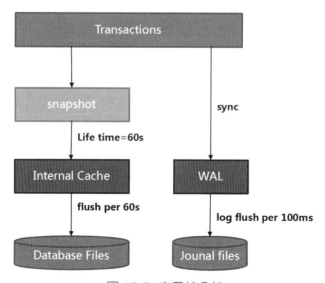

圖 15-7 交易持久性

15.5.3 讀寫隔離設定

在讀寫等級方面，多文件交易會產生一些不同的約束。

（1）readPreference
在多文件交易中，readPreference 被強制約束為 Primary，即用戶端對交易的讀取操作只能透過主節點完成。

（2）readConcern（rc）
包括本地（local）讀取、大多數（majority）讀取、叢集快照（snapshot）讀取。

- readConcern=local：預設等級，該等級無法保證中途讀取。
- readConcern=majority：只有在交易使用 writeConcern=majority 時才能保證讀取大多數提交。
- readConcern=snapshot：保證從大多數提交的一致性快照上讀取，該等級可實現多個分片上的一致性快照。該等級同樣只有在 writeConcern=majority 時才能保證效果。

需要注意的是，readConcern 等級是針對交易讀取的快照，對於交易內部則始終保持快照的隔離等級。

（3）writeConcern（wc）
交易可選擇 writeConcern:1 或 writeConcern:majority，預設的選項是 writeConcern:1。在 writeConcern:majority 等級下，交易的提交可以實現大多數寫入。

也只有在 writeConcern:majority 這樣的設定下，交易讀取操作可以保證從大多數提交的一致性快照中讀取，不會存在中途讀取或虛設項目讀取等問題。而 writeConcern:1 的設定則表示讀取操作僅來自本地快照，這可能會導致中途讀取，但帶來的好處是性能的提升。

對 MongoDB 叢集來說，writeConcern 等級對交易的隔離等級存在一定的影響，例如是否存在中途讀取問題。可參考下面的兩種場景。

場景 1：writeConcert: 1、readConcern: snapshot（見圖 15-8）

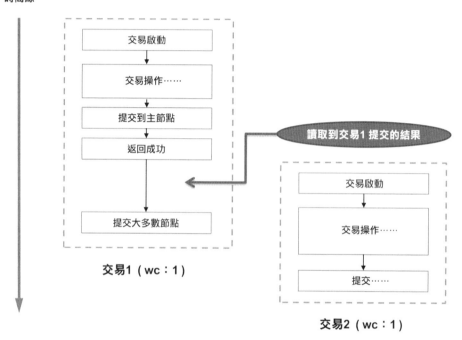

圖 15-8　wc: 1、rc: snapshot

在 wc: 1 等級下，交易 2 在交易 1 提交到主節點之後啟動，可能讀取到「暫態」資料，產生中途讀取。

場景 2：writeConcern: majority、readConcern: snapshot（見圖 15-9）

在 wc: majority 等級下，對於 rc：snapshot 的快照讀取等級，交易 2 只會讀取交易 1 啟動之前的狀態。在這種模式下，可以獲得叢集內的一致性保證。

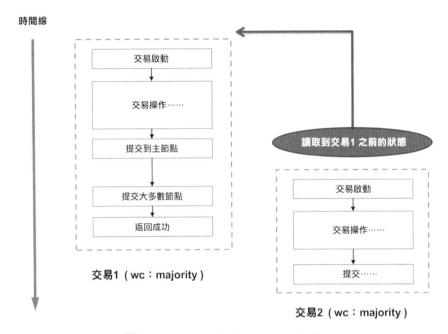

圖 15-9　wc: majority、rc: majority

15.6　寫入衝突模式

對於 MongoDB 交易，一個令人感興趣的問題是：當多個交易嘗試更新同一個文件時會發生什麼？

一種可能的結果是相互覆蓋，即以最終執行的交易為準。但這並不是大多數人希望看到的，因為這會帶來一些不確定的風險。下面，讓我們來完成一個實驗。

打開兩個 mongo shell 視窗，分別啟動交易，程式如下：

```
mongos> session=db.getMongo().startSession()
mongos> session.startTransaction()
mongos> collection=session.getDatabase("data").goods
```

在第一個視窗交易中執行修改，程式如下：

```
//交易一
mongos> collection.update( { _id: 1 }, { $set: { price: 76 }})
WriteResult({ "nMatched" : 1, "nUpserted" : 0, "nModified" : 1 })
```

在第二個視窗交易中對同一文件執行修改，程式如下：

```
//交易二
mongos> collection.update( { _id: 1 }, { $set: { price: 90 }})
WriteCommandError({
        "ok" : 0,
        "errmsg" : "Encountered error from localhost:27090 during a transaction
:: caused by :: WriteConflict",
        "code" : 112,
        "codeName" : "WriteConflict",
        "operationTime" : Timestamp(1582383641, 1),
        "$clusterTime" : {
                "clusterTime" : Timestamp(1582383641, 1),
                "signature" : {
                        "hash" : BinData(0,"AAAAAAAAAAAAAAAAAAAAAAAAAAA="),
                        "keyId" : NumberLong(0)
                }
        },
        "errorLabels" : [
                "TransientTransactionError"
        ]
})
```

結果表明，儘管交易一併未提交，但交易二在執行過程中已經提前檢測到了衝突，並產生了異常。

實際上，在交易中對一個文件進行更新時，MongoDB 需要獲取該文件的排它鎖，如果在 5ms 內無法獲取則會產生寫入衝突（WriteConflict），並導致交易中止。導致交易內寫入衝突的原因通常是文件已經被其他交易鎖定，或在產生快照之後被其他非交易性寫入操作所篡改，如圖 15-10 所示。

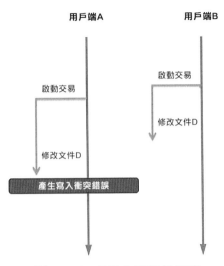

圖 15-10 交易 & 交易性衝突

同樣，對於非交易場景，文件寫入操作也會嘗試獲取鎖，如果該文件被鎖定（可能來自未提交交易的修改），那麼同樣會產生衝突。但不同之處在於，非交易性的寫入操作會自動重試，直到成功或產生了逾時（Over maxTimeMs），如圖 15-11 所示。

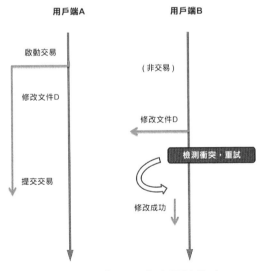

圖 15-11 交易 & 非交易性衝突

❑ 實現資源鎖定

透過交易中的衝突檢測，我們可以知道當前正在修改的文件是否正在被其他人修改。借由這樣的機制，我們就能在交易中實現某種資源的鎖定。下面介紹一個例子。

在最開始時，創建鎖對應的集合及初始文件，如下：

```
//創建鎖記錄
db.createCollection("locks")
db.locks.insert({_id: 0});
```

在交易啟動後，執行文件更新以鎖定資源，程式如下：

```
//啟動交易
session.startTransaction();
//鎖定資源
session.getDatabase("data").locks.updateOne({ _id: 0 }, { $set: { value:
ObjectId() } })
...

//提交交易
session.commitTransaction();
```

注意，我們在每次更新鎖記錄時都會使用一個新的 ObjectId 物件，這是為了保證每次更新都會產生新的值。MongoDB 只有當存在真實變更的 update 操作時才會產生寫入鎖，而 ObjectId 天生避免了重複問題（由時間戳記和計數器所組成），因此非常適合這樣的場景。

15.7 使用交易的限制

MongoDB 的多文件交易特性存在諸多限制，在使用時仍然需要注意，主要有以下幾點。

- 不允許在交易中對不存在的集合操作，執行集合的創建、刪除都是禁止的。這同時也包括一些導致集合串聯創建的 insert、upsert 命令。

- 不允許在交易中對索引進行創建、刪除。
- 交易中不支援對固定集合進行寫入。
- 不允許存在對 config、admin、local 資料庫的讀寫操作，包括不允許向 system.* 命名的集合寫入資料。
- 不允許執行一些非正常讀寫的命令，如 listCollection、listIndexes、explain 等操作。
- 交易中不支援 collection.count 命令，需要使用聚合框架的 $count 操作來替代。
- 交易中無法呼叫交易外部所創建的游標物件進行 getMore 遍歷，而反過來亦是如此。

除此之外，交易在性能方面的一些限制因素主要如下。

- 對於 MongoDB 4.0 版本，一個交易最多只能包含 16MB 的修改，原因在於 4.0 版本將同一個交易寫入了一筆 oplog 中，而 BSON 文件存在不能超過 16MB 的限制。在 MongoDB 4.2 版本中該限制已經被解除，但建議應儘量減少超大的交易，通常一個交易內不要超過 1000 筆。
- 一個交易的最大執行時間不超過 60s，超過該時間後交易會被自動淘汰。MongoDB 的交易嚴重依賴於 WiredTiger 的快照能力，長時間執行的交易會導致 WiredTiger 的快取中積壓大量未被持久化的資料，進而加大記憶體使用的壓力。業務上應當避免長時間執行的交易。
- 應小心出現一些長時間執行的 DDL 操作（如創建索引）等，可能會對交易產生阻塞。
- 分散式交易是基於二階段提交的，相比之前的單文件交易模式來說，性能有一定的降級。在業務表設計上，建議盡可能利用單文件模型來保證資料的一致性和完整性。

安全管理

16.1 MongoDB 如何身份驗證

16.1.1 初體驗

保證資料的安全性是資料庫的重大職責之一。與大多數資料庫一樣，
MongoDB 內部提供了一套完整的許可權防護機制。為了產生初步的認
識，我們先用一個案例來說明。

打開 mongo shell，連接 MongoDB 資料庫，程式如下：

```
> mongo --host 127.0.0.1 --port 27017 --username someone --password errorpass
--authenticationDatabase=somedb
MongoDB shell version v4.2.1
connecting to: mongodb://127.0.0.1:27017/
MongoDB server version: v4.2.1
2020-03-02T17:23:30.225+0800 E QUERY    [thread1] Error: Authentication failed. :
...
exception: login failed
```

目標資料庫開啟了許可權檢查，這裡由於提供了錯誤的用戶名和密碼，
登入失敗了。接著，使用正確的用戶名和密碼，再登入一次，並執行操
作，程式如下：

```
> mongo --host 127.0.0.1 --port 27017 --username someone --password somepass
--authenticationDatabase=somedb
MongoDB shell version v4.2.1
```

```
connecting to: mongodb://127.0.0.1:27017/
MongoDB server version: v4.2.1

> use otherdb
switched to db otherdb

> db.stats()
{
        "ok" : 0,
        "errmsg" : "not authorized on otherdb to execute command { dbstats:
1.0, scale: undefined }",
        "codeName" : "Unauthorized"
}
```

這一次儘管登入成功了，但在對 otherdb 執行 **db.stats** 命令查看資料庫狀態時返回了 Unauthorized 錯誤。而提示中也說明了當前的操作並沒有獲得許可。切換到 otherdb 所屬使用者，再次進行身份驗證，程式如下：

```
>
> use otherdb
switched to db otherdb

> db.auth('otheruser','otherpass')
> db.stats()
{
        "db" : "otherdb",
        "collections" : 0,
        "views" : 0,
        "objects" : 0,
        "avgObjSize" : 0,
        "dataSize" : 0,
        "storageSize" : 0,
        "numExtents" : 0,
        "indexes" : 0,
        "indexSize" : 0,
        "fileSize" : 0,
        "ok" : 1
}
```

可以發現，在透過驗明身份之後，對 otherdb 操作的身份驗證獲得了許可。

16.1.2 了解身份認證與授權

在上面的案例中不難發現，MongoDB 對許可權的過程主要涉及兩個關鍵字：Authentication 和 Authorization。儘管大多數人對這兩個詞並不陌生，但是在了解上卻很容易將它們混淆，具體的區別如下。

- Authentication 指認證，也被稱為身份驗證，一般是對使用者身份的確認，也用於驗證使用者是否擁有存取系統的權利。
- Authorization 指授權，對使用者的授權決定了其是否可以對某些資源執行操作。

舉個例子，乘客在高鐵站入站時，需要同時提供身份證和車票（票證合一）。其中身份證用於辨識乘客的身份，這是 Authentication；而車票則用於檢查乘客是否具有車次的乘坐許可權，這是 Authorization。

如果對 MongoDB 啟用了存取控制，那麼資料庫會要求所有的用戶端在存取之前透過身份驗證。過程如圖 16-1 所示。

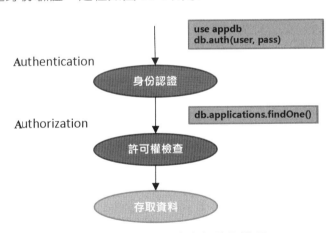

圖 16-1 資料存取的身份驗證過程

MongoDB 的每一個使用者都歸屬於某個資料庫，使用者需要在所屬的資料庫中進行身份驗證。而一旦透過身份驗證，當前階段（連接）中的所有操作將按照使用者被指定的角色許可權執行檢查。

16.1.3 身份認證方式

當前 MongoDB 支援的認證方式主要如下。

- SCRAM（Salted Challenge Response Authentication Mechanism）： 一種「挑戰一回應」的身份驗證機制，由 IETF 標準（RFC 5802）定義。MongoDB 預設使用 SCRAM 身份驗證方式，目前支援 SCRAM-SHA-1、SCRAM-SHA-256 兩種演算法，SCRAM-SHA-256 在 MongoDB 4.0 版本開始支持，其具備更好的安全性。
- MongoDB Challenge and Response（MONGODB-CR）：MongoDB 3.0 版本以前採用的機制，MongoDB 4.0 版本已經廢棄。
- x.509 Certificate Authentication：基於證書的身份驗證，採用該方式可建立 SSL/TLS 加密連接。
- LDAP proxy authentication：基於 LDAP 系統的身份驗證，僅企業版支持。
- Kerberos authentication：基於 Kerberos 的身份驗證，僅企業版支持。

1. SCRAM 演算法

SCRAM 演算法是當前推薦的身份驗證方式，其互動流程如圖 16-2 所示。

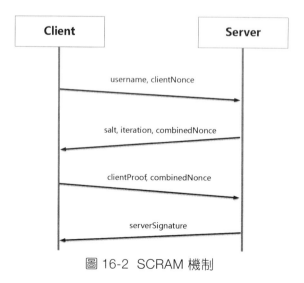

圖 16-2 SCRAM 機制

步驟解讀：

（1）用戶端發起一個 SCRAM 身份驗證請求。在身份驗證參數中加入用
　　 戶名、用戶端隨機字串（用於防止重放攻擊）。

（2）伺服器端發出一個挑戰響應。服務側先檢查用戶名，透過後返回 salt
　　 因數、疊代數、合併字串（含用戶端隨機串和服務端隨機串）。

（3）用戶端響應一個 proof（證明資料）和合併字串。回應的 proof 資料
　　 根據所給的隨機參數以及用戶端金鑰生成，是一個用戶端簽名與金
　　 鑰互斥計算後的結果。

（4）伺服器端將儲存的金鑰結合隨機參數，使用同樣的演算法生成簽名
　　 並驗證用戶端的 proof 資料。若驗證通過，伺服器端採用類似方式發
　　 送自己的簽名。

（5）用戶端驗證伺服器端簽名資料。

MongoDB 伺服器端會為每個使用者生成 SCRAM 驗證所需的 4 個參數。

- salt：密碼加密使用的鹽值，提供隨機性保證。
- iterationCount：密碼加密的疊代次數。
- storedKey：用於驗證用戶端的金鑰。
- serverKey：用於驗證伺服器端的金鑰。

使用 db.getUser 命令可以查看這些參數，程式如下：

```
> db.getUser("appuser", {showCredentials: 1})
{
    "_id" : "appdb.appuser",
    "user" : "appuser",
    "db" : "appdb",
    "credentials" : {
        "SCRAM-SHA-1" : {
            "iterationCount" : 10000,
            "salt" : "hGhdsWMYlrjVSeSjr7S/Yw==",
            "storedKey" : "rojgNUiURhFkrG0bBhe99lcwxuE=",
            "serverKey" : "XEL3XuOdf9EPBp07CKnDw0zKLJM="
        },
        "SCRAM-SHA-256" : {
```

```
            "iterationCount" : 15000,
            "salt" : "8wK1tc/VzMKSdwUODgJ88xjQiZZGwKM//P7yJQ==",
            "storedKey" : "wAdLY5OgstNZJI+bUZ+7yZnbs8LU5nQKNbBStxSLTD4=",
            "serverKey" : "o5iux5N8/mDqYb+g13vLuQxqerUHwVIM3yxdwJf8DBg="
        }
    },
    "roles" : [ ... ],
    "mechanisms" : [
        "SCRAM-SHA-1",
        "SCRAM-SHA-256"
    ]
}
```

SCRAM 身份驗證時有些類似 SSL/TLS 的驗證過程，但相比之下簡單許多，同時在性能方面也要具備優勢。其對安全性的保證包括以下幾點。

- **資訊竊聽**：傳輸過程中全部採用動態簽名，保證密碼不會被傳輸。
- **重放攻擊**：由於使用了隨機數，每次生成的資料都不一樣，可以避免重複資料的攻擊。
- **服務假冒**：身份驗證過程是雙向的，即用戶端會驗證伺服器端的身份，而伺服器端金鑰也根據密碼生成，中間人無法仿造。
- **儲存安全**：密碼在資料庫中均沒有明文儲存，都透過不可逆的演算法加密儲存。

2. 內部認證

內部認證（身份驗證）是指 MongoDB 叢集內部節點之間進行存取的認證方式，比如複本集內主備節點之間的存取、分片叢集內 mongos 與 mongod 之間的存取。內部認證支援兩種方式。

（1）KeyFiles：金鑰檔案方式，採用 SCAM 的身份驗證機制，檔案內包含了一個共用金鑰，由叢集內所有成員共同持有。一般來說金鑰的長度在 6 ～ 1024 字元內，採用 Base64 編碼。

（2）X.509 證書：證書身份驗證，用於 SSL/TLS 加密連接通道。

在分片叢集中，由 mongos 統一負責對用戶端進行認證，而整個叢集的使用者資訊則儲存在 Config Server 上。

16.1.4 RBAC 存取控制

MongoDB 使用了基於角色的存取控制模式──RBAC（Role Based Access Control），一組 RBAC 實體的示意如圖 16-3 所示。

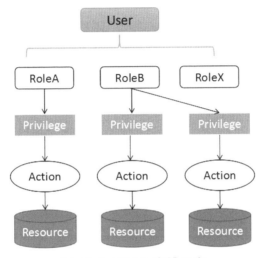

圖 16-3　RBAC 實體示意

先解釋一下圖 16-3 中的幾個實體。

- Resource（資源）：一個資源可以是一個資料庫、集合或一個叢集。往大了說，任何可能被操作的事物都可以被當作資源。
- Action（動作）：動作是指對資源的一種執行行為，比如讀取表、讀取資料庫，其中讀取便是一個動作。
- Privilege（許可權）：許可權指的是對某類或某一些資源執行某些動作的允許，與 Permission 的意義一致。
- Role（角色）：系統中的角色，通常代表了一種權力等級，比如討論區中的管理員、版主、遊客等，就是角色；系統定義中，角色往往代表一組許可權的集合。

- User（使用者）：可登入系統的實體，一個使用者通常可被指定多個角色。

簡單的解釋就是，許可權定義了對某些資源的某些操作，而角色則可以擁有多個許可權。例如使用者可以被指定多個角色，從而獲得這些角色所擁有的許可權，並用於操作某些資源。

MongoDB 預製了大量的內部角色，可以滿足絕大多數的使用場景。與此同時，你也可以創建自訂角色，並針對某些資源的特定操作進行授權。除了為使用者進行授權，還要求在啟動時指定 --auth 選項為 MongoDB 開啟存取權限控制。

執行以下命令開啟許可權控制：

```
./bin/mongod --auth
```

此外，也可以透過設定檔指定 security.authorization=true 來開啟驗證。

16.2 角色管理

16.2.1 角色管理命令

下面是一些具體的角色操作實例。

（1）創建叢集管理員使用者。

```
use admin
db.createUser({
    user:'admin',pwd:'adminpass',roles:[
        {role:'clusterAdmin',db:'admin'},
        {role:'userAdminAnyDatabase',db:'admin'}
        ]})
```

（2）創建普通使用者。

```
use appdb
db.createUser({user:'appuser',pwd:'apppass'})
```

（3）為使用者授予資料庫的讀寫許可權角色。

```
use appdb
db.grantRolesToUser("appuser", [{role:'readWrite',db:'appdb'}])
```

（4）刪除使用者的角色。

```
use appdb
db.revokeRolesFromUser("appuser",[{ role: "read", db: "appdb" }])
```

MongoDB 的使用者及角色資訊一般位於當前實例的 admin 資料庫中，
system.users 集合中存放了所有資料。一種例外的情況是分片叢集，應用
連線 mongos 節點，身份驗證資料則存放於 config 節點。因此有時為了方
便分片叢集管理，會單獨為分片內部節點創建獨立的管理操作使用者。

16.2.2 系統內建角色

（1）資料庫存取（見表 16-1）

表 16-1 資料庫存取角色

角色名稱	擁有許可權
read	允許讀取指定資料庫的角色
readWrite	允許讀寫指定資料庫的角色

（2）資料庫管理（見表 16-2）

表 16-2 資料庫管理角色

角色名稱	擁有許可權
dbAdmin	允許使用者在指定資料庫中執行管理函數，如索引創建、刪除、查看統計或存取 system.profile
userAdmin	允許管理當前資料庫的使用者，如創建使用者、為使用者授權
dbOwner	資料庫擁有者（最高），集合了 dbAdmin/userAdmin/readWrite 角色的許可權

（3）叢集管理（見表 16-3）

表 16-3 叢集管理角色

角色名稱	擁有許可權
clusterAdmin	叢集最高管理員，集合了 clusterManager/clusterMonitor/hostManager 角色的許可權
clusterManager	叢集管理角色，允許對分片和複本集叢集執行管理操作，如 addShard、resync 等
clusterMonitor	叢集監控角色，允許對分片和複本集叢集進行監控，如查看 serverStatus
hostManager	節點管理角色，允許監控和管理節點，比如 killOp、shutdown 操作

（4）備份恢復（見表 16-4）

表 16-4 備份恢復角色

角色名稱	擁有許可權
backup	備份許可權，允許執行 mongodump 操作
restore	恢復許可權，允許執行 mongoresotre 操作

（5）資料庫通用角色（見表 16-5）

表 16-5 通用角色

角色名稱	擁有許可權
readAnyDatabase	允許讀取所有資料庫
readWriteAnyDatabase	允許讀寫所有資料庫
userAdminAnyDatabase	允許管理所有資料庫的使用者
dbAdminAnyDatabase	允許管理所有資料庫

（6）特殊角色（見表 16-6）

表 16-6 特殊角色

角色名稱	擁有許可權
root	超級管理員，擁有所有權限
__system	內部角色，用於叢集間節點通訊

16.2.3 創建自訂角色

使用 createRole 命令可以創建自訂角色，每一個角色都需要被綁定到指定的資料庫中。普通的業務資料庫中的角色物件只允許存取當前資料庫的資源物件，而位於 admin 資料庫的角色則沒有此限制。我們定義了一個特殊的角色，用來對分散在多個業務資料庫中的資料進行 ETL 處理，程式如下：

```
use admin
db.createRole(
   {
     role: "etlRole",
     privileges: [
       { resource: { db: "tracedb", collection: "etlLogs" }, actions: [
"find", "update", "insert", "remove" ] }
     ],
     roles: [
       { role: "read", db: "orderdb" },
       { role: "read", db: "goodsdb" },
       { role: "read", db: "userdb" }
     ]
   },
   { w: "majority" , wtimeout: 5000 }
)
```

這裡的 etlRole 支持的許可權包括：

- orderdb、goodsdb、userdb 資料庫的 read 角色的許可權。
- tracedb 資料庫中 etlLogs 集合的讀寫許可權。

下一步是為使用者授予自訂角色，注意 etlRole 位於 admin 資料庫中（具備跨庫存取的功能），程式如下：

```
use somedb
db.grantRolesToUser("someone", [{role:'etlRole',db:'admin'}])
```

16.3 最小許可權原則

為了保證資料不會被隨意地越權存取，最好的實踐是遵循最小許可權原則。

- 每一個使用者應該擁有完成任務所需的最少角色。
- 每一個（自訂）角色應該擁有最少的資源操作許可權，避免被提前、過多地分配。
- 建立使用者存取權限資料庫，評審並記錄每一次變更，執行定期的檢查。
- 使用者許可權一旦不再需要，應該立即收回。

一般來說，對資料庫的每個應用（微服務）來說，至少考慮邏輯資料庫等級的許可權隔離方式。舉例來說，為訂單服務使用 orderdb 資料庫，並創建一個新的 MongoDB 使用者 orderuser，為該使用者指定 orderdb 的資料讀寫許可權。除此之外，不應該為 orderuser 增加任意其他的許可權，而其他微服務也是如此，微服務之間不允許跨庫存取，如圖 16-4 所示。

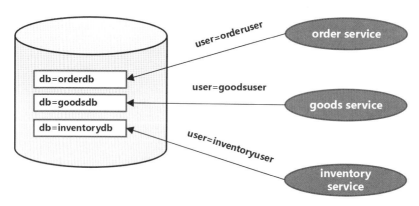

圖 16-4　微服務的許可權劃分

這是一種典型的場景，將其作為微服務叢集線上設定的基本模式也無可厚非。然而，變數一直都會存在。舉例來說，希望對已有的資料庫執行 ETL 處理，以便滿足資料採擷的目的，又或是因微服務架構變更所產生的對資料庫的操作需求。這些情況可能會打破微服務之間資料許可權隔離的基本模式，並導致資料庫角色產生越權的風險。

為此，我們應該對一些「高等級」的角色或許可權保持謹慎的態度，下面介紹。

1. 存在風險的角色

- root 是一個超級使用者角色，其幾乎所有的操作都會獲得透過。這是一個危險的許可權，最好的方法是細化許可權的需求，儘量使用一個非 root 帳號操作。

- userAdminAnyDatabase 允許你為任意資料庫執行使用者管理，包括創建任意許可權的使用者。而且 userAdminAnyDatabase 角色沒有限制使用者可以授予的許可權，這表示擁有該角色的使用者可以授予它們自己比現在更多的許可權，因此 userAdminAnyDatabase 也是一個典型的超級使用者角色。

- userAdmin 允許使用者在當前資料庫中為自己指定更高的許可權，在業務應用中應避免使用。而且，如果 userAdmin 被綁定到 admin 資料庫，那麼將可以創建對任意資料庫任意讀寫和管理的許可權。

- __system 是一個內部角色，用於分片叢集、複本整合員之間的認證，這個角色會繞過所有的許可權檢查，應禁止使用。

- readAnyDatabase 允許你對任意資料庫進行讀取，可能存在越權的風險。

- readWriteAnyDatabase 允許你對任意資料庫進行讀取、寫入，可能存在越權的風險。

- dbAdminAnyDatabase 允許你對任意資料庫執行管理性操作，可能存在越權的風險。

- dbOwner 整合了 readWrite、dbAdmin 和 userAdmin 的許可權，不利於許可權管理。

- backup、restore 允許對全域資料進行備份、替換的許可權，應該在有限的場景中使用。

執行以下命令，可以檢視當前的使用者角色：

```
use admin
db.system.users.find({},{"roles.role":1})
```

2. 存在風險的動作

- 對於定義了 anyAction 動作許可權的角色，該角色使用者便擁有對某個資源的任何操作，不利於許可權的管理。

- internal 與 anyAction 類似，擁有 internal 角色的使用者擁有對任意資源的任意操作許可權，非常不利於許可權的管理。

- createRole、createUser、grantRole 等一系列動作允許在資料庫中創建任意的角色、使用者，或執行任意的授權動作，這些都可能導致越權。

- changePassword 允許對資料庫的任意使用者修改密碼，屬於高風險行為。

- closeAllDatabases、shutdown 允許關閉資料庫並釋放記憶體，然後中止處理程序，可能導致意外的業務中斷。

- 對於定義了 dropDatabase 動作許可權的角色，該角色使用者可執行 dropDatabase 命令刪除任意的資料庫，一些惡意操作可能會直接導致業務資料遺失。

- getParameter、setParameter 允許對當前資料庫叢集的內部參數進行「窺探」，其中 setParameter 還會對資料庫行為產生更改，不當的設定可能會影響資料庫的正常執行。

- getCmdLineOpts 允許獲得資料庫啟動的命令列參數，可能導致內部設定洩露，例如以 -p 附帶的密碼資訊。儘量將設定資訊寫入設定檔，可以降低一些風險。

執行以下命令，檢視是否存在風險動作許可權的角色：

```
use admin
db.system.roles.find({"privileges.actions": 'createRole'},{"roles.role":1})
```

16.4 安全最佳實踐

1. 安全認證

（1）在產品部署上始終開啟安全認證，保證遠端主機連接的資料庫身份是合法的。檢查你的設定檔，將 security.authorization 選項設定為 true。對於命令列啟動的 mongod 處理程序，必須使用 --auth 選項。即使在可信的網路中部署 MongoDB 伺服器，啟用 --auth 選項也是必要的，因為當你的網路受到攻擊時它能夠提供「深層防禦」。

（2）為資料庫使用者設定一個複雜的密碼，避免使用過於簡單的密碼。

（3）避免使用常用的用戶名，如 mongodba、root、user 等，因為它們是最容易猜到的。

（4）移除預設的 test 資料庫。

（5）避免純文字密碼的洩露，在命令列中使用 --password {real pass} 會導致密碼視覺化，在 shell 指令稿中使用純文字密碼同樣存在洩露風險。建議使用 passwordPrompt 命令（MongoDB 4.2 版本提供）實現互動式方式輸入。

（6）在完成第一次架設之後，應該立刻禁用 enableLocalhostAuthBypass 選項，這是一種本地例外的登入方式（local exception)。在沒有建立任何帳號時，需要使用本地例外方式登入，而建立管理員帳號後，要及時關閉本地例外認證方式。

2. 許可權管理

（1）始終從創建管理員使用者開始，然後根據具體的需要增加其他使用者。

（2）始終遵循最小化許可權原則，在了解每個細節的前提下，執行許可權的細粒度控制。

（3）考慮實現應用等級的隔離，避免應用產生越權。

（4）仔細檢查超級使用者的合法性及機密性，同時避免存在未知的使用者角色。

3. 網路設定

（1）避免預設通訊埠：MongoDB 的預設通訊埠編號是 27017，使用預設通訊埠容易被監聽，存在安全隱憂，建議使用非預設通訊埠。使用 --port 指定監聽通訊埠。

（2）禁用 HTTP 介面：對於 MongoDB 3.4 或以下版本，設定 net.http.enabled 為 false 以禁用 HTTP 介面。從 MongoDB 3.6 版本開始，該功能已經被廢棄。

（3）設定綁定 IP：如果系統存在多個網路介面，則應該使用 net.bindIp 選項限制 MongoDB 監聽的 IP 位址。預設情況下 MongoDB 綁定所有的介面（0.0.0.0），這是不推薦的。

（4）限制網路存取：盡可能在可信的網路中執行資料庫，應該將 MongoDB 部署在內部網路，透過防火牆或安全性群組來限制存取。一般情況下，業務服務透過內部網路存取 MongoDB，如圖 16-5 所示。

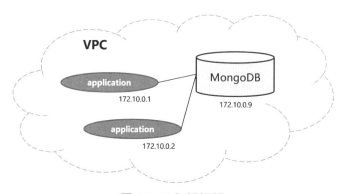

圖 16-5 內部網路

如果需要透過指定的外部網路存取叢集內的 MognoDB，例如跨 Region 的存取，建議使用 VPN 保證資料傳輸的安全性。與此同時，還可以為 MongoDB 執行環境設定 IP 白名單，避免非法的用戶端存取。

（5）使用 TLS/SSL。預設情況下，MongoDB 用戶端和伺服器端之間的
資料傳輸是明文的，存在被竊聽、篡改的風險。需要進行一些風險評估
來使用 TLS/SSL 功能，例如透過網際網路存取 MongoDB 時就必須使用
TLS/SSL 功能。而且，基於 TLS/SSL 的業務不應該使用弱安全等級的加
密演算法，所有連接使用的金鑰長度不應該小於 128 位元。

如果業務用戶端使用了 TLS/SSL 加密連接，還應該避免
sslAllowInvalidCertificates 和 allowInvalidHostnames 這樣的選項。用戶
端始終應該對伺服器憑證、名稱進行驗證，這可以避免遭受「中間人」
攻擊。在一些安全等級要求更高的情況下，在 MongoDB 伺服器端將 net.
tls.allowConnectionsWithoutCertificates 設定為 false，可以要求用戶端在
TLS/SSL 驗證階段提供合法的證書，進一步避免身份被冒充。

MongoDB 叢集內部可以使用 keyFile 作為認證方式，但資料傳輸是明文方
式。如果有更高的安全需求，還可以考慮在叢集內部啟用 TLS/SSL 方式。

4. 檔案安全

（1）使用單獨的作業系統使用者執行 MongoDB，該使用者除了用於執行
資料庫，不應該有任何其他許可權。使用 root 執行資料庫會為系統帶來
不必要的風險。

（2）MongoDB 的安裝目錄 ${MONGODB_HOME} 應該設定一定的許可
權，避免未認證的存取，程式如下：

```
chown mongouser:mongogroup ${MONGODB_HOME}
chmod 0700 ${MONGODB_HOME}
```

${MONGODB_HOME}/bin 中包含了二進位程式。如果需要額外的運行
維護操作，則可將 bin 目錄及需要執行的二進位檔案設定為 0750 許可
權。對於設定檔，可設定為 0600 以保證無可執行許可權，程式如下：

```
chmod 0600 ${MONGODB_HOME}/mongo.conf
```

除此之外，mongo.conf 可能包含許多系統組態，可以定期驗證檔案的雜湊值，保護檔案不受未授權的更改。

（3）限制 MongoDB 資料、記錄檔目錄的許可權。
對於資料目錄 ${MONGODB_DATA}，設定如下：

```
chown mongouser:mongogroup ${MONGODB_DATA}
chmod 0700 ${MONGODB_DATA}
```

對於記錄檔 ${MONGODB_ LOGFILE }，設定如下：

```
chown mongouser:mongogroup    ${MONGODB_LOGFILE}
chmod 0600 ${MONGODB_LOGFILE}
```

（4）對於更高安全等級的場景，可使用檔案級的加密。如果使用的是 MongoDB 企業版，則可以使用伺服器端加密（encryption at rest）的特性來實現本地檔案的加密。

5. 日誌記錄

（1）對部署的 MongoDB 開啟日誌記錄，保持對資料庫行為的追蹤。生產環境不可以使用 –quiet 或將 systemLog.quiet 設定為 true，由於該模式下會限制輸出資訊（資料庫命令輸出，複本集活動，連接接收事件，連接關閉事件），因此不利於問題的追蹤排除。

（2）設定合理的日誌等級，verbosity 等級決定了日誌的輸出明細。verbosity 預設值是 0，表示 info 等級；1~5 表示 debug 等級，並逐步細化偵錯資訊的輸出。

（3）採用追加式日誌輸出，而非覆蓋。設定 systemLog.logAppend=true，當處理程序重新開機後，該選項可確保 MongoDB 追加新的項目到記錄檔的尾端，而非重新定義日誌內容。

（4）使用稽核功能。稽核功能可以用來記錄使用者對資料庫的所有相關操作。這些記錄可以讓系統管理員在任何時候分析資料庫發生的一些行為。注意：MongoDB 企業版支持稽核功能，社區版不支持稽核功能。

6. 禁用不安全的功能

（1）關閉伺服器端的指令稿執行功能。MongoDB 允許在伺服器端內部執行部分 JavaScript 指令稿程式，例如 $where 查詢操作，以及 mapReduce、group 命令。如果不是必須的情況，則建議關閉該功能，將 security.javascriptEnabled 設定為 false，或使用 --noscripting 選項啟動。

關閉伺服器端指令稿支援並不影響在 mongo shell 中使用指令稿。由於該功能存在一些命令注入的風險，所以最好不要啟用。

（2）啟用 net.wireObjectCheck 選項，用於檢查插入資料的有效性，預設值為 true。開啟該選項後，MongoDB 在收到請求時會先進行驗證，拒絕畸形或無效的 BSON 資料寫入。

7. 加強安全管理

（1）選擇安全穩定的 MongoDB 版本。需要對現網執行的版本進行評估，對於官方已經不再維護或存在重大漏洞的版本，應儘早升級。

（2）使用設定管理軟體進行資料庫管理，提升效率。

（3）檢查資料安全等級，考慮在應用層實施加密。

（4）定期對資料庫系統的安全性進行複盤，檢查系統使用者角色許可權、網路設定等是否合理。關注 MongoDB 安全動態，並週期性地執行安全更新。

Chapter

17

高可用性

17.1 節點部署最佳化

務必記住一點，單機模式的 MongoDB 實例無法保證高可用，生產環境中應該使用複本集模式或分片複本集模式的叢集。對於每個 MongoDB 實例節點的部署，可以遵循一些最佳實踐來提升性能及穩定性。

17.1.1 硬體規劃

1. 保證足夠的記憶體

MongoDB 在工作集小於可用記憶體時性能表現最好。對提升高即時業務的讀寫性能而言，足夠的記憶體往往是最重要的因素。在記憶體不足的情況下，其他最佳化一般所能產生的效果是有限的。如果工作集超過了單一伺服器的記憶體，則可以考慮透過分片實現水平擴充。

最好的做法是提前規劃工作集的大小，在執行期間可以執行 serverStatus 命令，透過檢查 WiredTiger 快取的淘汰頻率來評估快取大小是否足夠。

2. 使用 SSD 硬碟

對於以寫入為主的應用建議使用固態硬碟（SSD）來保存資料和日誌。MongoDB 在大多數情況下會使用隨機 I/O 操作，因而固態硬碟可以顯著提高寫入密集型應用的性能。在磁碟系統中，資料的讀取主要由搜尋時間決定。對於機械磁碟而言，搜尋時間約為 5ms，而固態硬碟的搜尋時間則約為 0.1ms，比機械磁碟快了大概 50 倍。

對於複本整合員中的資料節點，應保持一致的設定。一種常見的問題是為備節點設定了較主節點更低性能的磁碟，導致主備節點的 oplog 差異過大，增加了複製視窗斷裂的風險。對於使用 WriteConcern：majority 的寫入，則會嚴重影響性能。

3. 使用 RAID10

RAID（獨立磁碟容錯陣列）是一種提高磁碟可用性和性能的技術，在所有的設定方式中，推薦使用 RAID10。RAID10 兼備了 RAID0 和 RAID1 的優點，在提供平行寫入的同時也透過映像檔提高了可用性。建議在 MongoDB 的資料和日誌儲存中使用 RAID10 磁碟陣列。

4. 保證網路品質

在沒有其他因素的干擾下，網路輸送量與 MongoDB 的輸送量是成正比的。應用上必須保證 MongoDB 叢集內部、業務服務到 MongoDB 叢集的網路頻寬是充足的。這包括：

- 保證 MongoDB 叢集內部以及應用側與 mongos 之間能達到較高的網路輸送量（每秒 GB 以上）。
- 保證 MongoDB 叢集內部以及應用側與 mongos 之間有較低的網路延遲（小於 100 毫秒）。

17.1.2 系統最佳化

1. 選擇合適的檔案系統

在 Linux 系統中，必須使用 EXT4 或 XFS 檔案系統作為資料和日誌的儲存卷冊。不推薦 EXT3 檔案系統，MongoDB 會定期進行檔案的預分配操作，如果選用了 EXT3 檔案系統，那麼這些操作會造成一些難以接受的卡頓。而在 EXT4 和 XFS 檔案系統中，預分配將只會影響中繼資料層的修改，這比 EXT3 的預分配方式要高效很多。

2. 關閉 NUMA

眾所皆知，基於 NUMA 的非一致性記憶體架構不適合資料庫的場景。NUMA 適用於多核心架構下高速存取少量快取資料的場景，但 MongoDB 傾向於存取更多的資料，如果啟用 NUMA，則可能會導致 CPU 本地快取大量的溢位和置換，會大大降低性能。

可以在執行 MongoDB 相關命令前加上 numactl --interleave=all，以關閉 NUMA 功能。參考下面的命令：

```
numactl --interleave=all /opt/mongodb/bin/mongod -f /opt/mongodb/conf/mongo.conf
```

3. 關閉磁碟預先讀取（readahead）

對於 WiredTiger 儲存引擎，建議禁用磁碟預先讀取（readahead 設定為 0）。

為了進一步減少真實的 I/O 操作次數，磁碟每次都會進行預先讀取，即讀取資料的同時按順序向後讀取一定長度的資料並置入記憶體。磁碟預先讀取的前提是大部分資料是連續讀取的，例如對視訊檔案讀取一部分之後，一定會讀取後面的資料段。然而在大多數場景中，MongoDB 會隨機存取磁碟，因此，預先讀取對性能的提升幫助有限，反而會產生一些無效的記憶體佔用。

透過下面的命令查看磁碟預先讀取設定：

```
> blockdev --report
RO    RA   SSZ   BSZ   StartSec          Size   Device
rw  8192   512  4096          0   42949672960   /dev/vda
```

執行以下命令修改預先讀取：

```
blockdev --setra 0 /dev/vda
```

4. 關閉透明大頁

由於資料庫對記憶體的存取一般都是隨機存取，而非連續存取。透明大頁（Transparent Huge Pages，THP）在隨機存取模式上反而限制了 MongoDB 的性能。因此建議在 Linux 系統中關閉 THP 特性。

為 MongoDB 所在伺服器關閉 THP，可以在 /etc/rc.local 中增加以下命令：

```
if test -f /sys/kernel/mm/transparent_hugepage/enabled; then
    echo never > /sys/kernel/mm/transparent_hugepage/enabled
fi
if test -f /sys/kernel/mm/transparent_hugepage/defrag; then
    echo never > /sys/kernel/mm/transparent_hugepage/defrag
fi
```

檢查 THP 是否已經關閉，程式如下：

```
> cat /sys/kernel/mm/transparent_hugepage/enabled
always madvise [never]
```

不同的 Linux 版本所在設定檔可能不同，可視情況而定。

5. 關閉 atime 選項

檔案系統預設會記錄每個檔案的存取時間，由於 MongoDB 可能會頻繁存取資料檔案，將存取時間記錄禁用可以獲得一些性能提升。在 Linux 系統中掛載資料分區時使用 noatime 選項，程式如下：

```
echo "/dev/vdb1 /data/mongodb xfs noatime,nodiratime 0 0">> /etc/fstab
```

6. 修改資源限制

MongoDB 會視情況動態創建連接，在預設的網路 I/O 模型中，每個連接會使用一個執行緒，同時包含一個檔案描述符號控制碼。為了避免產生限制，建議將這些參數設定得大一些。

編輯 /etc/sysctl.conf 檔案，設定核心參數，程式如下：

```
fs.file-max = 98000
```

```
kernel.pid_max = 64000
kernel.threads-max = 64000
```

保存核心參數設定，程式如下：

```
sysctl -p
```

設定 ulimit，程式如下：

```
ulimit -v unlimited
ulimit -m unlimited
ulimit -n 64000
```

17.1.3 資料庫設定

1. 啟用 Journal 日誌

無論何種情況，都建議啟用 Jounal 日誌功能。MongoDB 採用了緩衝延遲寫入硬碟的機制，寫入資料存在最高 60s 遺失的風險。Journal 日誌功能提供斷電保護，可將損失風險降低到 100ms 以內。

檢查 MongoDB 設定檔，確認開啟 Jounal 日誌功能，程式如下：

```
storage:
    journal:
        enabled: true
```

2. 日誌和資料分離

建議將 MongoDB 執行日誌、Journal 預寫入日誌、資料檔案存放到不同的磁碟，有利於提升整體 I/O 的輸送量。

此外，可以開啟 directoryPerDB 將不同資料庫的資料檔案使用單獨的目錄掛載。設定檔範例如下：

```
storage:
    dbPath: "/data/mongodb"
    engine: wiredTiger
    directoryPerDB: true
```

```
    journal:
        enabled: true
 systemLog:
    destination: file
    path: "/data/mongodb/log/mongodb.log"
    logAppend: true
```

如上述設定，就可以將 /data/mongodb、/data/mongodb/log、/data/mongodb/
journal 單獨掛載。

3. 保持時鐘同步

務必讓叢集各節點保持時鐘同步，最好延遲不要超過 1s。MongoDB 對時
鐘偏移做了一些相容，但分散式節點之間的時鐘延遲仍然可能產生一些
未知的影響。此外，要謹慎發生時間跳變的情況，在 MongoDB 3.4 版本
中，複本集節點在時間跳變時會導致主備節點切換。oplog 使用本地時間
和計數器來生成 optime，一些異常的時鐘跳變會增加計數器溢位的風險。

在 Linux 系統中建議使用 NTP 服務來保持節點間的時鐘同步。

4. 連接數限制

對 MongoDB 來說，太高的併發連接會造成伺服器被大量的資源所佔用。

- 每個連接需要佔用一個檔案控制代碼，同時還包括 TCP 協定層的獨立
  讀寫緩衝區。
- 預設情況下，MongoDB 為每個連接分配一個執行緒，預設的執行緒堆
  疊最大為 1MB 的空間。

當存在大量的併發連接時，會導致 MongoDB 產生很高的記憶體壓力，上
下文切換的負擔變大。此時性能下降明顯。應用上應該規劃合理的連接
池分佈，避免產生過高的連接數。除此之外，還應該儘量避免使用短連
接，一些應用處理產生的 Bug 很容易產生連接洩露問題。

在 MongoDB 伺服器端，透過設定 net.maxIncomingConnections 來限制最
高的併發連接數，這個值建議不大於 1 萬。在用戶端方面，驅動預設為

每個遠端主機連接設定 100 的連接數上限，應用可適當進行調整，結合自身的輸送量、請求延遲以及具體的部署拓撲綜合考量。

17.2 叢集高可用性

對於叢集模式的部署，保持資源隔離是頗為重要的原則。 無論是計算，還是儲存，一旦多個節點使用了共用資源，則必然會大幅度增加故障的隱憂。

17.2.1 反親和部署

如果產品使用了自建 MongoDB 叢集的部署模式，則需要仔細檢查叢集節點是否滿足反親和的要求。對於同一個複本集內的不同節點，應保證其所在虛擬機器位於不同的物理機上。一旦物理機發生電源、網路等故障，其他成員仍然可以工作，如圖 17-1 所示。

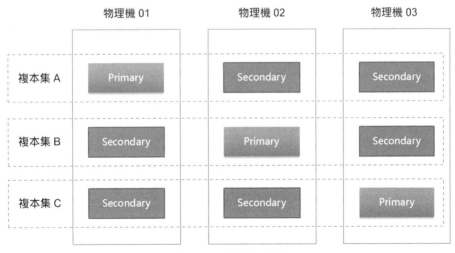

圖 17-1 反親和部署

17.2.2 避免集中儲存

虛擬化環境中另一個常見的做法是使用儲存池（RAID）技術，對 MongoDB 複本集來說，將多個節點對接到同一個儲存池是存在風險的，如圖 17-2 所示。

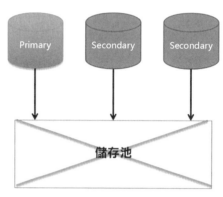

圖 17-2　儲存池故障

如果條件允許，則應該將各個複本整合員分離到不同的儲存池上，對於分片叢集，可以考慮如圖 17-3 所示的部署。

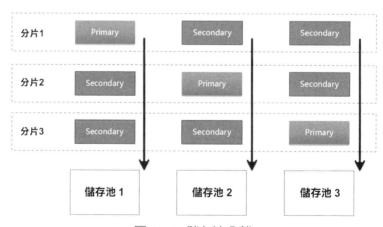

圖 17-3　儲存池分離

利用圖 17-3 的部署方式，假設某個儲存池發生故障，所有分片仍然可以保持可用。

17.2.3 警惕資源超分

超分是一種提升資源利用效率的手段，宿主機（物理機）通常可以分配比實際情況更大的 CPU、記憶體。但資源超分的合理性有一個前提，那就是客戶端裝置在正常情況下都不會處於高負荷的狀態。Ballooning 技術可以讓客戶端裝置（虛擬機器）在執行時期動態地調整記憶體資源；然而這對 MongoDB 十分不利，WiredTiger 更適合獨佔式記憶體，在實體記憶體變得緊張的情況下可能會出現意外。另外，CPU 超分同樣會導致運算資源先佔，在一些負載較重的生產環境中，資源超分情況往往會讓 MongoDB 資料庫表現失常。

17.3 應用層高可用性

分散式環境帶來了諸多的不確定性，因而有必要在應用層面考慮實現高可用。業務上對 MongoDB 的讀寫操作需滿足以下目的。

- 故障隔離，部分業務產生的故障不應該串聯影響其他業務。
- 可恢復性，對於局部性故障可自動實現轉移，或業務在產生一些異常抖動時可以透過重試的手段進行恢復。

17.3.1 故障隔離

（1）連接池分離。一般來說單一應用（微服務）內部可能只會使用一個連接池（MongoClient）進行讀寫。在業務場景錯綜複雜時，使用同一個連接池難以保證各業務彼此不受影響。舉例來說，某個訂單服務同時提供了快速下單、批次查詢歷史日誌功能，對於前者通常需要即時回應（如回應延遲在 20ms），而後者則允許有一定的延遲。如果僅使用一個連接池，則很容易出現連接先佔的情況。MongoClient 為每個獲取連接的執行緒提供了排隊機制（waitQueueSize），預設的佇列大小為連接池的 5

倍。持續增加的日誌查詢類別請求會先佔連接，此時會導致大量下單請求執行緒進入阻塞佇列，佇列一旦溢位，就可能出現拒絕服務的問題。在有限的條件下，考慮在應用內部為不同業務啟用單獨的連接池，可以降低這類風險，如圖 17-4 所示。

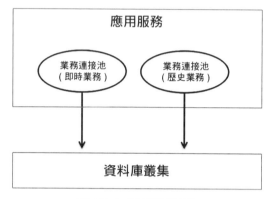

圖 17-4　連接池隔離

（2）主分片分離。在分片叢集中，對每一個啟用分片功能的資料庫都會指定一個唯一的主分片，此時所有非分片叢集都儲存在主分片中。生產環境中的主分片通常承擔了更大的壓力（並非所有集合都啟用了分片機制）。如果叢集中存在多個邏輯資料庫（按微服務劃分），則應盡可能將不同邏輯資料庫的主分片分散到不同分片上，如圖 17-5 所示。

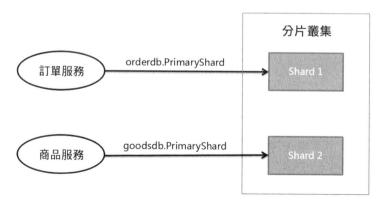

圖 17-5　主分片隔離

（3）標籤（tag）分離。考慮按業務劃分不同的標籤，將不同的業務資料
儲存到不同分片區域中，如圖 17-6 所示。

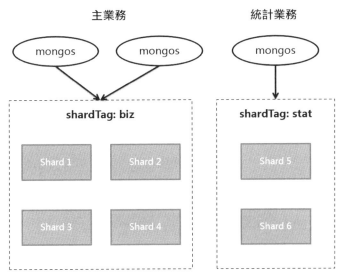

圖 17-6　標籤隔離

（4）叢集分離。對不同的業務使用單獨的 MongoDB 叢集，如圖 17-7 所
示。

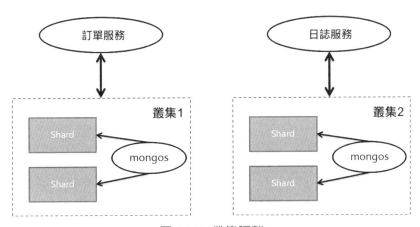

圖 17-7　叢集隔離

17.3.2 容錯移轉 / 恢復

（1）服務實例同時連線多個 mongos，避免單點故障。MongoClient 會定時向多個 mongos 主機發送心跳以探測對端是否存活。如果某個 mongos 出現故障，則 MongoClient 會自動隱藏故障節點以避免業務受損，如圖 17-8 所示。

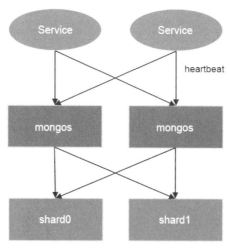

圖 17-8 連接多個 mongos 實例

應用服務實例同時連接多個 mongos，同時也有利於實現 mongos 之間的負載平衡。

（2）實現重試。資料庫節點故障、網路異常或是主備節點切換行為都可能導致業務出現失敗。為了應對一些臨時性的故障，MongoDB Java Driver 提供了可重試的讀寫能力來降低影響（MongoDB 3.6 版本提供可重試寫入，MongoDB 4.2 版本支援可重試讀取）。在最新的版本中，可重試的讀寫行為是預設的，但當前的實現僅支持一次重試。對於一些關鍵性業務，可以自行實現重試邏輯（或使用 spring-retry 框架）。

▓ **17.4 備份可用性**

毫無疑問，資料備份是非常重要的環節。隨時持有可用的備份資料，可以在發生不可逆故障時降低業務的損失。對於部署在生產環境中的資料庫叢集，我們通常需要定期進行資料備份。

MongoDB 實現備份的方式包含以下幾種。

- 使用 mongodump/mongorestore 進行邏輯備份、恢復。
- 使用檔案系統複製、LVM（logical volume manager，邏輯卷冊管理）快照等方式進行物理備份。
- 使用管理工具進行資料備份管理。

17.4.1 邏輯備份

在 MongoDB 安裝軟體中附帶了 mongodump、mongorestore，因此不需要單獨獲取。

1. mongodump 命令

mongodump 命令可以將資料庫文件匯出為 BSON 格式，除了支援函數庫級、表級備份，還可以指定查詢準則過濾不需要的資料。BSON 格式的檔案可以在任意結構的 MongoDB 叢集中進行恢復，甚至是不同的版本。

執行下面的命令，對本機的資料庫進行 dump 備份：

```
mongodump --port 27017 -o backup
```

該命令會將除 local 外的所有資料庫匯出到 backup 目錄下，每個集合對應一個 BSON 檔案。通常 mongodump 命令匯出的資料要少一些，因為該命令不會匯出索引資料，匯出結果中只會包含索引的定義檔案（JSON）。在透過 mongorestore 進行恢復資料時會自動重建索引。

備份指定的表，可以使用 -c 參數，程式如下：

```
mongodump --port 27017 --db appdb -c T_TEST_DATA  -o backup
```

如果希望進一步對匯出檔案進行壓縮，則可以使用 **--gzip** 選項，程式如下：

```
mongodump --port 27017 --gzip -o backup
```

這樣在輸出結果中，所有集合都會對應一個 .gz 尾碼的壓縮後的檔案。由於匯出檔案比較分散，一種更加便捷的方式是將所有備份檔案合併成一個歸檔檔案，程式如下：

```
mongodump --port 27017 --archive=all.archive
```

2. mongorestore 命令

使用 mongorestore 命令可以將用 mongodump 命令匯出的備份檔案進行恢復。以下面的命令：

```
mongorestore --port 27017 --drop backup/
```

--drop 表示恢復時先刪除存在的集合，由於 mongorestore 只會執行 insert 操作，為了避免衝突往往需要先清空集合。如果只希望恢復部分集合，則可以使用 **--nsInclude** 選項，程式如下：

```
mongorestore --port 27017 --nsInclude appdb.* --gzip --drop backup/
```

這樣只會恢復 appdb 資料庫的所有集合。mongorestore 命令的許多選項和 mongodump 命令是對應的，例如恢復 archive 形態的備份檔案，程式如下：

```
mongorestore --port 27017 --drop --archive=all.archive
```

3. 備份快照一致性

在 mongodump 命令執行的過程中，業務服務可能會產生新的資料寫入，為了實現 Point-In-Time（時間點一致）的備份，需要使用 **--oplog** 選項，程式如下：

```
mongodump --oplog -o backup
```

--oplog 需要對複本整合員使用，加入該選項後，mongodump 命令會在匯出過程中捕捉增量產生的 oplog 輸出到結果檔案中。同樣，在 mongorestore 命令中使用 --oplogReplay 選項來恢復這些 oplog，程式如下：

```
mongorestore --oplogReplay --drop backup/
```

注意，mongodump 命令對性能的影響比較明顯，其會實現大量的臨時記憶體，在系統記憶體比較緊張時通常會明顯加大 I/O 壓力。不適合在巨量資料集中執行 mongodump/mongorestore 命令，這會非常緩慢。一般小型部署或特定場景中可以使用邏輯備份。

從 MongoDB 4.2 版本開始，已經不推薦使用 mongodump 命令進行分片叢集的資料備份，因為該命令無法保證分散式交易的原子性。

17.4.2 物理備份

物理備份的原理比較簡單，一般透過系統工具（cp 或 rsync）對資料和記錄檔進行複製。如果條件允許，則可以使用 LVM 來創建快照備份卷冊，基於 LVM 的檔案系統快照效率更高。物理備份的檔案不具備通用性，必須在使用同一種儲存引擎、同一個拓撲結構以及同一版本的 MongoDB 叢集中進行恢復。

1. 分片叢集備份

（1）關閉分片等化器。連接 mongos，執行以下命令：

```
use config
sh.stopBalancer()
```

（2）選擇用於備份的備節點，在 config 備節點和每個分片的備節點上執行 fsyncLock 命令，程式如下：

```
db.fsyncLock()
```

執行 fsyncLock 命令時，mongod 會將記憶體中的修改同步到磁碟，並阻塞所有的寫入操作。由於 fsyncLock 命令會令備節點停止同步，因此需要保證備份鎖定的時間不能太長，否則可能導致備節點脫離主節點的複製視窗。

（3）備份 config 節點資料。使用檔案複製或 LVM 快照的方式進行資料備份。備份完成後，執行 fsyncUnlock 命令進行解鎖，程式如下：

```
db.fsyncUnlock()
```

（4）備份每個分片的備節點資料。

（5）為每個分片的備節點執行 fsyncUnlock 命令解鎖。

（6）重新開啟等化器。連接 mongos，執行以下程式：

```
use config
sh.setBalancerState(true)
```

2. 分片叢集恢復

（1）停止所有 mongos/config /shard 節點。

（2）恢復 config 節點備份。使用檔案複製或 LVM 卷冊的方式恢復資料，重新開機。

如果是恢復到新的部署（節點 IP 發生變化），則需要執行：

- 刪除 local 資料庫並重新初始化複本集。
- 更新 config.shards 集合，將新叢集的分片資訊寫入。

（3）恢復 shard 備份使用複製或 LVM 卷冊掛載的方式恢復資料，重新開機。如果是恢復到新的部署（節點 IP 發生變化），則同樣需要刪除 local 資料庫並重新初始化複本集。

（4）重新啟動所有 mongos 節點。如果是恢復到新的部署（節點 IP 發生變化），則需要將設定伺服器指向新的 config 節點位址。

（5）檢查叢集狀態。連接 mongos 節點，執行 sh.status 命令查看狀態。

17.4.3 增量備份

無論是使用 mongodump 命令，還是檔案快照備份，都是對全量的系統資料進行備份。全量備份需要使用更多的空間，而且恢復時間也更長，這種備份一般按天或按周進行。為了達到更細粒度的控制，即恢復到任意時間點（PITR），可以選擇增量備份。

增量備份需要基於 oplog 實現，大致過程如下：

（1）執行全量備份，並記錄當前全量備份的時刻 TSP。

（2）10 分鐘後，使用 mongodump 命令對 oplog 進行備份，選擇 TSP 時刻到當前時間的日誌資料。命令如下：

```
mongodump --db=local --collection=oplog.rs
    --query='{ "ts" : { "$gte" : '$TS_START' }, "ts" : { "$lte" : '$TS_END' } }'
    --out=dump/oplog.bson
```

在查詢準則中，TS_START 對應 TSP 時刻，TS_END 對應當前時刻，可以將開始時間往前移動幾秒鐘，盡可能保證不遺失日誌。備份完成後，更新 TSP 為當前的時刻。

（3）重複執行步驟（2），這樣我們可以持續獲得從上一次全量備份之後的多份增量資料。如果需要恢復到某個時間點，則只需要先恢復最近的全量備份，然後透過 mongorestore --oplogReplay 恢復增量的 oplog。程式如下：

```
mongorestore --oplogReplay --dir ./dump
```

對於生產環境中的備份管理，可以遵循以下一些原則：

- 優先使用基於快照的物理備份進行全量備份。
- 定期備份，至少同時保有兩份可用的全量備份。
- 將備份資料保存到遠端伺服器，提高可用性。
- 驗證備份檔案的完整性，在條件允許的情況下對備份檔案進行測試。
- 在必要時進行增量備份，使用成熟的備份管理工具或託管服務提升效率。

17.5 災難恢復可用性

1. 資料庫災難恢復

我們在前面已經談及複本集高可用的多個細節，高可用性的目的是當某個節點發生故障（意外中斷）時，系統能快速恢復。實現高可用的技術仍然需要依賴許多本地的基礎設施，例如對故障節點的檢測首先需要保證基礎網路的可用性。那麼，如果這些基礎設施也發生故障了呢？根據墨菲定律，凡是有可能發生出錯的事情，終究有一天會出現。當應用系統、資料庫以及執行它們所必需的基礎設施發生不可抗力的損壞時，我們就需要借助系統級的災難恢復能力來進行接管，以保證業務能繼續執行。

資料庫的災難恢復通常需要考慮容錯、資料複製及容錯移轉等多個方面的基數。對一個災難恢復系統來說，我們關注的 SLA 指標主要如下。

- RPO（Recovery Point Objective）：指目標恢復時間點，當災難發生時，系統最多可能發生遺失的資料時長。
- RTO（Recovery Time Objective）：指目標恢復時間，當災難發生時，需要多長的時間完成系統恢復。

對中小型應用來說，常見的做法是使用定時備份，例如每天將資料備份保存到異地的遠端伺服器。在發生災難性故障時第一時間重建叢集，並拉取遠端備份資料進行恢復，這是一種離線式的災難恢復（冷備）。資料備份可以儲存多個，或長期保存以保證持久可用。但備份資料的恢復時間通常較慢（包含遠端下載、本地恢復的時間），而且在備份視窗內的資料都會遺失，如果提供了增量備份，則可以減少遺失的資料。因此，基於備份的災難恢復只能用於對 RTO、RPO 要求較低的系統。

為了達成高可用的災難恢復目的，目標方案是使用熱備份，這需要讓主資料中心和備用資料中心同時工作並保持資料同步，當出現問題時能及時切換。熱備份災難恢復也是本節討論的重點，對 MongoDB 來說，需要結合現有的基礎設施來建構災難恢復方案。

2. 了解 Region、AZ

雲端運算領域基於基礎設施隔離的角度定義了 Region、AZ（Available Zone）兩個概念。

- Region（地域）：通常是物理意義上位於不同地方的資料中心，地域之間的距離較遠，這表示建構 Region 之間的高速傳輸網路會產生較高的成本。
- AZ（Available Zone）：即可用區，可了解為同一地域內互相獨立的物理機房。同一 Region 中的多個 AZ 保持獨立的電力供應，AZ 之間一般透過高速光纖相連。相比跨 Region 來說，跨 AZ 的網路延遲要更短（大約只有幾毫秒）。

舉個例子，以深圳、上海分別作為兩個 Region，而深圳的 Region 中又架設了福田機房（可用區 1）、觀瀾機房（可用區 2）、南山機房（可用區 3）。

17.5.1 同城災備

對同一個複本集，或分片叢集來說，可以將各個複本整合員部署到多個可用區（AZ）來實現同城災備，如圖 17-9 所示。

圖 17-9 同城災備

在同城災備架構中，一個分片叢集被均勻地分佈到 3 個可用區上。每個分片，包括設定複本集的主備節點都位於不同的 AZ。mongos 節點同樣也保持均勻分佈，當某個 AZ 故障時，所有的分片、設定複本集以及 mongos 都仍然是可用的。

17.5.2 異地災備

如果需要支援異地災備，則可以在不同的 Region 中建立主備兩個叢集。叢集之間利用 oplog 複製來實現資料同步，如圖 17-10 所示。

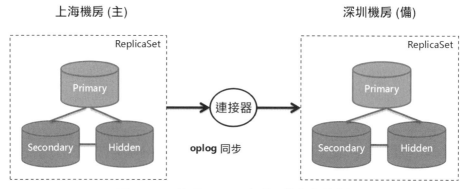

圖 17-10　使用 oplog 實現災難恢復複製

只要保證 oplog 的可見性，災難恢復複製方案就是可行的。連接器所負責的工作與複本集內部的複製執行緒大致相同，而使用批次化提交有助提升同步的輸送量。可以自己實現連接器程式，或使用開放原始碼框架，如 MongoShake。

理論上，連接器也可以用於兩個獨立的分片叢集，但必須小心自動均衡帶來的問題。叢集場景中需要為多個分片分別使用單獨的連接器，這可以實現平行複製。同時，為了降低連接器的性能損耗，一些分片均衡遷移產生的 oplog 需要被過濾掉。那麼當 chunk 資料發生遷移時，就有可能會出現亂數問題。儘管我們可以關閉等化器來避開這個問題，但始終不是完美的解決方案。

基於新版本的 Change Stream 為災難恢復複製提供了新的想法，Change Stream 是基於 oplog 實現的，而且更加簡單、穩定，同時也具有中斷點續傳的能力。更重要的一點是，在分片叢集中獲得的 Change Stream 是全域有序的，可以不需要擔心等化器帶來的困擾。從 MongoDB 4.0 版本開始，Change Stream 支援函數庫級、叢集等級的監聽，進一步簡化了應用的開發，如圖 17-11 所示。

圖 17-11 基於 Change Steam 實現叢集間的災難恢復複製

這裡還有一些可以改進的地方，例如為不同的資料庫使用獨立的連接器，還可以使用訊息佇列分發來提升寫入的輸送量。

❏ **異地災備要點**

資料複製是實現異地災備的關鍵技術，但除此之外我們需要考慮的因素還有很多，例如：

- 資料同步服務（連接器）是否穩定，寫入性能是否足夠快。
- 同步過程中業務性能是否會受到影響。
- 主備節點之間的資料是否一致，如何對一些關鍵的中繼資料進行驗證。
- 如何準確判定主備系統是否故障，如何避免頻繁切換。
- 災難恢復切換是否快速、高效，如何降低切換時資料的遺失率。

17.5.3 異地多節點

異地多節點是一種更加複雜的災難恢復設計，它要求在同一時刻，所有不同地域的子系統都是可用的，而且每個子系統都同時承擔了一定的流量。

利用 MongoDB 原生的複製以及 ShardZone 分區特性，可以實現按地理災難恢復多節點的模式，如圖 17-12 所示。

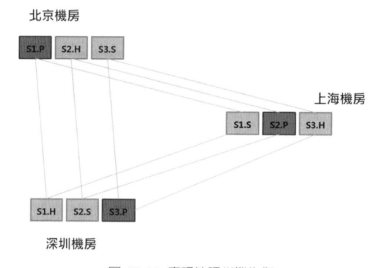

圖 17-12　實現地理災難恢復

在圖 17-12 中，我們將一個叢集中的每個分片都均勻分佈到了不同的機房。其中 S1.P 是 shard1 的 Primary 節點，S3.S 是指 shard3 的 Secondary 節點，依次類推，例如北京機房則同時部署了 shard1 主節點、shard3 備節點、shard2 備（隱藏）節點。

異地多節點場景下還同時需要滿足就近寫入、讀取的原則，例如社交平台上的使用者優先透過離自己最近的伺服器進行註冊、查看同城好友的互動等。利用 ShardZone（分區標籤）特性，可以為資料加上地域標籤，程式如下：

```
//分片標籤
sh.addShardToZone("shard1", "beijing");
sh.addShardToZone("shard2", "shanghai");
sh.addShardToZone("shard3", "shenzhen");

//資料按範圍分區
sh.updateZoneKeyRange(
  "socialdb.users",
  { region: "beijing", uid : MinKey },
  { region: "beijing", uid : MaxKey },
  "beijing"
);

sh.updateZoneKeyRange(
  "socialdb.users",
  { region: "shanghai", uid : MinKey },
  { region: "shanghai", uid : MaxKey },
  "shanghai"
);

sh.updateZoneKeyRange(
  "socialdb.users",
  { region: "shenzhen", uid : MinKey },
  { region: "shenzhen", uid : MaxKey },
  "shenzhen"
);
```

sh.addShardToZone 命令等於 sh.addShardTag，sh.updateZoneKeyRange 命令則等於 sh.addTagRange。從 MongoDB 3.4 版本開始，使用 Zone 來表達分片標籤的語義。

除了定義分片標籤、資料範圍分區，不要忘記為資料表（users）啟用分片，這裡分片鍵必須包含分片範圍欄位（字首匹配），程式如下：

```
sh.enableSharding("socialdb");
sh.shardCollection("socialdb.users",  { region: 1, uid: 1 } );
```

如此，我們便獲得了在不同地域儲存多個資料備份的能力，利用複本集自動的故障轉移（failover）能力，當某個機房發生故障時能自行切換。用戶端透過指定 readPreference =primary 或 primaryPerferred 可優先讀取本地資料。如果希望在機房損毀修復後還能恢復本地（local）讀寫的能力，可以透過設定成員的選舉優先權（priority）來進行控制，例如為 shard1 上的北京節點設定最高的優先順序。

然而，地理分散型的災難恢復架構仍然存在一些挑戰：

- 由於複本集採用了跨 Region 部署，很難保證網路延遲問題，可能會造成資料同步差距較大。
- 一旦發生故障，只能由另一個 Region 接管當前業務，性能、可用性會出現降級。而且，也沒有較好的辦法進行流量切換。

治理經驗

18.1 強化約束

18.1.1 使用 JSON Schema

一個有趣的問題是，開發者一方面在享受動態模式帶來的靈活性的同時，另一方面也產生了一些擔憂，一些不受約束的錯誤行為終將造成損害，這該如何避免呢？

MongoDB 並非完全忽視模式管理，相反，MongoDB 3.2 版本已經開始支援模式的驗證。在執行 createCollection 命令創建集合時可以指定一個驗證程式（validator），用於實現對寫入資料進行規則檢查。到了 3.6 版本則引入了標準的 JSON Schema。由此可見，實現 MongoDB 文件的強制約束並不難。

JSON Schema 提供了一套通用的詞法規則用於 JSON 中繼資料定義。中繼資料本身是基於 JSON 表示的，可以對欄位、類型和結構等實現約束。下面是一個使用 JSON Schema 的例子。

```
db.createCollection("users", {
  validator: {
    $jsonSchema: {
      bsonType: "object",
      required: ["phone", "age"],
```

```
    properties: {
     phone: {
        bsonType: "string"
      },
      age: {
        bsonType: "int",
    minimum: 1,
       maximum: 99
       }
     }
   }
  },
  validationAction: "error"
});
```

說明：

- $jsonSchema 包含了中繼資料結構，其中描述 users 的集合中，phone、age 欄位是必須提供的。
- properties 定義了當前層級物件的屬性定義，phone 為字串，age 為 1~9 的整數。
- validationAction = error 表示當寫入資料不符合規則時直接顯示出錯。validationAction 可以設定為 warn 或 error，如果是 warn 等級，則 MongoDB 會允許違反規則的寫入並記錄日誌。

嘗試向 users 集合中寫入非法的資料，會得到以下錯誤：

```
> db.users.insert({phone: "15800000000", age: 101})
WriteResult({
        "nInserted" : 0,
        "writeError" : {
                "code" : 121,
                "errmsg" : "Document failed validation"
        }
})
```

validator 的定義允許透過 collMod 命令進行修改。無論是新增 validator 還是修改已有的 validator 定義，都不會對已經存在的資料產生任何影響。validator 只對新產生的插入、修改進行驗證，這表示違反約束的舊資料仍然存在。為了保證相容性,應用程式需要做出妥協,或對資料手動進行轉換,但可能也會付出不小的代價。

由於在寫入資料時多了驗證的動作,在性能上會有些損失。但在一些特定的場景中,validator 不失為一種避免出錯的辦法。應用在使用 JSON Schema 的同時,可考慮以下兩個做法。

- 使用工具來管理 JSON Schema,避免編寫錯誤。
- 將 JSON Schema 納入升級變更流程,保持資料與規則的一致性。

MongoDB 預設的設定是不對 JSON Schema 進行約束,這表示文件結構的變更可以不經過任何驗證。當然,這或許已經成為一種常態,而且在某些條件下也成為資料庫選型時所必須接受的缺點。然而,筆者認為,是否對 JSON Schema 強加約束屬於管理層面的問題,任何一種選擇都是權衡利弊之後的結果。

18.1.2 管理文件結構

在專案發展初期,集合文件的結構(DDL)管理往往不受重視,但這可能不是一個好的前兆。

有必要為 MongoDB 集合、索引的設計維護一份可信賴的資料文件。始終保持程式、資料庫以及文件的一致,將有利於開發人員充分了解設計的意圖。更重要的一點是,這有助減少在專案演進時產生的一些技術債務。

如果認為文件的維護工作過於煩瑣,則可以考慮一些自動化的手段。舉例來說,當專案統一為 ODM 開發模式之後,利用程式掃描來輔助生成文件,如圖 18-1 所示。

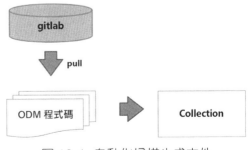

圖 18-1 自動化掃描生成文件

18.2 使用 Mongobee 實現升級

18.2.1 模式演進

微服務模式下提倡快速疊代以應對變化，這可能會促進資料庫綱要的演進。不同於程式版本的管理，在資料庫中維持多種 Schema 版本的資料並不容易，為了表達這種差異，一種做法是在集合文件中增加版本欄位，應用程式根據集合文件中的版本提示來選擇性處理。

然而，多版本的資料共存不應該成為常態，因為這樣一來程式容易變得臃腫而產生一些「壞味道」，測試相容性的工作也變得複雜。另外，現有的 ODM 框架並不能極佳地為此工作。更好的做法是停止堆疊版本，儘快推動資料的升級。假若這種變化無休無止，那麼就應該重新考慮當前的服務設計是否合理了，可以考慮使用新的功能模組，甚至是微服務來實現新的需求。總之，始終保持一種資料版本，是最好的做法。

18.2.2 Mongobee 介紹

Mongobee 是一款支援 MongoDB 資料升級的變更管理框架，與 Flyway、Liquibase 這類 SQL 變更管理工具十分類似。Mongobee 在理念上非常契合微服務的特點，傳統的資料升級方式會將多個功能模組或服務的資料升級指令稿進行集中式管理，這會打破微服務的自治性。而借助 Mongobee 框架則可以實現服務資料的自升級能力。

Mongobee 基於 Java 程式來實現資料的變更管理，和 Spring 框架可以進行無縫整合。

1. 關鍵概念

■ ChangeLog 資料變更日誌，通常對應一個變更業務模組，不同的 ChangeLog 可以使用 order 屬性來指定執行順序。

■ ChangeSet 資料變更集，對應一組變更操作。一個 ChangeLog 內可以包含多個 ChangeSet。

一個變更集具有「作者」、「變更集 ID」、「執行順序」屬性，可以將變更集指定為僅執行一次或每次都執行。

2. 實現原理（見圖 **18-2**）

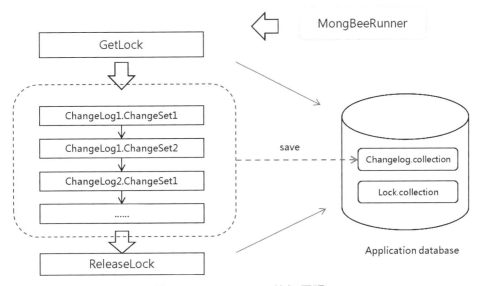

圖 18-2　Mongobee 執行原理

在應用啟動時，Mongbee 會掃描指定的套件路徑獲得 ChangeLog 實例。在執行升級之前，Mongobee 會獲取一個分散式鎖，這是為了避免多個微服務實例同時啟動升級而產生衝突。

分散式鎖採用資料庫唯一性索引實現，Mongobee 對同一個資料庫（db）的升級流程保持互斥，因此在應用資料庫中可以發現對應的鎖記錄集合（名稱為 mongobeelock）。除此之外，dbchangelog 這個集合記錄了所有 ChangeSet 的執行記錄。對於一般的變更集，只要存在執行成功的記錄，那麼第二次將不會執行，除非 ChangeSet 中指定了 runAlways=true。

18.2.3 範例

在引入 Spring-Data-Mongo 的 Web 專案中增加依賴，程式如下：

```
<dependency>
    <groupId>com.github.mongobee</groupId>
    <artifactId>mongobee</artifactId>
    <version>0.13</version>
    <exclusions>
        <exclusion>
            <groupId>org.springframework</groupId>
            <artifactId>spring-beans</artifactId>
        </exclusion>
         <exclusion>
            <groupId>org.springframework</groupId>
            <artifactId>spring-context</artifactId>
        </exclusion>
        <exclusion>
            <groupId>org.mongodb</groupId>
            <artifactId>mongo-java-driver</artifactId>
        </exclusion>
    </exclusions>
</dependency>
```

Mongobee 依賴於 Spring、MongoDB Java Driver 元件，由於這些可能與當前版本衝突，這裡透過 exclusion 命令消除衝突的依賴。

1. 設定檔

在 application.properties 中增加設定，程式如下：

```
mongbee.enabled=true
mongbee.file=/mongbee/data.json
mongobee.uri=mongodb://appuser:apppass@localhost:27017/appdb
```

說明：

- mongbee.enabled，開啟 Mongobee 模組。
- mongbee.file，指定 Mongobee 預置資料檔案（JSON 格式）。
- mongobee.uri，遠端連接 MongoDB 的 URI。

2. 初始化實例

```
@Slf4j
@Configuration
public class MongobeeInit {

    @Value("${mongobee.enabled:false}")
    private boolean enabled;

    @Value("${mongobee.file:}")
    private String dataFile;

    @Value("${mongobee.uri:}")
    private String dbUri;

    private static MongobeeInit instance = null;

    @PostConstruct
    private void init() {
        instance = this;
    }

    @Bean
    public Mongobee mongobee() {
        log.info("mongbee module enabled:{}.", enabled);

        MongoClientURI clientURI = new MongoClientURI(dbUri);
        Mongobee runner = new Mongobee(clientURI);
        runner.setDbName(clientURI.getDatabase());
        runner.setChangeLogsScanPackage("org.hscoder.mongoapps.echoserver.
mongobee");
        runner.setEnabled(enabled);
        return runner;
    }

    public String getFile() {
        return dataFile;
    }

    public static MongobeeInit getInstance() {
        return instance;
    }
}
```

這裡我們宣告了 MongobeeInit 作為升級的入口類別，其中對 Mongobee 類型的 Bean 物件進行對應的設定，包括資料庫位址、資料庫名稱以及 ChangeLog 的掃描路徑。Mongobee 繼承了 InitializingBean，在初始化時會自動觸發升級流程。

3. 實現變更

在指定的掃描路徑中，使用 @ChangeLog 註釋來宣告一個變更，程式如下：

```
@ChangeLog
@Slf4j
public class MongoChangeLog {

    @ChangeSet(order = "v1.0.0", id = "CID-initData", author = "Zale")
    public void prepareData(MongoDatabase database) {
        String mongbeeFile = MongobeeInit.getInstance().getFile();

        if (StringUtils.isEmpty(mongbeeFile)) {
            log.warn("there is no file assigned, nothing need to prepare");
            return;
        }

        log.info("MongoChangeLog prepareData file={}", mongbeeFile);

        String bsonData = getBsonData(mongbeeFile);
        Document document = Document.parse(bsonData);

        for (String key : document.keySet()) {

            String collectionName = key;
            MongoCollection<Document> collection = database.getCollection
(collectionName);

            List<Document> records = (List<Document>) document.get
(collectionName);
            collection.insertMany(records);

            log.info("MongoChangeLog prepareData {} add {} records",
collectionName, records.size());
        }
```

```
    }

    private String getBsonData(String file) {
        ClassPathResource resource = new ClassPathResource(file);
        try {
            return IOUtils.toString(resource.getInputStream(), "UTF-8");
        } catch (IOException e) {
            throw new RuntimeException(e);
        }
    }

}
```

說明：

■ prepareData 方法使用 @ChangeSet 註釋宣告為一個變更集，其中 id 必須保證唯一，而 order 則決定了執行順序。

■ 在變更集的操作方法中，會讀取指定的 JSON 檔案，將預置資料寫入指定的集合。

在類別路徑的 mongobee 目錄中創建 data.json 檔案，構造需要預置的資料，程式如下：

```
{
  "roles":[
    {"name" : "ROLE_ADMIN"},
    {"name" : "ROLE_USER"},
    {"name" : "ROLE_GUEST"},
    {"name" : "ROLE_SYS"}
  ]
}
```

這裡將向 roles 集合中預置寫入幾個常駐的系統角色。

4. 執行結果

啟動 SpringBoot 應用，輸出日誌如下：

```
INFO - mongobee module enabled:true.
INFO - Mongobee acquired process lock, starting the data migration sequence..
INFO - Reflections took 44 ms to scan 1 urls, producing 2 keys and 2 values
```

```
INFO - MongoChangeLog prepareData file=/mongobee/data.json
INFO - MongoChangeLog prepareData roles add 4 records
INFO - [ChangeSet: id=CID-initData,changeSetMethod=prepareData] applied
INFO - Mongobee is releasing process lock.
INFO - Mongobee has finished his job.
```

日誌中可以看到 Mongobee 已經完成了變更集的操作，此時查看 roles 集合，可確認是否產生了正確的記錄。此外，查看資料庫中的 dbchangelog 集合，也可以看到對應的變更記錄，程式如下：

```
> db.getCollection('dbchangelog').find({})
{
    "_id" : ObjectId("5e88adc1111d0c6e551c0924"),
    "changeId" : "CID-initData",
    "author" : "Zale",
    "timestamp" : ISODate("2020-04-04T15:54:41.893Z"),
    "changeLogClass" : "org.hscoder.mongoapps.echoserver.mongobee.MongoChangeLog",
    "changeSetMethod" : "prepareData"
}
```

18.3 規範與自動化

傳統的團隊運作模式傾向於將工作分工最小化，例如：

- 開發工程師負責開發 Web 應用層程式。
- 資料庫工程師負責資料表設計、SQL 敘述編寫及最佳化。

然而，如今我們發現很難將程式開發和資料庫開發完全分離開來，過於精細的分工並不利於高效的專案運作。關鍵的問題在於，只有在開發人員、資料庫工程師同時對一份具體需求產生了同樣的了解時，才可能實現無縫對接的合作。但達成一致的了解本身是困難的，尤其是在各方了解不一致的情況下進行開發，必然會產生各種各樣的問題。

MongoDB 在操作上比較簡單，而且提供了大量應用友善的特性，這些降低了使用的門檻。因此，由開發人員同時進行程式編寫和 MongoDB 設計的情況並不鮮見，這種很美好的錯覺容易讓團隊疏於資料庫設計開發方面的管理。

隨著專案的演進，一些弊端也會逐漸曝露出來，例如：

- 資料表設計混亂，文件中出現諸如 xxxV1、xxxV2 等難以了解的欄位，後期維護成本太高。
- 過度採用內聚設計，例如一個「超級表」包含了大量不相關的業務欄位，導致單表上的操作性能低下且難以擴充。
- 未提前考慮擴充，或分片鍵不合理，導致後期進行改造的成本非常高。

在資料庫的演進過程中，許多問題歸根到底還是管理問題，筆者建議儘早將 MongoDB 資料庫的開發管理提上日程。

18.3.1 開發規範

（1）命名原則。資料庫、集合命名需要簡單易懂，資料庫名稱使用小寫字元，集合名稱使用統一命名風格，可以統一大小寫或使用駝峰式命名。資料庫名稱和集合名稱均不能超過 64 個字元。

（2）集合設計。對少量資料的包含關係，使用巢狀結構模式有利於讀取性能和保證原子性的寫入。對於複雜的連結關係，以及後期可能發生演進變化的情況，建議使用引用模式。

（3）文件設計。避免使用大文件，MongoDB 的文件最大不能超過 16MB。如果使用了內嵌的陣列物件或子文件，應該保證內嵌資料不會無限制地增長。在文件結構上，盡可能減少欄位名稱的長度，MongoDB 會保存文件中的欄位名稱，因此欄位名稱會影響整個集合的大小以及記憶體的需求。一般建議將欄位名稱控制在 32 個字元以內。

（4）索引設計。在必要時使用索引加速查詢。避免建立過多的索引，單一集合建議不超過 10 個索引。MongoDB 對集合的寫入操作很可能也會觸發索引的寫入，從而觸發更多的 I/O 操作。無效的索引會導致記憶體空間的浪費，因此有必要對索引進行檢查，及時清理不使用或不合理的索引。遵循索引最佳化原則，如覆蓋索引、優先字首匹配等，使用 explain 命令分析索引性能。

（5）分片設計。對可能出現快速增長或讀寫壓力較大的業務表考慮分片。分片鍵的設計滿足均衡分佈的目標，業務上儘量避免廣播查詢。應儘早確定分片策略，最好在集合達到 256GB 之前就進行分片。如果集合中存在唯一性索引，則應該確保該索引覆蓋分片鍵，避免衝突。為了降低風險，單一分片的資料集合大小建議不超過 2TB。

（6）升級設計。應用上需支援對舊版本資料的相容性，在增加唯一性約束索引之前，對資料表進行檢查並及時清理容錯的資料。新增、修改資料庫物件等操作需要經過評審，並保持對資料字典進行更新。

（7）考慮資料老化問題，要及時清理無效、過期的資料，優先考慮為系統日誌、歷史資料表增加合理的老化策略。

（8）資料持久性方面，非關鍵業務使用預設的 WriteConcern: 1（更高性能寫入）；對於關鍵業務類別，使用 WriteConcern：majority 保證持久性（性能下降）。如果業務上嚴格不允許中途讀取，則使用 ReadConcern: majority 選項。

（9）使用 update、findAndModify 對資料進行修改時，如果設定了 upsert:true，則必須使用唯一性索引避免產生重複資料。

（10）業務上儘量避免短連接，使用官方最新驅動的連接池實現，控制用戶端連接池的大小，最大值建議不超過 200。

（11）對大量資料寫入使用 Bulk Write 批次化 API，建議使用無序批次更新。

（12）優先使用單文件交易保證原子性，如果需要使用多文件交易，則必須保證交易盡可能小，一個交易的執行時間最長不能超過 60s。

（13）在條件允許的情況下，利用讀寫分離降低主節點壓力。對於一些統計分析類的查詢操作，可優先從節點上執行。

（14）考慮業務資料的隔離，例如將設定資料、歷史資料存放到不同的資料庫中。微服務之間使用單獨的資料庫，儘量避免跨庫存取。

（15）維護資料字典文件並保持更新，提前按不同的業務進行資料容量的規劃。

18.3.2 實現自動化

DevOps 的目標理念是敏捷、持續地發表。其中一個關鍵的原則是，在程式開發、測試、發佈等一系列過程中建立持續回饋的機制。

對於資料庫在設計或開發上的問題，越是儘早發現，越是能降低後期修復所產生的成本消耗。因此，我們除了建立規範、遵循最佳實踐，還可以利用自動化設施來建立快速回饋機制。

一個典型的持續建構管線如圖 18-3 所示。

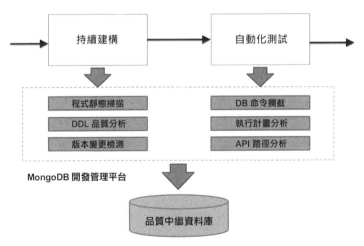

圖 18-3 持續建構過程中的品質分析

在打造 MongoDB 的品質管制系統時，我們通常關心的問題主要如下。

■ 資料表設計的合理性，資料庫物件的命名是否符合規範，是否存在索引超量、重複索引（兩個索引出現覆蓋）的嫌疑。

- 資料庫操作是否存在性能風險：一些存在「壞味道」的 SQL，如全資料表掃描；記憶體排序，無法利用索引的排序問題；不推薦使用 $or 查詢；索引命中不全；分頁條件不合理（limit、skip）；低效的運算符號（如 not)。
- 資料庫 Schema 是否發生重大變更，變更是否合理。

MongoDB 應用品質管制在理念上和 SQL 審核系統非常類似，但由於 MongoDB 是基於動態 Schema 的模式，我們無法透過資料庫獲得準確的表設計（DDL）。

一種可行的想法是基於程式掃描的方式，首先我們在專案上統一使用 SpringData 框架進行持久層程式開發，實體類別和 MongoDB 集合保持一一映射（ODM）。有了這個前提，我們便可以透過掃描實體類別原始程式碼來獲得當前的表設計資訊。接下來，就可以對 Schema 進行規範掃描以完成品質檢查，實現版本變更的比較。

在自動化功能測試階段，開啟 MongoDB 的 Profiler 以獲得業務操作的 SQL 敘述資訊，也可以利用 MongoDB Java Driver 提供的 CommandListener 來抓取 SQL。在獲得 SQL 敘述之後，將其逐一進行 explain 分析以獲得執行計畫資訊，最終對這些計畫進行評估來分析潛在的風險。

另外一個值得關注的細節是，在整個自動化過程中必須保持對問題、風險進行回饋，例如對於重大的變更風險或一些問題，SQL 自動進行郵件推送。

對於部署到生產環境的應用，必須十分重視來自線上資料庫運行維護的最佳化回饋。然而，這裡所提及的品質管制仍然屬於研發階段，根據 DevOps 原則，儘早發現並回饋問題是實現高效率產品運作的關鍵。

▓ **18.4 運行維護管理**

18.4.1 容量規劃

容量規劃的目的是評估系統在保證業務正常發展時所需要付出的資源成本，透過進行合理的規劃來解答以下的問題：

- MongoDB 節點採用什麼樣的伺服器規格（記憶體、CPU）？
- 複本集是否已經能滿足需求，是否需要分片，需要多少分片？
- 需要設定多大的磁碟，對磁碟的 IOPS 要求是多少？

對 MongoDB 來説，準確的評估系統容量並不是一個簡單的任務，你需要了解業務應用的表是如何設計的，關鍵流程對資料庫的存取訴求，以及未來一段時間系統需要承載的存取量和資料量等，綜合多方面的需求進行考量並最終商定結果。

一般來説，在容量規劃中可參考下面幾個原則。

1. 保證充足的記憶體可用

在理想的情況下，記憶體應該能裝下整個工作集。

工作集應該同時包含頻繁使用的文件（熱資料）和索引。那麼哪一些是頻繁使用的文件呢？不同的業務場景差異是很大的。舉例來説，對內容社區來説，由於歷史的發文很少被存取，此時熱資料可估算為最近 3 天發佈的發文。在物聯網系統場景，幾乎所有裝置都是線上的，因此熱資料應包含全部的裝置快照資訊。

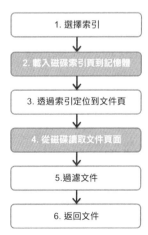

圖 18-4 MongoDB 讀取資料流程

從 MongoDB 資料讀取的流程中可以了解這種差異，當僅透過記憶體讀取的時候所用的負擔是最小的（如圖 18-4 所示，跳過第 2、4 步驟）。

WiredTiger 的內部快取預設佔用一半的記憶體，可以在執行過程中觀察「非髒頁」的淘汰以及頁面讀取快取的行為指標，可以輔助判定 InternalCache 是否可容納工作集。從理論上講，索引在 InternalCache 和外部快取中大小相當（均使用了字首壓縮），而考慮啟用壓縮的情況下，外部快取通常能裝下更多的文件資料。因此，為保證足夠快速地讀取資料，應保證熱資料和其對應的索引小於可用的記憶體大小。

2. 評估 IOPS 需求

一般來說，輸送量大小對 IOPS 有一定的影響，由於 MongoDB 大多使用隨機存取，因此對連續請求來說，磁碟的 I/O 合併最佳化效果十分有限。可用使用簡化的模型來評估 IOPS 的需求，這裡假設記憶體可滿足工作集的條件，indexCount 是平均每個操作所涉及的索引數量。IOPS 需求的計算公式如下：

$$\text{insert 操作產生的 IOPS} = \text{insert.ops} \times (1+\text{indexCount})$$
$$\text{delete 操作產生的 IOPS} = \text{delete.ops} \times (1+\text{indexCount})$$
$$\text{update 操作產生的 IOPS} = \text{update.ops} \times (2+\text{indexCount})$$

將所得到的各項指標 IOPS 進行累加，就可以推斷出整體 IOPS 需求。注意這裡並沒有提到 find 操作，主要考慮到查詢操作都能透過記憶體返回。假設記憶體中只有索引，那麼 find 則應該對應一次針對文件的磁碟讀取操作。

3. 儲存空間

評估每個業務表的大小，在模擬資料集中使用 db.collection.stats 命令來評估在未來需要多少儲存空間。

關注每個集合的指標：

- dataCount，集合文件總數。
- indexSize，集合索引大小。
- dataSize，集合壓縮前的文件資料大小。
- avgObjectSize，平均文件大小，avgObjectSize = dataSize/dataCount。
- storageSize，磁碟檔案佔用，對應於集合壓縮後的大小。
- compressRatio，文件壓縮率，compressRatio = storageSize/ dataSize。

最終，資料庫對磁碟的需求大小計算為 diskSize = storageSize + indexSize。

4. 輸送量

考慮每個分片能承受的輸送量大小，具體的指標可參考基準測試結果。假設在最接近當前業務的基準模型中，每個分片不能超過 3 萬 TPS 的存取量（保證回應延遲不超過水位線），業務系統的 API 要求承擔 1 萬 TPS 存取，每次 API 呼叫需要產生大約 7 次資料庫操作，那麼系統至少應該設定 3 個分片。

整體來説，容量規劃是一項重要且富有挑戰的任務，在專案的演進過程中需要做到：

- 提前規劃，最好在設計階段就進行容量規劃，為業務資料的增長提前做出判斷。在條件允許的情況下，進行充分的性能測試。
- 定期監控，對線上執行的資料庫系統進行監控，辨識潛在的資源瓶頸並提前做好擴充準備。
- 複盤分析，根據線上的業務增長情況檢查容量評估原則，及時做出調整。

18.4.2 監控時關注哪些指標

為生產環境中的 MongoDB 資料庫實現監控，下面介紹一些常用的指標。

1. 容量

透過 db.stats 命令可獲得每個資料庫的儲存空間資訊（見表 18-1）。

表 18-1　容量指標

分類	指標名	監控項	參考閾值
容量	索引大小	dbstats.indexSize	<=cacheSize
容量	資料大小	dbstats.dataSize	<=2T×80%
容量	儲存大小	dbstats.storageSize	<=diskSize×60%

說明：

- 資料庫的 cacheSize 值要求可容納索引，否則會影響性能。
- 對磁碟空間的需求約等於 storageSize（WiredTiger 壓縮後的資料集大小）和 indexSize 的總和，考慮水位線設定在 80% 左右。

2. 資源用量

透過 db.serverStatus 命令獲得完整的資料庫狀態指標資訊。

（1）連接數（見表 18-2）

表 18-2　連接數指標

分類	指標名	監控項	參考閾值
連接數	可用連接數	connections.available	> 0
連接數	當前連接數	connections.current	<=8000

說明：

- 如果連接數產生未知的波動，則可能會使應用程式產生業務失敗。目前所有的 MongoDB 驅動程式都使用了連接池機制，如果用戶端連接變得非常多，則很可能表示請求數增長迅速，此時應該儘快考慮擴充。Driver 的連接池設定若不合理也可能導致連接數過高。可以為連接數設定低、中、高不同的等級閾值，比如在峰值的 50% 時產生一個普通告警，當超過峰值的 2 倍時產生嚴重告警。資料庫透過設定 maxIncomingConnections 可以限定單處理程序可連線的連接數，預設為 65536。

（2）併發佇列（見表 18-3）

表 18-3 併發類別指標

分類	指標名	監控項	參考閾值
併發數	ticket 讀取用量	wiredTiger.concurrentTransactions.read.out	<128
併發數	ticket 寫入用量	wiredTiger.concurrentTransactions.write.out	<128
併發數	ticket 讀取剩餘量	wiredTiger.concurrentTransactions.read.available	>0
併發數	ticket 寫入剩餘量	wiredTiger.concurrentTransactions.write.available	>0

說明：

■ WiredTiger 引擎使用 ticket 計票方式用於管理併發的執行緒。ticket 數
一般對應了同時進行的讀寫操作。當剩餘可用的 ticket 為 0 時，新的讀
寫入請求會被阻塞（進入阻塞佇列），通常最大的可用 ticket 數量由 wir
edTigerConcurrentReadTransactions、wiredTigerConcurrentWriteTransactio
ns 參數確定，這兩個值預設為 128。一般情況下不建議調整，對於過大
的併發數可能會導致 CPU 資源耗盡，在負載需求過大時建議增加分片。

（3）記憶體、快取使用（見表 18-4）

表 18-4 記憶體、快取指標

分類	指標名	監控項	參考閾值
記憶體	MongoDB 實體記憶體	memory.resident	<OS.TotalMemory ×85%
記憶體	MongoDB 虛擬記憶體	memory.virtual	<OS.TotalMemory
快取	快取使用大小	wiredTiger.cache."bytes currently in the cache"	<maximum ×95%
快取	最大快取大小	wiredTiger.cache."maximum bytes configured"	無
快取	髒快取大小	wiredTiger.cache."tracked dirty bytes in the cache"	<maximum ×20%
快取	讀取快取頁數	wiredTiger.cache."pages-read-into-cache"	觀察波動
快取	未修改淘汰頁	wiredTiger.cache."unmodified pages evicted"	觀察波動

說明：

- WiredTiger 會同時使用檔案系統快取以及儲存引擎的快取（預設記憶體的一半）。memory.resident 是指 MongoDB 佔用的實體記憶體，一些 Schema 設計不合理、不必要的容錯索引等情況都可能導致佔用過多的記憶體。
- 髒快取指的是快取中已經被修改，但還沒有刷新到磁碟的資料。無效資料比例逐漸增多，當達到 20% 以上時，則表示快取淘汰壓力很大，此時業務請求延遲會對應增加。通常如果寫入壓力過大，磁碟寫入性能存在不足，則可能會出現無效資料比例持續較高的情況，可以透過提升磁碟性能或進行水平擴充最佳化。
- 對於讀取場景較多的業務，最好預留充足的快取空間。如果讀取快取頁（pages-read-into-cache）或未修改淘汰頁（unmodified pages evicted）頻繁變動，則表示工作集超過了快取大小，需要考慮增大記憶體，或水平擴充。工作集太大通常也會伴隨較高的磁碟讀取壓力，而在作業系統層面會觀測到可用記憶體減少。
- checkpoint、TTL 計時器在一定程度上會產生積壓式的寫入。如果磁碟能力較差，則會出現 I/O 用率的尖峰；如果出現業務延遲抖動，則可以考慮設定更小的觸發間隔以達到平滑寫入。

3. 輸送量

（1）存取類別指標（見表 18-5）

表 18-5 輸送量相關指標

分類	指標名	監控項	參考閾值
存取量	insert	opcounters.insert（增速）	合併寫入操作計算
存取量	query	opcounters.query（增速）	合併讀取操作計算
存取量	update	opcounters.update（增速）	合併寫入操作計算
存取量	delete	opcounters.delete（增速）	合併寫入操作計算
存取量	getmore	opcounters.getmore（增速）	合併讀取操作計算
存取量	command	opcounters.command（增速）	<=10000
流量	netIn	network.bytesIn（增速）	<=100MB

分類	指標名	監控項	參考閾值
流量	netOut	network.bytesOut（增速）	<=100MB
佇列	活躍的讀取用戶端數	globalLock.activeClients.readers	<128
佇列	活躍的寫入用戶端數	globalLock.activeClients.writers	<128
佇列	阻塞的讀取用戶端數	globalLock.currentQueue.readers	<32
佇列	阻塞的寫入用戶端數	globalLock.currentQueue.writers	<32

說明：

- opcounters 是當前請求操作的計數器，檢查不同類型操作的增速用於判斷當前的存取輸送量。可以按讀寫操作來設定不同的閾值，如 insert、update、delete 總和不超過 2 萬 TPS，query、getmore 總和不超過 2 萬 TPS，具體根據伺服器資源來定。

- 透過合理地監控讀寫入請求，可以快速發現潛在的負載瓶頸，並在問題發生前採取措施進行擴充。activeClients 表明當前正在進行中的讀寫，而 currentQueue 指標可用於確認請求是否處理足夠快（是否存在阻塞）。

（2）游標（見表 18-6）

表 18-6　游標數量指標

分類	指標名	監控項	參考閾值
游標	同時打開的游標數	metrics.cursor.open.total	無
游標	逾時的游標數	metrics.cursor.timedOut	無
游標	永久不逾時的游標數	metrics.cursor.open.noTimeout	無

說明：

- MongoDB 會為每個查詢啟用一個游標（cursor），並指向一個查詢結果集。用戶端可透過游標進行資料操作。在業務量穩定的情況下，如果打開的游標數產生持續增長，則往往表示查詢操作太慢。這可能是索引不當，或巨量資料集的查詢導致的問題。

- 當一個連接異常斷開時，游標可能沒有關閉，此時資料庫會自動延長其逾時。如果在後續的 10 分鐘內（cursor.timeOut）沒有活動，則被銷毀。如果應用未及時關閉游標，則會導致大量的游標積壓，這會消耗較

多的記憶體。此外，應該儘量避免 noTimeout 的游標物件，否則可能產
生資源洩露風險。

4. 複本集

使用 rs.status、db.getReplicationInfo 命令用於檢查複本集的相關指標，見
表 18-7。

表 18-7　複製相關指標

分類	指標名	監控項	參考閾值
複製	節點狀態	members.state	=PRIMARY/ SECONDARY/ ARBITER
複製	節點複製延遲（lag）	members.optimeDate[primary] - members.optimeDate[secondary]	<60s
複製	複製視窗（window）	getReplicationInfo().timeDiff	>5h
複製	複製淨值（headroom）	oplog.window – oplog.lag	> 0

說明：

■ 複製延遲（replication lag）描述了備節點與主節點之間的差距。該值越
小表明情況越佳。如果使用讀寫分離方案，該值則表現了資料獲取的延
遲情況。如果延遲過長，在產生主備節點切換時可能會導致更多的資料
遺失（被回覆）。

■ 複製視窗是 oplog 集合中最新和最老的記錄之間的時間間隔。通常如果
備節點停止後，在 oplog 視窗期內還未能恢復執行，那麼備節點將無法
繼續同步，此時只能透過初始化同步恢復。oplog 視窗時長與當時的負
載是相關的。由於 oplog 集合大小固定，當寫入負載較高時，oplog 很
快會被填滿，於是 oplog 視窗會變小，此時可以考慮增大 oplog 的大
小。建議在 oplog 視窗達到正常峰值大小的 75% 及以下值時發出告警。

■ 複製淨值是複製視窗與複製延遲的差值。如果複製淨值迅速減小，直到
到達負值時，則表示複製延遲已經超過了 oplog 視窗。此時 oplog 中的
寫入操作在備節點完成複製前會被覆蓋掉，接下來你只能進行初始化同
步操作，將會花費大量的時間。